GAOXIAO JIANKANG
YANGDANJI
QUANCHENG SHICAO TUJIE

养殖致富攻略

高效健康

养蛋鸡

全程实操图解

梁智选　主编

U0255649

中国农业出版社

编写人员

主　编　梁智选

编　者（按姓名笔画排序）

于海霞　马友福　王小波

王　犇　史晓峰　付永利

李文钢　李　颖　杨爱华

张　敬　陈荣荣　唐佩娟

曹建新　梁智选　蒙晓雷

目 录

一、我国蛋鸡生产现状及相关政策与标准

目标
- 了解我国蛋鸡行业发展现状
- 了解蛋鸡生产相关扶持政策
- 了解我国蛋鸡生产的相关技术标准
- 了解我国蛋鸡行业的发展趋势

（一）我国蛋鸡行业发展现状

▶ 养殖量高，综合生产能力稳步提升

经过改革开放以来 30 多年的发展，我国蛋鸡产业的综合生产能力得到了稳步提升。我国鸡蛋总产量与蛋鸡存栏数长期排名世界第一①。成年蛋鸡存栏 15 亿只，鸡蛋产量 3 000 万吨，约为美国产量的 4.4 倍，印度的 7 倍，占世界总产量近 40%。我国人均鸡蛋占有量也居世界前列，年人均 17.98 千克，世界排名第三。蛋鸡业已成为我国农村的一大产业，甚至是一些地区的支柱产业，对促进农村经济发展、调整农业产业结构、增加农民收入等方面都具有重要意义。但是，蛋鸡养殖个体规模偏小，产业发展水平落后，规模化程度与世界先进国家相比还存在很大差距。

▶ 蛋鸡的品种国产化比例有所提高

我国的蛋种鸡育种起步较晚，生产性能相对落后，过去曾祖代和祖代鸡大部分是从国外引进的，从国内祖代鸡育种来看，其生产性能与引进的外国品种差距较大。

①1985 年，我国鸡蛋产量首次超过美国，成为世界第一。

1

但是，我国是世界上蛋鸡饲养量和鸡蛋消费量最大的国家，种业是蛋鸡产业发展的基础。改革开放以来，经过30多年的努力，我国利用从国外引进的高产蛋鸡育种素材和我国地方品种资源，先后育成了京白1号、农大3号、新杨褐、京红1号、京粉1号、新杨白壳、新杨绿壳、大午粉1号、大午金凤等蛋鸡品种或配套系，部分品种的生产性能已达到或接近国外同类品种水平，为进一步选育奠定了良好基础。

我国目前的祖代鸡场24家，存栏约58.56万套，父母代存栏维持在2 000万套左右，商品代蛋鸡存栏约15亿只，各项指标均居世界首位，我国蛋种鸡的国产化比例已经接近70%。

▶ 蛋鸡养殖规模效益凸显

目前我国蛋鸡产业基本处于西方发达国家第一阶段向第二阶段过渡的时期。近10年来，我国小规模蛋鸡养殖户数量明显减少，中、大规模的养殖场数量明显增加，商品代蛋鸡养殖的规模化程度已有较大提升，饲养户减少但规模扩大，大规模化蛋鸡场数量逐渐增加，蛋鸡规模化养殖的程度已达到70%，蛋鸡养殖正朝着规模化、标准化、集约化的道路发展。2004年以来，中国蛋鸡养殖成本和产值均呈现上升的态势，每百只蛋鸡总饲养成本由2004年的8 590.03元升至2014年的16 407.30元；每百只蛋鸡产值由2014年的9 659.54元升至18 069.46元；每百只蛋鸡净利润由2004年的1 069.51元涨至2014年的1 662.16元。但养殖利润并非持续增长，而是呈现出明显的波动态势，基本呈现出三年一个周期的循环波动，成本利润率年际间变化幅度较大，缺乏稳定性。

▶ 蛋鸡养殖呈现向优势产区集中的产业布局

我国蛋鸡养殖主要集中在河北、河南、山东、辽宁、江苏、四川、湖北和安徽8个地区。8个地区的年禽蛋产量都在 100 万吨以上，占全国的 60%，呈现出向华北玉米带（山东、河南、河北）集中的特点。从鸡蛋的消费特点来看，鸡蛋消费主要是以鲜蛋为主，北方的鸡蛋往南方运，由于运输时间较长，运输成本较高，产品保鲜难度加大，再加上地方政府鼓励群众脱贫致富，多选择投资小、一家一户或几家联合可进行的项目，部分地区鼓励发展蛋鸡养殖业，因此，近年来，南方地区的蛋鸡存栏量呈逐年上升的趋势，蛋鸡产区有南移的趋势。

▶ 鸡蛋市场品牌化现象明显，安全监管力度不断加大

随着经济水平的不断提高，消费者需要新鲜、卫生、无公害的放心蛋，给品牌蛋带来了很大的发展前景。蛋品公司与中、大型鸡场签约生产放心蛋并设置蛋品工厂，使用选洗蛋机、打码器、包装机生产清洁蛋进入市场，其产品既安全又可提高附加值。鸡蛋市场逐渐呈现明显的区域化和品牌化现象，蛋品公司蓬勃发展。

近年来，我国鸡蛋产品质量安全监管不断加强，有关法律法规、管理制度及技术标准不断完善，鸡蛋产品质量安全监控体系进一步健全，兽药和饲料添加剂管理力度进一步加大，有力地提高了我国鸡蛋产品质量的安全水平。

▶ 生态建设成效逐步显现

近些年来，中国蛋鸡产业更加注重养殖方式调整与污染防治，沼气池建设、有氧和无氧堆肥技术的应用、大罐发酵技术的推广，极大程度地降低了蛋鸡废弃物污染对生态环境的破坏，特别是近年来积极推广的蛋鸡粪便肥料化资源利用技术，有效地将养殖业和种植业紧密结合，为破解中国蛋鸡规模养殖与环境保护协调发展的难题提供了借鉴与示范。

（二）我国蛋鸡生产的相关政策

鸡蛋是重要的大宗农产品，是老百姓"菜篮子"中

必不可少的基本消费品。为进一步夯实蛋鸡养殖业发展基础，促进蛋鸡养殖业持续健康发展，近几年国家及各级政府对蛋鸡养殖出台了扶持政策，推进"菜篮子"产品生产基地能力建设，提高肉、蛋、菜、水产品等产品应急供应能力，提升规模化、标准化生产水平，实施如下的政策措施。

▶ 畜牧良种补贴政策

从 2005 年开始，为了加快种畜禽产业由鼓励发展向规范发展的转变，全面推进种畜禽产业平稳健康发展，鼓励和扶持畜禽新品种、配套系的培育，加快培育一批生产性能优越、具备一定市场竞争力和生命力的畜禽新品种、配套系，逐步改变主要畜禽良种依赖国外进口的局面，国家实施畜牧良种补贴政策。种禽养殖补贴政策规定：持有省级畜牧兽医部门颁发《种畜禽生产经营许可证》并在有效期内的祖代种鸡场，农业部公告的国家级地方鸡品种资源保护场，中央财政对在产祖代种鸡给予一次性生产补贴，每只补贴 50 元。父母代种鸡场执行本省禽业的补贴政策，补贴额一般为 10~30 元 / 只。

▶ 畜禽标准化养殖项目

为了稳定全国鸡蛋市场供应、满足消费需求，2008 年 10 月，农业部办公厅、财政部办公厅联合下发了"关于印发蛋鸡标准化规模养殖场改造以奖代补项目实施方案的通知"①，对蛋鸡规模养殖场标准化改造采取以奖代补方式进行奖励，目的是为了推进规模化、标准化、产业化同步发展，稳步提升蛋鸡标准化规模养殖水平，降低疫病风险，实现粪污无害化处理和资源化利用，加快蛋鸡饲养方式转变，充分发挥规模养殖对稳定蛋鸡存栏的基础性作用，进一步稳定蛋鸡生产，增加养殖收入，促进蛋鸡生产持续健康发展，保障鸡蛋市场有效供给。

畜禽标准化养殖项目是推进畜牧业提质增效、绿色

①以奖代补，以奖励代替补贴的财政激励政策，属于事后补助。

转型、畜禽业标准化健康养殖，突出粮经饲统筹、农牧渔结合、种养加一体，发展绿色低碳循环生产模式。资金重点支持适度规模蛋鸡养殖场，进行标准化改扩建。同时，项目向采用健康养殖方式的养殖场倾斜。优先支持畜禽养殖联合体。

畜禽标准化养殖项目多采取"先建后补"①方式，即对符合标准并通过验收的单位才给予补助。中央补助资金优先安排改扩建，主要用于改良畜禽品种、改善生产设施条件、加强质量安全监管、推广健康养殖技术和粪污无害化处理等方面。

▶ 国家农业综合开发产业化经营项目

农业综合开发产业化经营项目包括财政补助项目和贷款贴息项目。各类项目资金投入比例，具体包括财政补助与贷款贴息的比例、财政补助中用于龙头企业和其他新型农业经营主体的比例、两类试点项目与一般项目的比例、贷款贴息中用于固定资产贷款贴息与流动资金贷款贴息的比例等，由各省根据实际情况自行确定。鼓励各地采取"先建后补"的管理方式。贷款贴息采取"先选项后结算"方式，由地方农发机构编制贷款项目计划，次年根据实际获得的贷款及付息进行贴息。贴息范围为前一年1月1日以后签订贷款合同，在第二年会计年度实际发生并已经支付的利息。贴息率不高于同期中国人民银行公布的同档次人民币贷款基准利率。

鼓励有条件的省份加大对农民专业合作社等新型农业经营主体（龙头企业除外）的地方财政支持力度，以解决新型农业经营主体自筹能力不足的问题。

目前的扶持范围和重点是，以扶持农业产业发展，深入推进农业供给侧结构性改革为主线，加快培育新型农业经营主体，坚持"做大做强优势特色产业"为重点，积极发展适度规模经营，推动一、二、三产业融合发展，

① "先建后补"是指按照计划管理和合同管理要求先行建设项目或部分工程，按照实施协议（合同）验收合格后，对所建项目或建设内容进行财政补助。

优化产品产业结构，围绕农牧业提质增效、农牧民增收、农牧区绿色发展为目标，以专业大户、家庭农场、农牧民合作社和涉农企业为扶持对象，以贷款贴息、财政补助为投入方式，增强农牧业可持续发展的能力。

▶▶ 新能源扶持畜禽规模养殖政策

国务院《畜禽规模养殖污染防治条例》（国务院令第643号）①鼓励对畜禽养殖废弃物进行综合利用，规定了畜禽养殖污染防治、利用、设施建设与改造等方面税收、资金扶持、电价和新能源优惠等政策，要求各地帮助畜禽养殖场积极向有关部门申报并争取支持，对畜禽养殖排泄的废弃物用沼气池进行发酵处理，实行能源转化利用，对大型养殖场进行排泄的废弃物用沼气池进行处理，努力提高畜禽养殖废弃物处理水平。

▶▶ 与蛋鸡产业相关的扶贫政策

扶持重点是国家和省级扶贫开发工作重点县的贫困乡、村，兼顾非重点县贫困区域的贫困乡、村，优先安排深度贫困群体聚集的区域。扶持对象主要是龙头企业、农民专业合作组织等在贫困地区与贫困农户建立精准到户的利益联结机制的农、林、牧、渔特色农业产业项目。补助标准按年度确定，主要用于贫困农户发展农、林、牧、渔特色农业产业所需的种畜（禽）、种子、种苗以及直接相关的配套设施补助。不得用于项目单位购买设备、厂房建设、道路建设、征（租）地、支付人员工资以及其他与财政扶贫资金使用范围不符的开支。

▶▶ 动物防疫补助政策

我国与蛋鸡养殖有关的动物防疫补助政策主要包括3个方面：一是重大动物疫病强制免疫疫苗补助政策。国家对高致病性禽流感等动物疫病实行强制免疫政策，强制免疫疫苗由省级财政部门会同省级畜牧兽医行政主管部门统一组织招标采购，经费由中央财政和地方财政按

①第二十六条规定，县级以上人民政府应当采取示范奖励等措施，扶持规模化、标准化畜禽养殖，支持畜禽养殖场、养殖小区进行标准化改造和污染防治设施建设与改造，鼓励分散饲养向集约饲养方式转变。

比例分担，养殖场（户）无需支付疫苗费用。二是动物疫病强制扑杀补助政策。国家对因高致病性禽流感发病的动物及同群动物实施强制扑杀。对因上述疫病扑杀蛋鸡给养殖者造成的损失予以补助，经费由中央财政、地方财政和养殖场（户）按比例承担。三是基层动物防疫工作补助政策。补助经费主要用于支付村级防疫员从事畜禽强制免疫等基层动物防疫工作的劳务补助。

▶ 农业保险支持政策

目前，中央财政提供农业保险保费补贴的品种包括种植业、养殖业和森林三大类，共 15 个品种。2015 年，中华人民共和国保险监督管理委员会、财政部、农业部联合下发《关于进一步完善中央财政保费补贴型农业保险产品条款拟定工作的通知》［保监发（2015）25 号］，推动中央财政保费补贴型农业保险产品创新升级，在几个方面取得了重大突破。其中涉及蛋鸡养殖方面的主要有三点：

一是扩大保险范围①。将疾病纳入保险范围，并规定发生重大动物疫病实施强制扑杀时，保险公司应对投保户进行赔偿（赔偿金额可扣除政府扑杀补贴）。

二是提高保障水平。要求保险金额覆盖饲养成本②，鼓励开发满足新型经营主体的多层次、高保障产品。

三是养殖业保险条款应将病死畜禽无害化处理作为保险理赔的前提条件，不能确认无害化处理的，保险公司不予赔偿。

▶ 农机购置补贴政策

为进一步加快农机购置补贴政策实施进度，促进农业供给侧结构性改革，2017 年农业部办公厅下发了《关于加快农机购置补贴政策实施促进农业供给侧结构性改革的通知》［农办机（2017）9 号］，其中与蛋鸡养殖有关的主要有：一是对支持农业绿色发展的畜禽粪污资源化利用、病死畜禽无害化处理等机具实行敞开补贴。资金

①养殖业保险主险的保险责任包括但不限于主要疾病和疫病、自然灾害［暴雨、洪水（政府行蓄洪除外）、风灾、雷击、地震、冰雹、冻灾］、意外事故（泥石流、山体滑坡、火灾、爆炸、建筑物倒塌、空中运行物体坠落）、政府扑杀等。当发生高传染性疫病政府实施强制扑杀时，保险公司应对投保农户进行赔偿，并可从赔偿金额中相应扣减政府扑杀专项补贴金额。

②保险金额应覆盖直接物化成本或饲养成本。鼓励各公司开发满足农业生产者特别是新型农业生产经营主体风险需求的多层次、高保障的保险产品。鼓励各级地方政府提供保费补贴。

充裕和供需相对平衡的省份要力争做到补贴范围内全部机具品目敞开补贴、应补尽补。有些地区，在12大类45个小类的补贴机具中，送料机、清粪机、水帘降温设备、孵化机等畜牧养殖机械名列其中。因资金缺口暂不具备敞开补贴条件的省份，也要结合实际增加敞开补贴的重点机具品目。二是开展优化机具分类分档。紧紧围绕引导绿色、智能、高效、高端农机装备创新和推进农业供给侧结构性改革的需求，结合实际需要，在通用类补贴机具范围内选取不超过5个品目的重点机具，开展档次优化。档次优化机具的补贴额按不超过上年平均销售价格的30%测算。三是全面公布年度实施方案、补贴额一览表、补贴产品信息表等，进一步加强政策宣传，扩大社会公众知晓度，激发农民群众购机用机积极性。鼓励县乡开展随时申请、随时受理服务，加快补贴资金兑付。实行"先购后补"的省份要清理取消补贴申领有效期限制，稳定购机者预期。

（三）我国蛋鸡生产相关技术标准

▶ 蛋鸡饲养管理方面的相关标准（表1-1）

表1-1　蛋鸡饲养管理方面的相关标准

标准名称及标准号	作　　用
蛋鸡复合预混合饲料（GB/T 22544—2008）	规定了蛋鸡复合预混合饲料的相关术语和定义、技术要求、试验方法、检验规则以及标签、包装、贮存和运输的要求。适用于蛋鸡养殖场和饲料工业化生产的蛋鸡育雏期、蛋鸡育成期、蛋鸡产蛋期使用的以维生素和微量元素等为原料的蛋鸡复合预混合饲料
产蛋后备鸡、产蛋鸡、肉用仔鸡配合饲料（GB/T 5916—2008）	规定了产蛋后备鸡、产蛋鸡配合饲料的质量标准、试验方法、检验规则、判定规则以及标签、包装、运输和贮存的要求。适用于产蛋后备鸡、产蛋鸡的配合饲料，不适用于种鸡和地方品种鸡各阶段配合饲料的要求

（续）

标准名称及标准号	作　用
养鸡场带鸡消毒技术要求（GB/T 25886—2010）	规定了养鸡场带鸡消毒的术语和定义、要求、操作步骤及消毒方法。适用于养鸡场鸡舍的带鸡消毒
家禽健康养殖规范（GB/T 32148—2015）	规定了家禽健康养殖过程中场址选择与布局、饲养工艺和设施设备、饲养管理、投入品使用、生物安全、转群和运输、废弃物处理等内容。适用于家禽的健康养殖
良好农业规范　第10部分：家禽控制点与符合性规范（GB/T 20014.10—2013）	规定了家禽生产良好农业规范的要求。适用于对家禽生产良好农业规范的符合性判定
无公害食品　畜禽饮用水水质（NY 5027—2008）	规定了生产无公害畜禽产品养殖过程中畜禽饮用水水质要求、检验方法。适用于生产无公害食品的畜禽饮用水水质的要求
无公害食品　蛋鸡饲养兽医防疫准则（NY 5041—2001）	规定了生产无公害食品的蛋鸡场在疫病预防、监测、控制及扑灭方面的兽医防疫准则。适用于生产无公害食品蛋鸡场的卫生防疫
无公害农产品　兽药使用准则（NY/T 5030—2016）	规定了兽药的术语和定义、使用要求、使用记录和不良反应报告。适用于无公害农产品（畜禽产品、蜂蜜）的生产、管理和认证
无公害食品　家禽养殖生产管理规范（NY/T 5038—2006）	规定了家禽无公害养殖生产环境要求、引种、人员、饲养管理、疫病防治、产品检疫、检测、运输及生产记录。适用于家禽无公害养殖生产的饲养管理
无公害食品　畜禽饲料和饲料添加剂使用准则（NY 5032—2006）	规定了生产无公害畜禽产品所需的各种饲料的使用技术要求、加工过程、标签、包装、贮存、运输及检验的规则。适用于生产无公害畜禽产品所需的单一饲料、饲料添加剂、药物饲料添加剂、配合饲料、浓缩饲料和添加剂预混合饲料

（续）

标准名称及标准号	作　用
畜禽养殖业污染物排放标准（GB 18596—2001）	适用于集约化、规模化的畜禽养殖场和养殖区，不适用于畜禽散养户。按集约化畜禽养殖业的不同规模分别规定了水污染物、恶臭气体的最高允许日均排放浓度、最高允许排水量，畜禽养殖业废渣无害化环境标准。适用于全国集约化畜禽养殖场和养殖区污染物的排放管理，以及这些建设项目环境影响评价、环境保护设施设计、竣工验收及其投产后的排放管理
畜禽场环境质量标准（NY/T 388—1999）	规定了畜禽场必要的空气、生态环境质量标准以及畜禽饮用水的水质标准。适用于畜禽场的环境质量控制、监测、监督、管理、建设项目的评价及畜禽场环境质量的评估
畜禽养殖业污染防治技术规范（HJ/T 81—2001）	规定了畜禽养殖场的选址要求、场区布局与清粪工艺、畜禽粪便贮存、污水处理、固体粪肥的处理利用、饲料和饲养管理、病死畜禽尸体处理与处置、污染物监测等污染防治的基本技术要求
畜禽粪便还田技术规范（GB/T 25246—2010）	规定了畜禽粪便还田的术语和定义、要求、限量、采样及分析方法。适用于经无害化处理后的畜禽粪便、堆肥以及以畜禽粪便为主要原料制成的各种肥料在农田中的使用

▶ 蛋鸡饲养相关设施设备方面的标准（表 1-2）

表 1-2　蛋鸡饲养相关设施设备方面的标准

标准名称及标准号	作　用
畜禽场场区设计技术规范（NY/T 682—2003）	规定了畜禽场的场址选择、总平面布置、场区道路、竖向设计和场区绿化的设计技术要求。适用于新建、改建、扩建的舍饲牛、猪、羊、鸡的畜禽场场区总体设计，不适用于以放牧为主的畜禽场场区总体设计

（续）

标准名称及标准号	作　　用
畜禽舍纵向通风系统设计规程（GB/T 26623—2011）	规定了畜禽舍纵向通风系统的术语和定义以及设计要求。适用于新建、改建、扩建密闭式或有窗畜禽舍纵向通风系统的设计
养鸡机械设备安装技术条件（NY/T 649—2002）	规定了养鸡机械设备的一般要求、安全要求和安装技术条件，适用于养鸡机械设备，包括饮水器、牵引式地面刮板清粪机、孵化机、出雏机、链式和螺旋弹簧式喂料机、蛋鸡鸡笼和笼架、电热育雏保温伞等主要机械设备（简称机械设备）的安装和使用。其他禽类机械可参照使用
养鸡设备　蛋鸡鸡笼和笼架（JB/T 7729—2007）	规定了蛋鸡鸡笼和笼架的型式和基本参数、技术要求、试验方法、检验规则和标志、包装与贮存。适用于蛋鸡饲养用全阶梯式、半阶梯式鸡笼和笼架
养鸡设备　杯式饮水器（JB/T 7718—2007）	规定了杯式饮水器型式尺寸与基本参数、技术要求、试验方法、检验规则和标志、包装、运输、贮存。适用于水压在 30～70 千帕鸡舍用杯式饮水器
养鸡设备　电热育雏保温伞（JB/T 7719—2007）	规定了电热育雏保温伞的型式与基本参数、技术要求、试验方法和检验规则和标志、包装、运输和贮存。适用于平养鸡舍使用的电热育雏保温伞
养鸡设备　乳头式饮水器（JB/T 7720—2007）	规定了乳头式饮水器的型式、尺寸与基本参数、技术要求、试验方法、检验规则和标志与包装。适用于鸡舍用乳头式饮水器（简称饮水器）
养鸡设备　牵引式刮板清粪机（JB/T 7725—2007）	规定了牵引式刮板清粪机的型式与基本参数、技术要求、试验方法、检验规则及标志。适用于笼养或平养鸡舍用的地面纵向清粪设备
养鸡设备　叠层式电热育雏器（JB/T 7726—2007）	规定了叠层式电热育雏器的型式与基本参数、技术要求、试验方法、检验规则及标志、包装、运输和贮存。适用于笼养叠层式电热育雏设备
鸡用链式喂料机（JB/T 7727—1995）	规定了喂料机的型式与基本参数、技术要求、试验方法、检验规则、标志、包装、运输、贮存等要求。适用于平养或笼养鸡用链式喂料机

（续）

标准名称及标准号	作　　用
养鸡设备　螺旋弹簧式喂料机（JB/T 7728—2007）	规定了螺旋弹簧式喂料机的型式与基本参数、技术要求、试验方法、检验规则、标志、包装、运输与贮存。适用于平养鸡舍输送干粉末、颗粒状饲料的旋转式螺旋弹簧喂料机（简称喂料机）
畜禽养殖污水贮存设施设计要求（GB/T 26624—2011）	规定了畜禽养殖污水贮存设施选址、技术参数要求等内容。适用于畜禽养殖污水贮存设施的设计
畜禽养殖粪便堆肥处理与利用设备（GB/T 28740—2012）	规定了畜禽养殖粪便堆肥处理与利用设备的术语和定义、一般要求、技术要求、试验方法、检验规则及标志、包装、运输和贮存等。适用于对畜禽养殖粪便进行好氧发酵的堆肥处理设备和有机肥加工设备。不适用于厌氧发酵及其他形式处理与利用的设备
病害畜禽及其产品焚烧设备（SB/T 10571—2010）	规定了病害畜禽及其肉品焚烧设备的相关术语和定义、制造要求、安全要求、试验方法、检验规则及标志、包装、运输与贮存的要求。适用于国家规定的染疫动物及其产品，病死、毒害或者死因不明的畜禽尸体，经检验对人畜健康有危害的动物和病害畜禽产品、国家规定应该进行焚烧处理的畜禽和畜禽产品

▶ 有关鸡蛋产品的相关标准（表1-3）

表1-3　有关鸡蛋产品的相关标准

标准名称及标准号	作　　用
食品安全国家标准 蛋与蛋制品（GB 2749—2015）	规定了蛋制品的定义、指标要求、食品添加剂、生产加工过程的卫生要求、包装、标识、运输、贮存和检验方法。适用于以鲜蛋为原料，添加或不添加辅料，经相应工艺加工制成的蛋制品
蛋制品卫生操作规范（GB/T 21710—2008）	规定了可食用的鸡蛋的一种或者多种组成的整蛋、蛋白、蛋黄和其他产品的生产、存储、包装和运输以及用于生产这些产品的厂房、设备和人员等操作指南。适用于饲养的鸡产的蛋，也适用于其他饲养禽类的蛋

（续）

标准名称及标准号	作　用
清洁蛋加工流通技术规范（GB/T 34238—2017）	规定了清洁蛋流通技术规范的术语和定义、加工、包装、贮存、运输、销售和可追溯等要求。适用专营或兼营蛋类批发市场、超市、配送中心和农贸市场等销售清洁蛋的场所
绿色食品　蛋与蛋制品（NY/T 754—2011）	规定了绿色食品蛋与蛋制品的术语和定义、要求、检验方法、检验规则、标志、标签、包装、运输及贮存。适用于绿色食品蛋与蛋制品（鲜蛋、皮蛋、卤蛋、咸蛋、咸蛋黄、糟蛋、巴氏杀菌冰全蛋、冰蛋黄、冰蛋白、巴氏杀菌全蛋粉、蛋黄粉、蛋白片、巴氏杀菌全蛋液、巴氏杀菌蛋白液、巴氏杀菌蛋黄液、鲜全蛋液、鲜蛋黄液和鲜蛋白液等）

（四）我国蛋鸡行业发展趋势

▶ 品种选育国产化

2014 年农业部办公厅发布《关于公布第一批国家蛋鸡核心育种场和国家蛋鸡良种扩繁推广基地名单的通知》[农办牧（2014）31 号]，5 家企业入选国家蛋鸡核心育种场①，10 家企业入选国家蛋鸡良种扩繁推广基地②。这些企业将作为中国蛋鸡种业的中坚力量，持续支撑中国蛋鸡行业的发展。

随着《全国蛋鸡遗传改良计划（2012—2020 年）》的实施和推进，中国蛋鸡育种方面将更好地利用国内优秀的种质资源选育出适合本地的优良蛋鸡品种，从而进一步加大中国自主选育蛋鸡品种在国内市场的份额。

▶ 规模化、标准化和智能化养殖推进速度加快

在中国蛋鸡产业发展过程中，产业集聚、政策扶持

①第一批国家蛋鸡核心育种场有：北京中农榜样蛋鸡育种有限责任公司、北京市华都峪口家禽育种有限公司、河北大午农牧集团种禽有限公司、扬州翔龙禽业发展有限公司、安徽荣达禽业开发有限公司。

②第一批国家蛋鸡良种扩繁推广基地有：北京市华都峪口禽业有限责任公司父母代种鸡场、河北华裕家禽育种有限公司高岳养殖示范基地、扬州翔龙禽业发展有限公司、黄山德青源种禽有限公司、山东峪口禽业有限公司、河南省惠民禽业有限公司、荆州市峪口禽业有限公司、四川圣迪乐村生态食品股份有限公司、四川省正鑫农业科技有限公司、宁夏晓鸣农牧股份有限公司。

和经济效益驱动促使蛋鸡养殖场数量逐渐减少、散户逐步退出、规模化养殖场比重不断增加，存栏3万~5万只鸡的养鸡场将成为未来鸡蛋来源的主要提供者，纵向一体化式大型蛋鸡养殖企业发展迅速，标准化生产模式得到快速推广，特别是现代化机械设备替代人力以及综合性新技术的应用成为发展方向。

随着国内设备制造业的发展，以及近两年世界各国的养殖设备进入中国，养殖设备行业的竞争也越来越激烈，养殖设备在整个养殖环节的相对投入不断降低，使得自动化鸡舍在全国各地大范围普及。加之人工成本及管理成本的不断增加，养殖户都在积极地向适度规模化、标准化、自动化、智能化养殖方向发展。"人管机器，机器养鸡"将越来越普遍，未来智能化必然成为行业的选择。

▶ 行业整合速度加快，全产业链模式是发展方向

中国蛋鸡行业整合的步伐将进一步加快。随着饲养品种、饲养规模、营销手段、行业自律、政府政策等方面的变化，以及中小规模养殖户的趋退及新建大规模养殖场的投产运营，适度规模化、管理家庭化、经营农场化、生产专业化、服务社会化、产品品牌化等模式将渐渐出现，从而有效提高蛋鸡行业抵抗养殖风险的能力。

近年来，一些专业生产种鸡的企业开始往下延伸，打造自己的品牌蛋，通过多种方式拓展品牌鸡蛋市场，而有些商品蛋鸡生产企业随着生产规模的扩大，也开始向上延伸，进入种鸡行业。蛋鸡云养殖模式，就是打造蛋鸡行业的公司加农户模式，同时内部形成从祖代种鸡养殖到生产资料提供、鸡蛋回收的闭环模式。以前主要做饲料销售的部分大集团公司也开始介入鸡蛋回收，将服务进一步延伸。未来行业商品蛋鸡的竞争会是以集团化为核心的整个产业链的竞争。部分大型集团公司推行

"育种→种鸡饲养→饲料→科技服务→品牌鸡蛋→淘汰鸡产业链"生产模式，以及流动超市，正在打造完整产业链的模式。

价值链的利润分配更加合理，低成本、微利时代、稳健经营。新技术应用配套性更强，生物安全得到有效落实，蛋品的处理技术更加有利于运输和储存，分拣技术进一步满足不同客户的消费需求，深加工技术使鸡蛋产品的附加值不断提高。蛋鸡仍然是一个持续稳定的产业，随着大连商品交易所鸡蛋期货[①]的上市，蛋鸡行业轻视市场的局面将会得到改善，养殖户的获利能力更稳定。

产品品质化、品牌化发展是发展趋势

当前中国蛋鸡行业的消费增速随着生产增速的放缓而减缓，据相关统计数据显示，市场主要以消费蛋类的初级产品——鲜蛋为主，随着蛋制品深加工科技水平的不断提高，经过初级加工或深加工的半成品、再制品、精制品及其他以禽蛋为主要原料的新产品不断涌现，我国蛋制品消费将会逐步增加。

蛋鸡养殖行业的发展竞争也日益激烈，许多企业开始打造自己的品牌蛋，通过多种方式拓展品牌鸡蛋市场，未来行业商品蛋鸡的竞争会是以品牌蛋为核心的竞争。在产品品质方面，口味、风味、外形、颜色都有改观；产品安全上，要求无药物残留、无污染、清洁蛋、无疾病风险。分拣设备的快速普及，分拣剔除次品、清洗、消毒、包装。消费市场的拓展到国内外的鲜蛋市场、蛋品加工、烘焙食品、医药、饲料等。根据客户需求，生产高品质多特色附加值高的无公害、有机、保健功能的订单产品不断增多。

产区分化，区域化、本地化继续深化

商品蛋鸡养殖格局也一直在发生变化，传统主产区养殖总量在不断减少的同时，规模有所提高；非传统主

① 2013 年 11 月 8 日上午，我国首个畜牧类、鲜活农产品鸡蛋期货合约在大连商品交易所挂牌交易，开辟了我国农产品期货的新领域，对于完善我国饲料、养殖行业避险体系，促进蛋鸡养殖行业健康发展具有积极意义；可以为鸡蛋生产和相关企业提供规避风险的工具，帮助企业稳定生产、改善经营，提高抗风险能力；可以加快鸡蛋行业标准的推广普及，进一步提高鸡蛋产品的质量安全水平；有利于平抑行业周期性波动带来的巨大冲击；有利于吸引工商资本，优化产业结构，从而为进一步扩大农民就业、增加农民收入做出贡献。

产区总量和规模都在大幅提高。规模养殖量在 50 万只以上的养殖场在全国各个区域均有出现。未来明显的产销区的界限将不断弱化，传统主产区的供应能力和半径也将不断地减少，传统主产区、非主产区都将以本地化为主，将形成以京津冀、长三角、珠三角三大主销区为核心的养殖布局，销区在整个鸡蛋流通和价格上的风向标作用将会更加明显。

▶▶ 蛋鸡生态养殖和福利饲养方式逐步推行

随着生态农业的发展，农业生产中对有机肥料的需求越来越大，而作为主要有机肥料的蛋鸡废弃物就成为有机农业肥料上的主要供应品，受市场需求的推动，蛋鸡废弃物的有机肥化利用成为蛋鸡产业拓展的重点。

同时，清粪机等废弃物处置相关的机械已经列入了国家补贴的范围内，国家已经在设备上为养殖者提供了资金支持，激励养殖者无害化处置蛋鸡废弃物。此外，有关蛋鸡废弃物处置的"以奖代补"和蛋鸡废弃物有机肥补贴等政策也在各地开始实施，将会极大地推动蛋鸡废弃物的无害化利用。

蛋鸡养殖的国际标准正在发生变化，蛋鸡福利养殖方式作为国际通行新标准正在世界逐步扩大。虽然中国蛋鸡产业步入现代化蛋鸡密集笼养轨道时间不长，但在注重生态环境、食品安全、国民健康等国情下，蛋鸡福利养殖方式应受到重视。欧盟、美国、日本的各种蛋鸡福利养殖方式对我国蛋鸡养殖场产生了较大影响。

▶▶ 食品安全检测将成为行业常态

由于近年来"速成鸡"和"杀虫剂氟虫腈"等食品安全事件的影响严重，销售鲜鸡蛋或下游采购者餐饮及超市都需要提供产品检测证明，鸡蛋流通环节的检测将成为行业的常态，这使得没有基地的单纯贸易商在未来的生存空间会越来越小。随着食品安全检测越来越严格，抗生素的危害为大众所认知，品牌鸡蛋会受到更严格的监控，抗生素的使用也会受到更严格的限制。

▶ 金融资本发挥作用，蛋鸡保险是规避风险的重要途径

我国蛋鸡产业发展仍没有摆脱各种风险的威胁，每年的各种疫情和意外事件都会让很多养殖者丧失了再生产能力，彻底退出行业或因灾致贫，生活受到严重影响。在市场经济条件下，参加蛋鸡产业保险是规避行业风险的一个重要途径。蛋鸡保险能够为蛋鸡行业起到保驾护航的作用；融资租赁能够提升设备的现代化；鸡蛋期货能帮助蛋鸡企业规避一定的市场风险。

二、蛋鸡品种

目标
- 了解鸡的生物学特性
- 了解我国市场常见的蛋鸡品种
- 掌握如何选择蛋鸡品种

（一）鸡的生物学特性

家鸡是分布最广、数量最多、经济价值最高、人类开始驯化最早的家禽，在生物学分类上属于鸟纲，具有鸟类的生物学特性。

▶ 新陈代谢旺盛

为鸡的基本生理特点。成年鸡的体温是 $40.9 \sim 41.9℃$，平均为 $41.5℃$；呼吸频率 $15 \sim 30$ 次 / 分；心跳快，血液循环快，脉搏可达 $120 \sim 200$ 次 / 分，因此鸡的基础代谢高于其他动物，生长发育迅速、成熟早、生产周期短。

▶ 性成熟早，繁殖力强

鸡在 $130 \sim 150$ 日龄即可开产。母鸡的卵巢在显微镜下可见到 $12\,000$ 个卵泡。一只母鸡年产蛋已超过 300 枚；公鸡的繁殖能力也相当强，公鸡精液量虽少，但浓度大，精子的数量多且存活期长，一只公鸡配 $10 \sim 15$ 只母鸡可以获得较高的受精率，公鸡的精子可以在母鸡输卵管中存活 $5 \sim 10$ 天，个别可存活 30 天以上。

▶ 对饲料营养要求高，饲料利用率高

一只高产母鸡一年所产的蛋重量达 15～17 千克，为其体重的 10 倍。

消化道短，对粗纤维的消化能力差

由于鸡口腔无咀嚼作用且消化道、特别是大肠较短，除了盲肠可以消化少量纤维素以外，其他部位的消化道不能消化纤维素，所以，鸡只必须采食含有丰富营养物质的饲料。

对环境变化敏感

鸡的视觉很灵敏，一切进入视野的不正常因素，如光照、异常的颜色等，均可引起"炸群"或"惊群"；鸡的听觉不如哺乳动物，但突如其来的噪声会引起鸡群惊恐不安；此外鸡体水分的蒸发与热能的调节主要靠呼吸作用来实现，因此对环境变化较敏感。

抗病能力差

鸡解剖学上的特点，如肺脏较小、有气囊、没有横膈膜、没有淋巴结以及生殖孔与泄殖孔同一通道等，决定了鸡的抗病力差。尤其是鸡的肺脏与很多的胸腹气囊相连，这些气囊充斥于鸡体内各个部位，甚至进入骨腔中，所以鸡的传染病由呼吸道传播的多，且传播速度快，发病严重，死亡率高。

群居性强，适合规模饲养

由于鸡的群居性强，在高密度的笼养条件下仍能表现出很高的生产性能。

（二）蛋鸡品种①的分类

我国是养鸡历史最悠久的国家之一。伴随着人类的生产和生活活动，作为人类生存的生活资料和生产资料，人们对鸡的体型、外貌、羽色等进行了经验性育种，培育出许多各具特色的标准品种、地方品种和培育品种。

标准品种②

目前世界上共有 104 个鸡标准品种，但现今具有重

①同一物种内具有共同来源，相似的形态结构、遗传性、经济价值和生活环境以及一定数量的独立繁殖群体。品种是人类改造自然的产物，是人们按照经济需要不断进行选育的结果。

②经有目的、有计划的、按育种组织制定的标准鉴定承认的、并列入标准品种志的品种。

① 由某地区长期选育成的适应当地的地理、气候、饲料条件、饲养方式和经营消费特点的品种。地方品种大多是人们自发劳动的结果，所以形成的历史较长，它可能具有某些独特的优良品种，但多数因未经系统选育而使得群体内在外貌特征和经济性状方面存在着较大的差异。

② 又称"育成品种"。有组织的、自觉的人工选育的产物。其遗传性能稳定，生产性能高，成熟期较早，外貌特征及其他性状较整齐一致。

③ 配套品系，又称杂交商品系，它是经过配合力测定筛选出来的杂交优势最强的杂交组合。现代蛋鸡育种多采用四系配套法进行培育。通常四系配套制成的曾祖代鸡，都有 8~9 个或更多的品系。曾祖代鸡所产的蛋孵出后的鸡为祖代，可分为父系 A(公)、B(母)，母系 C(公)、D(母)。祖代鸡产出的蛋孵出的鸡为父母代鸡，一般分为单交种 AB(公)、单交种 CD(母)。父母代 AB 公鸡与 CD 母鸡交配后所产的蛋孵出鸡为四系配套杂交 ABCD 商品代蛋鸡。

要经济价值的标准品种不过十几个，而与蛋鸡有关的品种主要有 4 个。我国蛋鸡品种是唯一不受国外控制的品种。

▶ 地方品种①

我国有许多地方品种的鸡，是鸡育种的宝贵素材。主要有：北京油鸡、上海浦东鸡、江苏狼山鸡、浙江仙居鸡、江山乌骨鸡、安徽淮北麻鸡、江西白耳黄鸡、东乡绿壳蛋鸡、丝羽乌骨鸡、山东汶上芦花鸡、济宁百日鸡、寿光鸡、河南固始鸡等 81 个地方品种。

▶ 培育品种②

标准品种强调血统的一致和外貌的统一，但培育品种则重点强调生产性能。由于现代育种的商业化行为，培育品种的配套品系③已脱离了原有标准品种的名称，多以本育种公司的专有商标来命名。

我国饲养的蛋鸡培育品种，以前多是从国外引进的品种，但是目前我国培育的蛋鸡品种所占比例不断提高。

在分类上，按所产蛋壳的颜色分为白壳蛋鸡、褐壳蛋鸡、粉壳蛋鸡和绿壳蛋鸡。

（三）我国市场常见蛋鸡品种介绍

养禽业是世界畜牧业中发展最快的，蛋鸡品种经认可的约有 200 多种，蛋鸡品种资源丰富是我国一大特点，主要是地方品种、国外引进品种、国内培育的新品种。目前主要养殖的蛋鸡品种有海兰系列、罗曼系列、京白系列、京红京粉系列、农大系列、伊莎系列和一些地方品种。

我国的蛋种鸡育种起步较晚，国产蛋鸡生产性能相对落后，一直以来，蛋种鸡高度依赖国外引进，海兰、罗曼等是我国进口蛋种鸡最主要的品种。但随着国内蛋种鸡育种技术的进步，近几年国产品种更新量占祖代蛋种鸡年更新量的比例呈增加趋势。我国国产蛋鸡品种主要有京红京粉系列、农大3号、大午金凤和绿壳蛋鸡等。峪口禽业的京红1号和京粉1号市场份额一直最大，2016年占国产品种总市场份额的70%左右。目前，京红京粉系列在国产蛋种鸡品种中所占比重不断提高，已接近80%。

▶ 褐壳蛋鸡

褐壳蛋鸡又称中型鸡，近年来有增长的趋势。其主要优点是蛋重大，刚开产的蛋比白壳蛋重；蛋壳质量好，便于运输和保存；鸡性情温顺，对应激因素的敏感性低，便于平养和笼养；啄癖少，死淘率低；耐寒性强，产蛋率平稳；淘汰时体重达2千克；商品代雏鸡具有羽色自辨雌雄的特点。褐壳蛋鸡有偏肥的倾向，饲养技术难度比白鸡大，特别是必须实行限制饲养，否则过肥影响产蛋性能，体型大，耐热性较差。

1.京红1号 京红1号蛋鸡配套系是我国拥有自主知识产权的一个蛋鸡配套系，产蛋早且多，易饲养、抗病强，适应粗放的饲养环境。吃料少，效益高，适于笼养、散养。具有生产性能优越，繁殖性能突出，实用性、适应性强等多项优势。通过2008年国家畜禽遗传资源委员会家禽专业委员会审定，2009年农业部家畜遗传资源委员会审定。

【特征特性】京红1号属褐壳蛋鸡配套系，红褐羽，父本为红褐色，母本为白色；商品代雏可用羽色自别雌雄：公雏白羽，母雏褐羽（图2-1）。商品代的主要特性包括实用性好、适应能力强和繁殖能力高。①耐粗饲，有较强的适应能力，适合中国粗放的饲养环境。②成活率高，育成鸡达98%，蛋鸡达93%，比国外品种分别高3个和2个百分点。③产蛋高峰长，商品代产蛋率90%以上都能达到180天以上。

【生产性能】京红1号商品代蛋鸡的生产性能见表2-1。

表 2-1　京红 1 号商品代蛋鸡的生产性能

不同阶段指标	参考值
育雏育成期（到 60 日龄青年鸡）	
成活率	99％
采食量	1.86 千克
60 日龄体重	720 克
育雏育成期（到 126 日龄青年鸡）	
成活率	98％
采食量	6.45 千克
126 日龄体重	1 510 克
产蛋期（19～80 周龄）	
开产日龄	139～142 天
产蛋高峰	94％～97％
19～72 周成活率	97％
19～80 周成活率	95％
72 周饲养日产蛋数	331.3 枚
80 周饲养日产蛋数	374.7 枚
72 周产蛋总重量	20.4 千克
80 周产蛋总重量	23.2 千克
36 周龄平均蛋重	61.2 克
72 周龄平均蛋重	65.3 克
80 周龄平均蛋重	65.5 克
36 周龄平均体重	1 930 克
72 周龄平均体重	2 080 克
80 周龄平均体重	2 100 克
72 周平均日耗料	111.0 克
80 周平均日耗料	111.5 克
蛋壳颜色	均匀性深褐色
43 周龄蛋壳强度	3.74 千克/厘米^2
43 周龄哈氏单位	88.0
皮肤颜色	黄色
排泄物状态	干燥

图2-1 京红1号

2.海兰褐 海兰褐是由美国海兰国际公司培育的四系配套优良蛋鸡品种，具有饲料报酬高、产蛋多和成活率高等优点，在国内外蛋鸡生产中被广泛饲养。具有较高的生产性能，成熟性早，显著的产蛋高峰以及高峰后持久的产蛋力等特性。海兰褐也有良好的适应力及较强的抗病能力，耐热安静，不神经质，易于管理（图2-2）。

【特征特性】海兰褐父本为洛岛红的品种，而母本则为洛岛白的品系。由于父本洛岛红和母本洛岛白分别带有伴性金色和银色基因，其配套杂交所产生的商品代可以根据羽毛颜色鉴别雌雄：母雏全身红色，公雏全身白色。

【生产性能】海兰褐商品代蛋鸡的生产性能见表2-2。

表 2-2　海兰褐商品代蛋鸡的生产性能

不同阶段指标	参考值
生长期（至 17 周）	
成活率	96%～98%
饲料消耗	6.0 千克
17 周龄体重	1.48 千克
产蛋期（至 80 周）	
高峰产蛋率	93%～95%
饲养日产蛋数	
至 60 周龄	248 枚
至 70 周龄	320 枚
至 80 周龄	347 枚
至 80 周龄成活率	95%
出雏至 50%产蛋率的天数	146 天
32 周龄平均蛋重	62.3 克/枚
70 周龄平均蛋重	66.9 克/枚
18～74 周龄饲养日产蛋总量	20.7 千克
18～80 周龄饲养日产蛋总量	22.6 千克
70 周龄体重	2.25 千克
蛋壳强度	极优
70 周龄哈氏单位	80
18～80 周龄平均日饲料消耗	112 克/（只·日）
21～74 周龄饲料转化率	2.06：1

图 2-2　海兰褐

3.罗曼褐 由德国罗曼集团公司培育的四系配套的高产蛋鸡品种，其特点是产蛋多、蛋重大、饲料转化率高，具有较好的抗热性能，适用于笼养，是当今世界上褐壳蛋鸡的佼佼者（图2-3）。

【特征特性】罗曼褐中型体重高产蛋鸡，有羽色伴性基因。父本两系均为褐色，母本两系均为白色。商品代雏鸡可用羽色自别雌雄：公雏白羽，母雏褐羽。

【生产性能】罗曼褐商品代蛋鸡的生产性能见表2-3。

表2-3 罗曼褐商品代蛋鸡的生产性能

不同阶段指标	参考值
生长阶段（0～18周）	
成活率	96%～98%
18周龄平均体重	1 500克
20周龄平均体重	1 700克
饲料消耗量	7.0千克
产蛋阶段（21～72周）	
成活率	93%～94%
开产日龄（50%）	140～145天
高峰产蛋率	94%～96%
平均蛋重	65克
饲养日母鸡产蛋数	336枚
入舍母鸡产蛋数	330枚
平均日耗料	114～118克
料蛋比	(2.0～2.25)∶1
蛋壳颜色	褐壳
蛋壳强度	极优
淘汰体重	2.0千克

图 2-3 罗曼褐

4.伊莎褐 伊莎褐蛋鸡（又名伊莎黄蛋鸡和伊莎红蛋鸡），是由法国伊沙公司育成的四系配套的杂交品种，属褐壳蛋鸡系鸡种，红褐羽，可根据羽色自别雌雄，以高产和较好的整齐度及良好的适应性而著称。其特点为品质好、蛋重适中、整齐度好、饲料转化率高、适应性强、性情温驯、易于饲养（图 2-4）。

【特征特性】伊莎褐蛋鸡属褐壳蛋鸡系鸡种，伊莎褐壳蛋鸡父本 A、B 两系为红褐色，来自棕色海塞克斯鸡。母本 C、D 两系均为白色，来自白洛克和来航血液组合成的鸡种。商品代雏可用羽色自别雌雄：公雏白羽，母雏褐羽。

【生产性能】伊莎褐商品代蛋鸡主要生产性能见表2-4。

表 2-4 伊莎褐商品代蛋鸡主要生产性能

不同阶段指标	参考值
育雏育成期性能指标（0～18 周龄）	
1～5 周龄存活率	99%
6～18 周龄存活率	98%

（续）

不同阶段指标	参考值
1～18周龄耗料量	7千克
17周龄体重	1 400～1 500克
产蛋期性能指标（19～72周龄）	
存活率	93.7%
90%以上产蛋率时间	20周
76周龄入舍鸡产蛋数	292枚
每羽入舍母鸡产蛋量	19.4千克
平均蛋重	62.6克
饲料转化率	2.30∶1
72周龄末体重	1.9～2.0千克

图2-4 伊莎褐

5.农大3号 农大3号，全称是"农大褐3号"矮小型蛋鸡，是为节粮型小型蛋鸡的代表。该配套系是由中国农业大学动物科技学院用纯合矮小型公鸡与慢羽普通型母鸡杂交推出的配套系，2003年通过国家品种审定。商品代生产性能高，可根据羽速自别雌雄，快羽类型的雏鸡都是母鸡，而所有慢羽雏鸡都是公鸡。该配套系充分利用了 *dw* 基因的优点，能够提高蛋鸡的综合经济效益。目前，农大 3 号蛋鸡的养殖主要集中在山东、河北、湖北、江苏、河南、山西、四川等地区，在环境条件比较极端的海南、西藏和新疆也有农大 3 号蛋鸡的养殖，并且取得了很好的养殖收益。

【特征特性】体形小，占地面积少。农大 3 号鸡成年体重 1.60 千克，比普通蛋鸡轻 25%左右，它的自然体高比普通型蛋鸡矮 10 厘米左右。耗料少，饲料转化率高。产蛋期 3 号鸡的平均日采食量只有 90 克左右，比普通鸡少 20%左右；料蛋比一般在 2.1∶1，高水平的可以达到 2.0∶1，比普通鸡提高饲料利用率 15%左右。抗病力较强。矮小型鸡对马立克病有较强的抵抗力，对一般细菌性疾病的抵抗力也比普通鸡强，因此产蛋期有较高的成活率。卵黄吸收慢。同样大小的种蛋农大 3 号出生体重比普通型重 1 克，3 号鸡刚出壳时的觅食行为较迟，可能与卵黄吸收慢有关，育雏前 3 天适当调高舍温 1℃，注意引导雏鸡的开饮和开食，最好首次实行强制饮水。

【生产性能】育雏育成期成活率 96%，达 50%产蛋率的日龄 146～156 天，90%以上产蛋率可持续 3～4 个月，72 周龄入舍鸡产蛋数 285 枚，全期平均蛋重约 56 克，产蛋总重 15.7～16.4 千克，产蛋期成活率 95%，料蛋比 (2.06～2.10)∶1。

▶ 粉壳蛋鸡

粉壳蛋鸡是由洛岛红品种与白来航品种间正交或反交所产生的杂种鸡，其蛋壳颜色介于褐壳蛋与白壳蛋之间，呈浅褐色，严格说属于褐壳蛋，在国内大多数人称其为粉壳蛋。其羽色以白色为背景，有黄、黑、灰等杂色斑羽，与褐壳蛋鸡又不相同。因此，就将其分成粉壳蛋鸡一类。粉壳蛋鸡主要特点：产蛋量高，饲料转化率高，只是生产性能不够稳定。

1.**京粉1号** 2008 年通过国家畜禽遗传资源委员会家禽专业委员会审定，2009 年通过农业部家畜遗传资源委员会审定（图 2-5）。

【特征特性】京粉 1 号父本为红褐色，母本为白色；商品代雏可用羽速自别雌雄。主要特点是实用性好、适应能力强和繁殖能力高。①耐粗饲，有较强的适应能力，适合中国粗放的饲养环境；②成活率高，育成鸡达 98%，蛋鸡达 93%，比国外品种分别高 3 个和 2 个百分点；③产蛋高峰长，商品代产蛋率 90% 以上都能达到 180 天以上。

【生产性能】京粉 1 号商品代蛋鸡的生产性能见表 2-5。

表 2-5　京粉 1 号商品代蛋鸡的生产性能

不同阶段指标	参考值
育雏育成期（到 60 日龄青年鸡）	
成活率	99%
采食量	1.80 千克
60 日龄体重	710 克
育雏育成期（到 126 日龄青年鸡）	
成活率	98%
采食量	6.33 千克
126 日龄体重	1430 克
产蛋期（19～80 周龄）	
开产日龄	140～144 天
产蛋高峰	93%～97%
19～72 周龄成活率	97%
19～80 周龄成活率	95%
72 周龄饲养日产蛋数	331.4 枚

（续）

不同阶段指标	参考值
80 周龄饲养日产蛋数	375.4 枚
72 周龄产蛋总重量	20.1 千克
80 周龄产蛋总重量	23.0 千克
36 周龄蛋重	60.0 克
72 周龄蛋重	65.0 克
80 周龄蛋重	66.0 克
36 周龄体重	1 770 克
72 周龄体重	1 810 克
80 周龄体重	1 820 克
72 周龄平均日耗料	109.5 克
80 周龄平均日耗料	110.1 克
蛋壳颜色	均匀性粉色
43 周龄龄蛋壳强度	3.70 千克/厘米^2
43 周龄龄哈氏单位	87.5
皮肤颜色	黄色
蛋内容物	AA 级——最优

图 2-5 京粉 1 号

2.大午金凤 大午金凤蛋鸡配套系是一种羽色自别粉壳蛋鸡配套系，自主培育的高产粉壳蛋鸡优秀品种，具有优良的综合生产性能，不啄肛，全程死淘率低，适应性强，耗料少，产蛋多，蛋重适中，蛋壳颜色鲜艳，广泛适应我国气候和地域饲养条件，既适合高密度集约化养殖，也适合放养养殖，是生产品牌鸡蛋的首选品种（图2-6）。

【特征特性】商品代蛋雏鸡的全身浅红色羽毛,羽色自别雌雄：红羽为母鸡，白羽为公鸡。

成年鸡：全身羽毛为浅红色，颈部、尾部红色偏深，绒毛为白色，体型丰满，单冠，冠齿5～7个，肉垂椭圆而鲜红，耳叶为白色，喙、胫、皮肤为黄色。

【生产性能】大午金凤商品代蛋鸡的生产性能见表2-6。

表2-6 大午金凤商品代蛋鸡的生产性能

不同阶段指标	参考值
育雏育成期	
0～6周龄成活率	＞98％
7～18周龄成活率	＞98％
0～18周龄成活率	＞95％
6周龄体重	500克
18周龄体重	1 500克
0～6周龄平均耗料	1.2千克
7～18周龄平均耗料	4.5千克
0～18周龄累计耗料	5.6～6.0千克
产蛋期	
生产性能指标	标准值
成活率	93％
达50％产蛋率日龄	137天
进入高峰期日龄	165天
高峰期最高产蛋率	95％以上

（续）

不同阶段指标	参考值
高峰持续期（90％以上产蛋率）	180 天以上
平均蛋重	62 克
入舍鸡产蛋总数（18～72 周龄）	301 枚
入舍鸡产蛋总重（18～72 周龄）	18.66 千克
饲养日产蛋总数	318 枚
饲养日产蛋总重	19.72 千克
饲养日平均耗料	115 克/（只·日）
产蛋期料蛋比	2.2
72 周龄体重	1 850 克

图 2-6　大午金凤

3.海兰灰　海兰灰鸡为我国多家蛋种鸡场从美国海兰国际公司引进将其育成的粉壳蛋鸡商业配套系鸡种（图 2-7）。

【特征特性】商品代初生雏鸡全身绒毛为鹅黄色，有小黑点呈点状分布全身，体型轻小、清秀，毛色从灰白色至红色间杂黑斑，肤色黄色，可以通过羽速鉴别雌雄。

成年鸡背部羽毛呈灰浅红色，翅间、腿部和尾部呈白色，皮肤、喙和胫的颜色均为黄色，体型轻小清秀。产蛋性能稳定，产蛋高峰期维持时间长，抗病能力强，饲料利用率高，环境适应力强。

【生产性能】海兰灰商品代蛋鸡的生产性能见表2-7。

表 2-7　海兰灰商品代蛋鸡的生产性能

不同阶段指标	参考值
生长期（至 18 周龄）	
成活率	96%～98%
饲料消耗	6.0～6.5 千克
18 周龄平均体重	1.45 千克
产蛋期（至 80 周龄）	
成活率	93%～95%
出雏至 50%产蛋率的天数	152 天
高峰产蛋率	92%～94%
入舍鸡产蛋数	331～339 枚
30 周龄平均蛋重	61.0 克
50 周龄平均蛋重	64.5 克
70 周龄平均蛋重	66.4 克
饲料转化率	2.1～2.3
19～72 周龄饲养日产蛋总重量	19.1 千克
72 周龄体重	2.0 千克
鸡蛋内部质量	优秀
蛋壳颜色	粉色
蛋壳质量	优秀
19～80 周龄平均日耗料	105 克/（只·日）

图 2-7　海兰灰

4.罗曼粉　罗曼粉并非我国自行繁育的家禽品种，而是引进的德国罗曼公司选育的优良蛋鸡，因这种鸡所产鸡蛋蛋壳为粉色，故而得名罗曼粉。在长期生产过程中，为了适应广大消费者，又衍生出了小型罗曼粉鸡种（图 2-8）。

【特征特性】罗曼粉蛋鸡商品代羽毛白色，抗病力强，产蛋率高，维持时间长，蛋色一致。罗曼粉具有体态均匀、开产早、产蛋率高达 98%、产蛋持续期长、无啄癖、抗病力强、蛋壳颜色一致等优点。小蛋型罗曼粉除具有罗曼粉的优点外，还具有产蛋率更高、抗病力更强、耗料更低、蛋重更小的特点。

【生产性能】罗曼粉商品代蛋鸡的生产性能见表 2-8。

表2-8　罗曼粉商品代蛋鸡的生产性能

生产性能指标	参考值	
	罗曼粉	小蛋型罗曼粉
产蛋达50%产蛋日期	130～145 天	130～140 天
高峰产蛋率	95%～98%	96%～98%
年产蛋数	300～320 枚	310～330 枚
年产蛋总重	18.7～20.7 千克	18.7～20.7 千克
平均蛋重	62.5～64 克	60.5～62.5 克
蛋壳颜色	浅黄褐色	浅黄褐色
蛋壳强度	3.75 千克/厘米^2	3.75 千克/厘米^2
饲料消耗量（1～20 周龄）	7.2～7.6 千克	7.0～7.4 千克
产蛋期耗料	110～120 克	105～110 克
料蛋比	2.05：1	2.0：1
20 周龄体重	1.45～1.55 千克	1.4～1.5 千克
产蛋期末体重	2.0～2.1 千克	1.8～1.9 千克
育成期存活率	97%～98%	97%～98%
产蛋期存活率	94%～96%	95%～96%

图2-8　罗曼粉

5.京粉2号 京粉2号配套系利用产生浅褐壳鸡蛋的反交原理，以产白壳蛋的来航蛋鸡品系作为父系，产褐壳蛋的白洛克蛋鸡品系作为母系，杂交培育出的商品代蛋鸡（图2-9）。

【特征特性】父母代种鸡的公鸡：体型小而清秀，单冠，耳叶白色，全身羽毛白色，皮肤、喙和胫的颜色均为黄色，尾羽长且上翘。母鸡：体躯中等，单冠、直立，耳叶红色，全身羽毛白色，皮肤、喙和胫的颜色均为黄色，蛋壳颜色为褐色。

商品代公、母雏全身羽毛白色，可通过羽速自别雌雄：公雏为慢羽，母雏为快羽。成年母鸡体型中等结实，全身羽毛为白色，头部及被毛紧凑，单冠，倒立，皮肤、喙和胫为黄色，耳叶白色，性情温驯，性成熟早，蛋壳颜色为浅褐色。

【生产性能】京粉2号商品代蛋鸡的生产性能见表2-9。

表2-9 京粉2号商品代蛋鸡的生产性能

不同阶段指标	参考值
育雏育成期（到60日龄青年鸡）	
成活率	99％
采食量	1.80千克
60日龄体重	700克
育雏育成期（到126日龄青年鸡）	
成活率	98％
采食量	6.36千克
126日龄体重	1 470克
产蛋期（19～80周龄）	
开产日龄	141～146天
产蛋高峰	94％～98％
19～72周龄成活率	97％

（续）

不同阶段指标	参考值
19~80 周龄成活率	95%
72 周龄饲养日产蛋数	330.0 枚
80 周龄饲养日产蛋数	372.7 枚
72 周龄产蛋总重量	20.1 千克
80 周龄产蛋总重量	22.8 千克
36 周龄蛋重	61.5 克
72 周龄蛋重	63.5 克
80 周龄蛋重	64.0 克
36 周龄体重	1 850 克
72 周龄体重	1 940 克
80 周龄体重	1 950 克
72 周龄平均日耗料	109.9 克
80 周龄平均日耗料	110.4 克
43 周龄龄蛋壳强度	3.83 千克/厘米^2
43 周龄龄哈氏单位	87
蛋壳颜色	均匀性粉色
皮肤颜色	黄色

图 2-9 京粉 2 号

➤ 白壳蛋鸡

产白壳蛋的鸡又称轻型鸡，主要是以来航品种为基础育成的，是蛋用型鸡的典型代表。白壳蛋鸡开产早，产蛋量高；体型小，耗料少，饲料报酬率高；单位面积的饲养密度高，适应性强，各种气候条件下均可饲养；蛋中血斑和肉斑率很低。白壳蛋鸡最适于集约化笼养管理。其不足之处是蛋重小，神经质，胆小怕人，抗应激性较差；好动爱飞，平养条件下需设置较高的围栏；啄癖多，特别是开产初期，啄肛造成的伤亡率较高。

1.京白1号 京白1号蛋鸡配套系是针对我国市场的需要，经系统、持续选育而成的高产白壳蛋鸡配套系，是具有自主知识产权的蛋鸡高产品种。京白1号蛋鸡针对中国饲养环境培育，适应性强、性能稳定，与国外品种相比具有多个优势：一是成活率高、抗病性强、死淘率低；二是产蛋率高、产蛋多，产蛋高峰高且维持时间长；三是耗料少，饲料转化率高；四是蛋品好，蛋壳颜色均匀、光亮，鸡蛋大小均匀，商品化率高，胚用率高。在育种中采用了先进的分子遗传检测技术，去除了鸡蛋中的鱼腥味，口感更好（图2-10）。

【特征特性】父母代种鸡的公鸡：体型轻小清秀，单冠，耳叶白色，全身羽毛白色、快羽，皮肤、喙和胫的颜色均为黄色。母鸡：体躯中等，单冠、直立，耳叶白色，全身羽毛白色、慢羽，皮肤、喙和胫的颜色均为黄色，蛋壳颜色为白色。

商品代公母雏全身白色，可根据羽速自别雌雄：公雏为慢羽，母雏为快羽；成年母鸡全身羽毛为白色，头部及被毛紧凑，单冠，皮肤、喙和胫黄色，耳叶白色，性情温驯，体型清秀小巧，蛋壳颜色为白色。

【生产性能】京白1号商品代蛋鸡的生产性能见表2-10。

表 2-10　京白 1 号商品代蛋鸡的生产性能

不同阶段指标	参考值
育雏育成期（到 60 日龄青年鸡）	
成活率	99%
采食量	1.80 千克
60 日龄体重	710 克
育雏育成期（到 126 日龄青年鸡）	
成活率	98%
采食量	6.33 千克
126 日龄体重	1 430 克
产蛋期（19～80 周龄）	
开产日龄	140～144 天
产蛋高峰	93%～97%
19～72 周龄成活率	97%
19～80 周龄成活率	95%
72 周龄饲养日产蛋数	331.4 枚
80 周龄饲养日产蛋数	375.4 枚
72 周龄产蛋总重量	20.1 千克
80 周龄产蛋总重量	23.0 千克
36 周龄蛋重	60.0 克
72 周龄蛋重	65.0 克
80 周龄蛋重	66.0 克
36 周龄体重	1 770 克
72 周龄体重	1 810 克
80 周龄体重	1 820 克
72 周龄平均日耗料	109.5 克
80 周龄平均日耗料	110.1 克
蛋壳颜色	均匀性粉色
43 周龄蛋壳强度	3.70 千克/厘米^2
43 周龄哈氏单位	87.5
皮肤颜色	黄色
蛋内容物	AA 级

图 2-10　京白 1 号

　　2.罗曼白　罗曼白是德国罗曼公司育成的两系配套杂交鸡，即精选罗曼 SLS。由于其产蛋量高，蛋重大，受到养殖场的青睐。目前，分布在全国 20 多个地区，是蛋鸡中覆盖率较高的品种，具有适应性强、耗料少、产蛋多和成活率高的优良特点（图 2-11）。

　　【特征特性】具有较高的生产性能，成熟性早，显著的产蛋高峰以及高峰后持久的产蛋力等特性。此鸡性情非常温顺，适应能力强，也有较强的抗病能力，易于管理。

　　【生产性能】罗曼白产蛋率达 50% 日龄 148～154 天，高峰产蛋率 92%～95%，72 周龄入舍鸡产蛋数 295～305 枚，平均蛋重 62.5 克，料蛋比（2.1～2.3）：1，0～18 周龄耗料 6.0～6.4 千克，20 周龄体重 1.30～1.35 千克，育成期成活率 96%～98%，产蛋期死淘率 4%～6%。

　　【利用效果】目前，罗曼白分布在全国 20 多个地区，是蛋鸡中覆盖率较高的品种，具有适应性强、耗料少、产蛋多和成活率高的优良特点。

图 2-11　罗曼白

3.**海兰白**　海兰白是美国海兰国际公司培育的四系配套优良蛋鸡品种。我国从 20 世纪 80 年代引进，目前，在全国有多个祖代或父母代种鸡场，是饲养较多的品种之一。现有两个白壳配套系：海兰 W-36（图 2-12）和海兰 W-77，其特点是体型小、性情温顺、饲料报酬高、抗病力强、产蛋多、成活率高。

【特征特性】海兰白鸡的父系和母系均为白来航，全身羽毛白色，单冠，冠大，耳叶白色，皮肤、喙和胫的颜色均为黄色，体型轻小清秀，性情活泼好动。商品代初生雏鸡全身绒毛为白色，通过羽速鉴别雌雄，成年鸡与母系相同。

【生产性能】海兰白商品代蛋鸡的生产性能见表 2-11。

表 2-11　海兰白商品代蛋鸡的生产性能

生产性能指标	参考值
18 周龄生长期成活率	97%～98%
饲料消耗	5.64 千克
18 周龄体重	1.28 千克
72 周龄产蛋期高峰产蛋率	93%～94%
50%产蛋日龄	153 天
32 周龄蛋重	58.4 克
70 周龄蛋重	63.4 克
72 周龄饲养日产蛋总重	18 千克
日耗料	92 克
21～72 周龄料蛋比	1.91∶1

图 2-12　海兰 W-36

▶ **绿壳蛋鸡**

　　绿壳蛋鸡，因产绿壳蛋而得名，其特征是所产蛋的外壳颜色呈绿色，是中国特有禽种，被农业部列为"全国特种资源保护项目"。现代绿壳蛋鸡是利用我国特有的原始绿壳蛋鸡遗传资源，运用现代育种技术，以家系选择和DNA标记辅助选择为基础，进行纯系选育和杂交配套育成的。其主要特点：体型小，结实紧凑，行动敏捷，匀称秀丽，性成熟较早，产蛋量较高，蛋壳颜色为绿色，蛋品质优良，与白壳蛋鸡相比，耗料少，蛋重偏小。

绿壳蛋鸡苗分为麻羽系和黑羽系。麻羽系特点是比原五黑一绿绿壳蛋鸡产蛋量高，蛋重高，鸡体型稍大一些。黑羽系特点是羽毛黑亮，皮比普通土鸡色还要偏红，肉质细嫩。麻羽系和黑羽系比原五黑一绿鸡种产蛋量更高，蛋的绿壳率没有降低。淘汰鸡更受市场欢迎。

1.**新杨绿壳蛋鸡**　新杨绿壳蛋鸡由上海新杨家禽育种中心培育。父系来自我国经过高度选育的地方品种，母系来自国外引进的高产白壳或粉壳蛋鸡，经配合力测定后杂交培育而成，以重点突出产蛋性能为主要育种目标（图2-13）。

【特征特性】商品代母鸡羽毛白色，但多数鸡身上带有黑斑；单冠，冠、耳叶多数为红色，少数黑色。60%左右的母鸡青脚、青喙，其余为黄脚、黄喙。

【生产性能】新杨绿壳商品代蛋鸡主要生产性能见表2-12。

表2-12　新杨绿壳商品代蛋鸡主要生产性能

不同阶段指标	参考值
生长期	
18周龄体重	960克
1～18周龄成活率	95%～97%
1～18周龄耗料量	5.8千克
鉴别方式	翻肛鉴别
产蛋期	
50%产蛋率周龄	22周龄

（续）

不同阶段指标	参考值
高峰产蛋率	88%～90%
72周龄产蛋量	227～238 枚
平均蛋重	48.8～50 克
产蛋期只日耗料	85 克
淘汰体重	1 475 克

(白羽型)

图 2-13　新杨绿壳蛋鸡

2.苏禽绿壳蛋鸡　苏禽绿壳蛋鸡属二系配套系，是由江苏省家禽科学研究所和扬州翔龙禽业发展有限公司共同培育而成，于 2013 年 8 月通过国家审定。

该配套系父母代种鸡具有遗传性能稳定、适应性强、体型外貌一致性高、入孵蛋孵化率高等优点；商品代鸡具有遗传性能稳定、体型较小、"三黄"、群体均匀度好、符合国内大部分地区对地方鸡型绿壳蛋鸡的需求。

【特征特性】商品代鸡：体型较小呈船形，结构紧凑，全身羽毛黄红色，头小；单冠直立，中等大小，冠齿 4~7 个；眼大有神；冠和髯红色；皮肤、胫和喙黄色；胫高而细，四趾，无胫羽；快羽；雏鸡羽毛淡黄色；蛋壳深绿色。

【生产性能】苏禽绿壳商品代蛋鸡的生产性能见表2-13。

表 2-13　苏禽绿壳商品代蛋鸡的生产性能

不同阶段指标	参考值
生长期（至 18 周龄）	
0~18 周龄存活率	95.8%
18 周龄平均体重	（1 085.6±87.5）克
产蛋期（至 72 周龄）	
19~72 周龄存活率	94.9%
达 50%产蛋率日龄	145 天
产蛋数	221 枚
产蛋量	10.1 千克
全期平均蛋重	（45.7±3.0）克
19~72 周龄料蛋比	3.3：1
淘汰鸡平均体重	（1 505±120.8）克

3.东乡黑羽绿壳蛋鸡　东乡黑羽绿壳蛋鸡由江西省东乡县农业科学所和江西省农业科学院畜牧所培育而成。具有体型较小、产蛋性能较高、适应性强等优点（图 2-14）。

【特征特性】东乡绿壳蛋鸡羽毛黑色，喙、冠、皮、肉、骨趾均为乌黑色。母鸡羽毛紧凑，单冠直立，冠齿5~6 个，眼大有神，大部分耳叶呈浅绿色，肉垂深而薄，羽毛片状，胫细而短，成年体重 1.1~1.4 千克。公鸡雄健，鸣叫有力，单冠直立，暗紫色，冠齿 7~8 个，耳叶紫红色，颈羽、尾羽泛绿光且上翘，体重 1.4~1.6千克，体型呈 V 形。

【生产性能】其父系公鸡常用来和蛋用型母鸡杂交，杂交后代绿壳蛋鸡商品代母鸡，开产日龄148天，产蛋高峰期产蛋率80%～85%，72周龄产蛋数为180～240枚，绿壳率达99%。蛋壳颜色深绿、蛋壳厚、蛋黄比例大、蛋品质优、胆固醇低。

图2-14　东乡黑羽绿壳蛋鸡

（四）如何选择蛋鸡品种

同样的生产条件，饲养不同的品种，会得到不同的经济效益，在选择所饲养的蛋鸡品种时，要认真考虑下列因素，综合全局，做出正确的选择。

▶ 市场需求

我国鸡蛋生产的现状是，供大于求，人均鸡蛋消费量远远高于世界平均水平，鸡蛋生产已开始从数量型向质量型转变。在考虑市场需求时重点是以下因素。

（1）蛋壳颜色：白壳鸡蛋在普通消费市场日趋萎缩，褐壳鸡蛋逐渐成为主流，粉壳鸡蛋开始大受欢迎；

具有明显特色的绿壳鸡蛋和紫壳鸡蛋销售价格更具优势。

（2）蛋重大小：过去人们对蛋重较小的鸡蛋（50克以下）不喜欢，因为较小鸡蛋在实际消费时，蛋壳所占比例高；但现在地方品种鸡的蛋重多数较轻，过大的鸡蛋反而不好销售，这种现象在粉壳鸡蛋销售中普遍存在。

（3）蛋壳质量：在鸡蛋的处理、包装、运输、销售过程中，蛋壳质量不佳的鸡蛋可能破损；蛋壳质量虽然受饲喂管理的影响大，但与鸡的品种也有关系。

➤ 本场基本情况

蛋鸡饲养场自身的条件决定了选择什么品种，这些条件如图 2-15 所示。

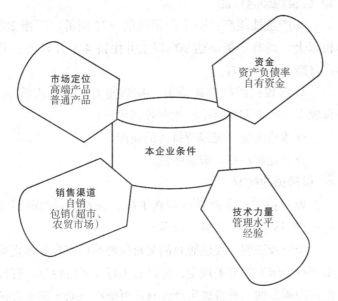

图 2-15　本场基本情况

➤ 拟选品种的特点

在选择品种时，应选择通过国家品种审定的鸡种，并要认真分析拟选品种的如下特点。

（1）生产性能：不同品种鸡有不同的生产性能，在考察生产性能时不要仅听场家的介绍，最好能了解到实际饲养情况。

（2）存活率：养鸡经济效益与淘汰鸡的多少有关，实际是产蛋期成活率问题。淘汰时鸡的存栏数量越多，效益就越高，盈利就越大。我国先后引进20多个蛋鸡品种，现在市场上占主要的品种仅仅3~5个，主要问题除了各品种鸡产蛋量的高低不同以外，在很大程度上取决于产蛋期成活率的高低。

（3）抗病力：不同品种的抗逆性是有差别的。有些品种的鸡产蛋水平相当高，但抗病力或抗逆性相对较差。蛋鸡饲养场（户）应当从经济角度来比较、选择。

▶ 优良鸡种的特征

☆产蛋性能高：一个产蛋周期（72周龄）产蛋280枚以上，高峰产蛋率达90%以上并保持4个月以上，开产日龄150天左右。

☆有较强的抗应激能力、抗病能力。育雏成活率、育成率和产蛋期存活率能达到较高水平。

☆体质强健，能维持持久的高产。

☆蛋壳质量好，破蛋率低。

▶ 供种场的情况

要对拟供种企业进行调查了解，查看必要的证明文件和种鸡场的生产经营情况等。

资质及证明　提供雏鸡的父母代种鸡场或专业孵化场必须符合国家的有关规定，通过有关行政部门验收，有行政部门颁发的《种畜禽生产经营许可证》《动物防疫合格证》《种畜禽鉴定合格证》《无禽流感证明》等。

应有完善的对鸡白痢、禽白血病、禽脑脊髓炎等经种蛋垂直传播疾病的控制能力。鸡白痢和白血病的检测阳性率应低于1%，并能保证雏鸡在出壳24小时内注射马立克氏病疫苗。

购雏前，应注意查看相应证明和种鸡场购父母代种鸡的发票，谨防假冒伪劣，以免给生产带来损失。

生产经营和疫病情况　细致了解拟引入品种产地三年来的疫病情况，不仅要了解鸡的疫病情况，同时还要了解其他家禽的疫病情况，严禁到疫区引种。

了解拟引入品种的产地环境状况，比较引入地和产地差异，为引种后发挥引入品种的优良性能做好准备工作。

另外还要注意了解拟引进品种生产、经营的情况。

信誉：要向其他养殖场（户）了解父母代种鸡场或专业孵化场的信誉，选择信誉良好的场家引种。

▶ 购雏注意事项

在生产性能不明确时，千万不要大量引种。

选定品种后不要轻易改变；选定场家后不要轻易改变。

选择非疫区种鸡场生产的无污染健康雏鸡。

同一鸡舍或全场的所有雏鸡最好来源于同一种鸡场。

雏鸡符合该品种特征，为同一批次生产的雏鸡，最好达到雏鸡品种、健康水平、雏鸡大小和母源抗体水平一致。

不要贪图雏鸡便宜，一只商品代雏鸡最多便宜几毛钱，也就是差 1～2 枚蛋的价格，而造成的损失远不止这些。

三、蛋鸡场建设与环境控制

目标
- 了解蛋鸡场选址原则和要求
- 掌握蛋鸡场平面布局和综合规划
- 了解各类鸡舍的建筑形式和基本要求
- 了解蛋鸡饲养的相关设备
- 学会如何做好鸡舍的通风管理
- 掌握鸡舍温度、湿度控制的方法
- 学会如何做好光照管理与控制

（一）蛋鸡场的选址

▶ 选址原则

①建鸡场前应了解当地的水文气象情况，收集掌握的资料，包括：该地区主导风向及风量与风的频率，年降水总量，冬季积雪深度，土壤冬季冻土深度，年平均气温，夏季最高气温与持续天数，冬季最低气温与持续天数，发生被水淹、泥石流的可能及概率。

蛋鸡场的场址选择①应以方便生产经营、交通便利、防疫条件好、投资低为基本原则，既要考虑养鸡生产对周围环境的要求，符合《畜禽场环境质量标准》（NY/T388—1999），也要尽量避免鸡场产生的气味、污物对周围环境的影响，符合《畜禽养殖业污染防治技术规范》（HJ/T81—2001）。

满足饲养蛋鸡生产防疫措施（如全进全出、区域隔离等）的要求。

坚持农牧结合、种养平衡的原则，根据本场区周围土地对鸡粪便的消纳能力，配套具有相应加工处理能力的粪便污水处理设施。

符合鸡群的生物学特点和行为习性的要求，散养蛋鸡场周围应有充足的放养地、良好的植被覆盖和虫草资源。

▶ 选址要求

（1）地势：蛋鸡饲养场要选在背风向阳、通风干燥、地势较高与排水良好的地方。

（2）卫生防疫：要防止受到疫病与污染的威胁，鸡场周围应无大型工矿企业和畜禽屠宰加工厂及动物交易市场等畜牧场污染源；鸡场与居民生活区和主要交通干线相距1 000米以上。

（3）水源：水源充足，水质良好，水质标准见表3-1。

表3-1　畜禽饮用水水质标准

单位：毫克/升

项　　目		水质要求
感官性状及一般化学指标	色/度	不超过30度
	混浊度/度	不超过20度
	臭和味	不得有异臭、异味
	肉眼可见物	不得含有
	总硬度（以 $CaCO_3$ 计）	≤1 500
	pH	6.4～8.0
	溶解性总固体	≤2 000
	氯化钠（以 Cl^- 计）	≤250
	硫酸盐（以 SO_4^{2-} 计）	≤250
细菌学指标	总大肠菌群，个/1 000毫升	≤3
毒理学指标	氟化物（以 F^- 计）	≤2.0
	氰化物	≤0.05
	总砷	≤0.2
	总汞	≤0.001
	铅	≤0.1
	铬（6价）	≤0.05
	镉	≤0.01
	硝酸盐（以 N 计）	≤30

（4）电力供应：鸡场电力配备必须能满足生产需要，电力供应必须要有保障，大型鸡场要有专门线路或自备发电设备。

（5）交通：交通便利，满足饲料和产品的基本运输要求。路面要平整，雨后无泥泞。若在交通不便地点建场，要事先考虑到因大雨或大雪造成道路阻断、供应中断等问题。

①鸡场的土质状况与环境及鸡舍建筑施工、投资总额、地面植被的生长及鸡群的健康都有着密切的关系。

（6）土质要求①：鸡场的土质以沙壤土为宜，这种土壤排水良好，导热性小，微生物不易繁殖，土壤的透水透气良好，可保持干燥，适宜植被生长和建筑鸡舍。

（7）空气质量要求：为保证鸡的饲养环境，应保证场区的空气质量符合大气质量的三级标准，见表3-2。

表3-2　大气三级标准下污染物浓度限值（毫克/米³）

污染物	总悬浮微粒	飘尘	二氧化硫	氮氧化物	一氧化碳	光化学氧化剂
日平均	0.50	0.25	0.25	0.15	6.00	0.20
任何一次	1.50	0.70	0.70	0.30	20.00	

（二）蛋鸡场的平面布局规划

▶ 蛋鸡饲养工艺

蛋鸡饲养工艺决定了鸡舍的数量与布局，按照饲养的工艺不同，将蛋鸡饲养分为两段式和三段式。

两阶段饲养方式：即育雏育成为一个阶段，成鸡为一个阶段。需建两种鸡舍，一般两种鸡舍的比例是1:2。

三阶段饲养方式：即育雏、育成、成鸡均分舍饲养。三种鸡舍的比例一般是1:2:6。

根据生产鸡群的防疫卫生要求，生产区最好采用分区饲养，因此三阶段饲养分为育雏区、育成区、成鸡区，两阶段分为育雏育成区、成鸡区。大型养殖场布局见图 3-1。

雏鸡舍应放在上风向，依次是育成区和成鸡区。

▶ 总平面布局原则

鸡场分区的原则：各种房舍和设施的分区规划要从便于防疫和组织生产出发。首先应考虑保护人的工作和生活环境，尽量使其不受饲料粉尘、粪便、气味等污染；其次要注意生产鸡群的防疫卫生，杜绝污染源对生产区的环境污染。

图 3-1　大型养殖场

应以人为先，污为后的排列为顺序。

分区布局一般为：生产、行政、生活、辅助生产、污粪处理等区域。

主要应考虑风向、地势和水流向，如地势与风向不一致时则以风向为主；风与水，则以风为主。从上风方向至下风方向，按鸡的生长期应安排育雏舍、育成舍和成年鸡舍，如图 3-2 所示。

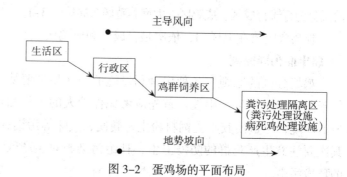

图 3-2　蛋鸡场的平面布局

　　鸡场的绿化：绿化不仅可以美化、改善鸡场的自然环境，而且对鸡场的环境保护、促进安全生产、提高生产经济效益有明显的作用。

　　养鸡场的绿化布置要根据不同地段的需要种植不同种类的树木，最好为低矮植物，以隔离净化各个区域（图3-3）。

图 3-3　养鸡场全貌

▶ 功能区设置

1.各区的设置

　　（1）鸡场内生活区和行政区、生产区应严格分开并相隔一定距离，生活区和行政区在风向上与生产区相平行。

（2）污粪处理区应在主风向的下方，与生活区保持较大的距离，各区排列顺序按主导风向，地势高低及水流方向依次为生活区、行政区、辅助生产区、生产区和污粪处理区（图3-4）。

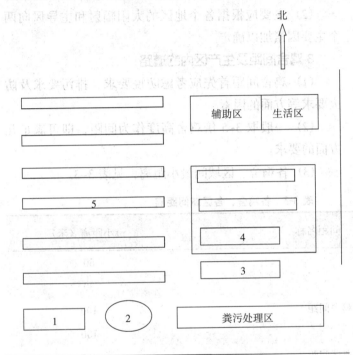

图 3-4　蛋鸡饲养场布局示意

1.剖检室　2.焚尸间　3.育雏舍　4.育成舍　5.产蛋舍

（3）有条件时，生活区可设置于鸡场之外，把鸡场建成一个独立的生产场所。

（4）生产区是鸡场布局中的主体，应慎重对待。最好能做到同一鸡场仅饲养同一批次同日龄鸡，如条件不允许也要保证同一鸡舍仅饲养同一批次同日龄的鸡。

（5）鸡场生产区内，应按规模大小、饲养批次、日龄将鸡群分成数个饲养小区，区与区之间应有一定的隔离距离，每栋鸡舍之间应有隔离措施，如隔离栏、绿化

55

带、沟壕等。

2.鸡舍的朝向

（1）正确的朝向不仅能帮助通风和调节舍温，而且能够使整体布局紧凑，节约土地面积。

（2）主要应根据各个地区的太阳辐射和主导风向两个主要因素加以确定。

3.鸡舍间距及生产区内的道路

（1）鸡舍间距首先应考虑防疫要求、排污要求及防火要求等方面的因素。

（2）一般取 3~5 倍鸡舍高度作为间距，即可满足几方面的要求。

（3）各鸡舍、区域间最小距离，见表3-3。

表3-3　各鸡舍、各区域间距离

间距名称	最小距离（米）
育雏、育成舍间距	50
产蛋鸡舍间距	30
育雏、育成舍与产蛋鸡舍间距	100
生活区与生产区间距	150
生活区与粪污处理隔离区间距	300
生产区与粪污处理隔离区间距	150

（4）鸡场内道路布局应分为清洁道和脏污道。

（5）清洁道专供运输鸡蛋、饲料和转群使用。育雏舍、育成舍、成年鸡舍等各舍有人口连接清洁道。

（6）脏污道主要用于运输鸡粪、死鸡及鸡舍内需要外出清洗的脏污设备。育雏舍、育成舍、成年鸡舍，各舍均有出口连接脏污道。

（7）清洁道和脏污道相互不能交叉，以免污染，如图3-5所示。

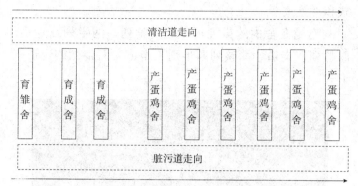

图 3-5　蛋鸡场区内道路布局示意

（三）鸡舍的建筑

在进行鸡舍建筑设计时，应根据资金情况、鸡舍类型、饲养对象来考虑鸡舍内地面、墙壁、屋顶外形及通风条件等因素，以求达到在资金投入合理条件下，舍内环境满足生产的需要（图 3-6）。

图 3-6　现代化蛋鸡舍

➤ 蛋鸡饲养方式

笼养方式是我国普遍采用的蛋鸡饲养方式，其饲养密度较大，投资相对较少，便于防疫及管理。根据笼具组合形式分为全阶梯、半阶梯、叠层式（图 3-7）、复合式和平置式。

鸡笼在舍内的排列可以是一整列、两半列二走道、两整列三走道、两整列两半列三走道、三整列四走道等形式。

图3-7 叠层式笼养鸡舍

鸡舍类型

按鸡舍的建筑形式，可分为开放式鸡舍（普通鸡舍或有窗鸡舍）、密闭式鸡舍（又称为环境控制鸡舍）和卷帘式鸡舍三种。按饲养方式和设备分为平养鸡舍和笼养鸡舍。按饲养阶段可分为育雏鸡舍、育成鸡舍、成年鸡舍、育雏育成鸡舍、育成产蛋鸡舍、育雏-育成-产蛋鸡舍等。

1.开放式鸡舍[①] 又称普通鸡舍或有窗鸡舍。这种鸡舍适用于广大农村地区，我国大部分蛋鸡饲养场尤其是农村蛋鸡饲养户均采用此种鸡舍。

此类鸡舍可分为全开放式和半开放式鸡舍两种。全开放式鸡舍依赖自然空气流动达到舍内通风换气，完全自然采光；半开放式鸡舍为自然通风辅以机械通风，自然采光和人工光照相结合，在需要时利用人工光照加以

①开放式鸡舍是采用自然通风和自然光照＋人工补光的形式，鸡舍内温度、湿度、光照、通风等环境因素控制得好坏，取决于鸡舍设计、鸡舍建筑结构的合理程度。

补充。

开放式鸡舍的优点是能减少开支，节约能源，原材料投入成本不高，适合于不发达地区及小规模和个体养殖。缺点是受自然条件的影响大，生产性能不稳定，同时不利于防疫及安全均衡生产。

鸡舍内饲养鸡的品种、数量的多少、笼架、产蛋箱和栖架的安放方式等均会影响舍内通风效果、温度、湿度及有害气体的控制等，因此在设计开放式鸡舍时要充分考虑到以上因素。

在我国南方由于炎热，有的地区开放式鸡舍只有简易的顶棚，而四壁全部敞开；还有的地区开放式鸡舍，三面有墙，南向敞开；最多见开放式鸡舍是四面有墙，南墙留有大窗，北墙留有小窗的有窗鸡舍，有窗鸡舍的所有窗户都要安装铁丝网，以防止飞鸟和野兽进入鸡舍。

2.封闭式鸡舍 这种鸡舍建筑成本昂贵，要求 24 小时能提供电力能源，技术条件也要求较高，如图 3-8 所示。

这种鸡舍能给鸡群提供适宜的生长环境，虽然建设成本较高，但目前我国采用此种鸡舍的蛋鸡场数量正在逐步增多。

此种鸡舍的屋顶及墙壁都采用隔热材料封闭起来，有进气孔和排风机；舍内采光常年靠人工光照，安装有轴流风机，机械负压通风。舍内的温、湿度通过变换通风量大小和气流速度的快慢来调控。降温采用加强通风换气量，在鸡舍的进风端设置空气冷却器等。

其优点是：能够减弱或消除不利的自然因素对鸡群的影响，使鸡群能在较为稳定的适宜的环境下充分发挥品种潜能，稳定高产；可以有效地控制和掌握育成鸡的性成熟，较为准确地监控营养和耗料情况，提高饲料的转化率。因几乎处于密闭的状态下，可以防止野禽与昆虫的侵袭，大大减少了经自然媒介传播疾病的机会，有利于卫生防疫管理。此种鸡舍的机械化程度高，饲养密度大，降低了劳动强度，同时由于采用了机械通风，鸡舍之间的间隔可以减小，节约了生产区的建筑面积。

图 3-8　封闭式鸡舍

3.卷帘式鸡舍　此类鸡舍兼有密闭式和开放式鸡舍的优点，在我国的南北方无论是高热地区还是寒冷地区都可以采用。

鸡舍的屋顶材料采用石棉瓦、铝合金瓦、普通瓦片、玻璃钢瓦，并且采用防漏隔热层处理。

此种鸡舍除了在离地 15 厘米以上建有 50 厘米高的薄墙外，其余全部敞开，在侧墙壁的内层和外层安装隔热卷帘，由机械传动，内层卷帘和外层卷帘可以分别向上和向下卷起或闭合，能在不同的高度开放，可以达到各种通风要求。夏季炎热可以全部敞开，冬季寒冷可以全部闭合。

鸡舍整体的内部设计见图 3-9。

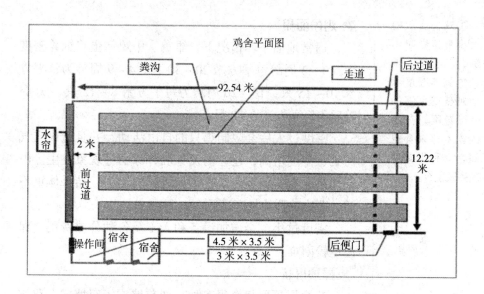

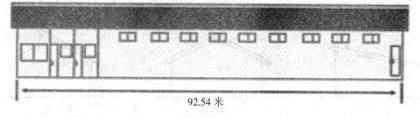

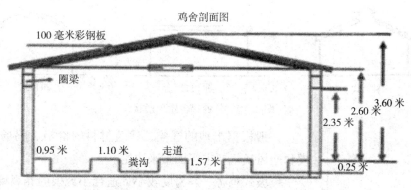

图3-9　鸡舍内部设计

①鸡舍面积的大小直接影响鸡的饲养密度，合理的饲养密度可使鸡获得足够的活动范围，充足的饮水、采食空间，有利于鸡群的生长发育。

▶ 鸡舍面积①

通常地面平养情况下，雏鸡、中鸡和蛋鸡饲养密度为：0～3周龄每平方米20～30只，4～9周龄为每平方米10～15只，10～20周龄为每平方米8～12只，20周龄后为每平方米6～8只。

密度过大后会限制鸡只的自由活动，并且造成空气污染、温度增高，还会诱发啄肛、啄羽等现象发生。由于拥挤，有些弱鸡经常吃不到足够的饲料，结果体重不够，造成鸡群均匀度过低。

密度过小，会增加设备和人工及各种分摊费用，保温也较困难。

▶ 屋顶形状

鸡舍屋顶形状有很多种，如单坡式、双坡式、双坡不对称式、拱顶式、平顶式、钟楼式和半钟楼式等，见图3-10。

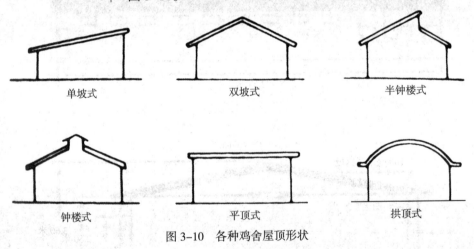

单坡式　　　　双坡式　　　　半钟楼式

钟楼式　　　　平顶式　　　　拱顶式

图3-10　各种鸡舍屋顶形状

一般根据当地的气候、建筑材料的价格、鸡场的规模和通风换气要求等因素来决定。

单坡式鸡舍一般跨度较小，适合小规模的养鸡场。

双坡式或平顶式鸡舍跨度较大，适合较大规模的鸡场。

双坡不对称式鸡舍，采光和保温效果都好，适合我国北方地区。

在南方干热地区，屋顶可适当高些以利于通风，北方寒冷地区可适当矮些以利于保温。

生产中大多数鸡舍采用三角形双坡屋顶，坡度值一般为 1/4 ~ 1/3。屋顶材料要求绝热性能良好，以利于夏季隔热和冬季保温。

▶ 鸡舍墙壁和地面

墙壁①的建材过去多用砖混结构，现多用彩钢板结构，内墙设计上应做到能防潮和便于冲刷。

开放式鸡舍育雏室要求墙壁保温性能良好，并有一定数量可开启、可密闭的窗户，以利于保温和通风。

育成鸡舍和蛋鸡舍前、后墙壁有全敞开式、半敞开式和开窗式几种。敞开式一般敞开 1/3 ~ 1/2，敞开的程度取决于气候条件和鸡的品种类型。

敞开式鸡舍在前、后墙壁进行一定程度的敞开，但在敞开部位安装防护网后加装上玻璃窗，或沿纵向装上尼龙布等耐用材料做成的卷帘，这些玻璃窗或卷帘可关、可开，根据气候条件和通风要求随意调节；开窗式鸡舍则是在前、后墙壁上安装一定数量的窗户，用来调节室内温度和通风。

鸡舍地面应高出舍外地面 0.3 ~ 0.5 米，舍内应设排水孔，以便舍内污水的顺利排出。

永久性鸡舍地面最好为混凝土地面，保证地面结实、坚固，便于清洗、消毒；简易临时鸡舍考虑以后的土地复耕也可以采用土地面。

在潮湿地区修建鸡舍时，混凝土地面下应铺设防水层，防止地下水湿气上升，保持地面干燥。为了有利于舍内清洗消毒时的排水，中间地面与两边地面之间应有一定的坡度。

①墙壁是鸡舍的围护结构，要求能防御外界风雨侵袭，隔热性能良好，为舍内的鸡只提供适宜环境。

（四）养鸡设施与设备

▶ 环境控制设备

任何一个优良的鸡品种，如果没有良好的环境控制设备来保持鸡舍的环境，它的生产性能是不会发挥出来的，因此，良好的环境控制设备是养鸡场经济效益的基础。

1.通风换气设备①

（1）通风设备一般有轴流式风机、离心式风机、吊扇和圆周扇（图3-11）。

（2）通风方式可采用风扇送风（正压通风）、风扇抽风（负压通风）和联合式通风。

（3）风机安装位置应安放在使鸡舍内空气纵向流动的位置，这样通风效果才最好，风扇的数量可根据风扇的功率、鸡舍面积、鸡只体重大小和数量的多少、鸡舍温度的高低来进行计算得出。

①在炎热的夏天，当气温超过30℃后，鸡群会感到极不舒适，鸡的生长发育和产蛋性能会严重受阻，此时除了采取其他抗热应激和降温措施之外，加强舍内通风是主要的手段之一。

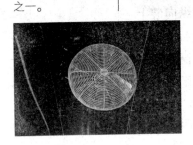

图3-11　通风设备

2.供温设施与设备

（1）烟道供温②：烟道供温有地上水平烟道和地下烟道两种。地上水平烟道是在育雏室墙外建一个炉灶，根据育雏室面积的大小在室内相应用砖砌成一个或两个烟道，一端与炉灶相通。烟道排列形式因房舍而定，烟道另一端穿出对侧墙后，沿墙外侧建一个较高的烟囱，烟囱应高出鸡舍1米左右，通过烟道对地面和育雏室空间

②烟道供温时室内空气新鲜，粪便干燥，可减少疾病感染，适用于广大农户养鸡和中小型鸡场。

加温。地下烟道与地上烟道相比差异不大，只不过炉灶和室内烟道建在地下。

应注意烟道不能漏气，以防一氧化碳中毒。在北方早春育雏时，如果育雏舍内温度低，可在离地面1米高处用塑料薄膜隔断，形成一个小矮室，以提高育雏温度。

(2) 煤炉供温：煤炉由炉灶和铁皮烟筒组成。使用时先将煤炉加煤升温后放进育雏室内，炉上加铁皮烟筒，烟筒伸出室外，烟筒的接口处必须密封，以防煤烟漏出，导致雏鸡发生一氧化碳中毒死亡，烟筒由煤炉到室外要逐步向上倾斜，到达室外后应垂直指向上方，并要根据室外的风向进行调整，以免烟筒口迎风，使煤炉倒烟，而不利于燃气的排出，造成雏鸡一氧化碳中毒。

煤炉15厘米的周围要用铁丝网或石棉瓦等隔离，以防雏鸡进入煤炉烧死或周围垫料燃烧引起火灾。如果育雏舍保温性能良好，一般每15～20米^{2}配置一个煤炉。此方法适用于较小规模的养鸡户使用，方便简单。

(3) 保温伞供温：保温伞由伞部和内伞两部分组成。伞部用镀锌铁皮或纤维板制成伞状罩，内伞有控温系统、热源、灯泡等。自动控温系统可根据设定的温度，自动控制热源的供热与否。热源用电阻丝、电热管或燃气热源等，安装在伞内壁周围，伞中心安装电灯泡用于夜间照明，如图3-12所示。

1.5米的保温伞可育雏鸡300～400只。应用保温伞育雏时，要求能保证室温24℃以上、伞下缘距地面高度5厘米处温度可达35℃，雏鸡可以在伞下自由出入。

保温伞育雏时，要配套有护围，防止雏鸡育雏开始时走失，找不到热源，雏鸡3日龄后护围逐渐向外扩大，10日龄后撤掉护围，此种方法一般用于平面育雏。当冬季使用保温伞育雏时，多半需要有暖气或煤炉等其他室内加热设备。

图3-12　育雏伞

（4）红外线灯泡供温：利用红外线灯泡散发出的热量育雏，简单易行，被广泛使用。为了增加红外线灯的取暖效果，可在灯泡上部制作一个大小适宜的保温灯罩，红外线灯泡的悬挂高度一般离地25～30厘米。

一只250瓦的红外线灯泡在室温25℃时一般可给110只雏鸡供温，20℃时可给90只雏鸡供温。采用红外线灯泡育雏时最好配套用乳头饮水器，因为其他饮水方式可能将水点抛向红外线灯泡，一旦发生这种情况，灯泡将会爆炸。同保温伞育雏一样，在冬季用红外线灯泡育雏，也要配套其他室内加热设备。

（5）远红外线加热板供温：远红外线加热器是由一块电阻丝组成的加热板，板的一面涂有远红外涂层（黑褐色），通过电阻丝热激发红外涂层，而发射一种肉眼见不到的红外光，使室内加温。

安装时将远红外线加热器的黑褐色涂层向下，离地2米高，用铁丝或圆钢、角钢之类固定。8块500瓦远红外线加热板可供50米²育雏室加热。最好是在远红外线加热板之间安上一个小风扇，使室内温度均匀，这种供热法耗电量较大，但育雏效果较好。

（6）其他供暖设备：如暖气、辐射采暖板、采暖散热片、暖风机、热风炉等。

3.降温设施与设备

（1）湿帘／风扇降温系统利用水的蒸发降温原理来实现降温目的（图 3–13 至图 3–15）。

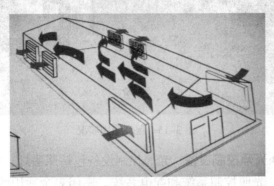

图 3–13　湿帘降温系统示意

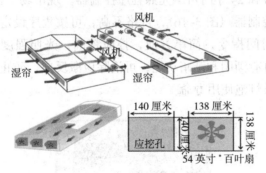

图 3–14　湿帘降温系统布局示意

湿帘降温系统由湿帘箱、循环水系统、轴流式风机和控制系统四部分组成，此种降温方式降温效果好。

（2）低压喷雾系统的喷嘴安装在舍内的上方，以常规的压力进行喷雾降温。

（3）高压喷雾系统是由泵组、水箱、过滤器、输水管、喷头固定架组成，此种方法降温快。

---

* 英寸为非许用计量单位，1 英寸 = 2.54 厘米。

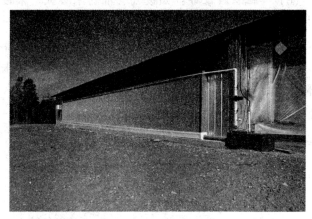

图 3-15 湿帘使用实况

4.光照控制设备 光照控制设备包括照明灯、电线、电缆、光照控制系统和配电系统。密闭鸡舍适用的有遮光流板和 24 小时可编光照程序控制器。现市场上销售的光照控制器（图 3-16），价格不高，可按程序设定开灯、关灯时间指令，简单方便，控时精确，光照强度可调，开关灯有渐明和渐暗功能，可消除应激反应，防止惊群，并延长灯泡使用寿命。

图 3-16 光照控制器

饲养设备

1.笼网设备

（1）平面网上育雏①设备：雏鸡饲养在鸡舍内离地面一定高度的平网上，平网可用金属、塑料或竹木制成，平网离地高度 80~100 厘米，网眼为 1.2 厘米×1.2 厘米。这种方式雏鸡不与地面粪便接触，可减少疾病传播。

（2）立体育雏②设备：雏鸡饲养在鸡舍离开地面的重叠笼或阶梯笼内，笼子可用金属、塑料或竹木制成，规格一般为 1 米×2 米。

（3）鸡笼③：可分为全阶梯式和半阶梯式，还有层叠式和平置式；半阶梯式相对于全阶梯式提高了饲养密度，层叠式是目前世界上最先进的鸡笼，每平方米可以饲养 50 只以上蛋鸡，但要求的自动化控制水平高。

➤育成鸡笼　一般采用 2~3 层重叠式或半阶梯式笼。通常每平方米饲养 10 只左右，此鸡笼的尺寸为 187.5 厘米×44 厘米×33 厘米，可饲养育成鸡 20 只，肉用仔鸡可适当增多。

➤产蛋鸡笼　蛋鸡笼可分为深笼和浅笼，深笼的笼深为 50 厘米，浅笼则在 30~35 厘米。根据不同的规格可分为轻型、中型及重型产蛋鸡笼。蛋鸡笼一般每格可容纳 3~5 只鸡；一个单笼可饲养 20~30 只鸡。

➤全阶梯式鸡笼　组装时上下两层笼体完全错开，常见的为 2~3 层。其优点是鸡粪直接落于粪沟或粪坑，笼底不需设粪板，如为粪坑也可不设清粪系统；结构简单，停电或机械故障时可以人工操作；各层笼敞开面积大，通风与光照面大。缺点是占地面积大，饲养密度低，为 10~12 只 / 米²，设备投资较多，目前我国采用最多的是蛋鸡三层全阶梯式鸡笼和种鸡两层全阶梯人工授精笼。

➤半阶梯式鸡笼　上下两层笼体之间有 1/4-1/2 的部位重叠，下层重叠部分有挡粪板，按一定角度安装，粪

①这种方式雏鸡不与地面粪便接触，可减少疾病传播。

②虽然增加了育雏笼的投资成本，但可提高单位面积的育雏数量和房屋利用率；雏鸡发育整齐，减少了疾病传染，提高了成活率。

③鸡笼的组装：将单个鸡笼组装成为笼组，具有多种形式，应根据该鸡场的具体情况（鸡舍面积、饲养密度、机械化程度、管理情况、通风及光照情况），组装成不同的形式。

便清入粪坑。因挡粪板的作用，通风效果比全阶梯差，饲养密度为 15~17 只 / 米^2（图 3-17）。

图 3-17　半阶梯式鸡笼

➤层叠式鸡笼　鸡笼上下两层笼体完全重叠，常见的有 3~4 层，高的可达 8 层，饲养密度大大提高。其优点是鸡舍面积利用率高，生产效率高。饲养密度三层为 16~18 只 / 米^2；四层为 18~20 只 / 米^2。缺点是对鸡舍的建筑、通风设备、清粪设备要求较高（图3-18）。

➤单层平列式　组装时一行行笼子的顶网在同一水平面上，笼组之间不留车道，无明显的笼组之分。管理与喂料等一切操作，都需要通过运行于笼顶的天车来完成。常不采用此种方法。

2.饮水设备　饮水设备常用的有水槽、真空式、吊塔式、乳头式、杯式等多种。

平养鸡舍多用真空式和吊塔式或乳头式，其中乳头式饮水器具有许多优点，可保持供水的新鲜、洁净，极大地减少了疾病的发病率；节约用水，水量充足且无湿粪现象，改善了鸡舍的环境。

（1）长形水槽：这是许多蛋鸡场常用的一种饮水器，

图 3-18　层叠式鸡笼

一般用镀锌、铁皮或塑料制成。饮水槽分 V 形和 U 形两种，材料有镀锌板、塑料、玻璃钢、搪瓷等，深度为 50~60 毫米，上口宽 50 毫米，长度按需要而定。此种饮水器的优点是结构简单，成本低，便于饮水免疫。缺点是耗水量大，易受污染，刷洗工作量大。

（2）真空饮水器：由聚乙烯塑料筒和水盘组成，筒倒扣在盘上。水由壁上的小孔流入饮水盘，当水将小孔盖住时即停止流出，适用于雏鸡和平养鸡。优点是供水均衡，使用方便，但清洗工作量大，饮水量大时不宜使用（图 3-19）。

图 3-19　真空饮水器

（3）吊塔式饮水器：除少数零件外，其他部位用塑料制成，主要由上部的阀门机构和下部的吊盘组成。阀门通过弹簧自动调节并保持吊盘内的水位。一般都用绳索或钢丝悬吊在空中，根据鸡体高度调节饮水器高度，故适用于平养，一般可供 50 只鸡饮水用。优点为节约用水，清洗方便（图 3-20）。

图 3-20　真空式饮水器和吊塔式饮水器

（4）乳头式饮水器：为现代最理想的一种饮水器。乳头式饮水器由阀芯与触杆组成，阀芯直接与水管相连，由于毛细管的作用，触杆的端部经常悬着一滴水，每当鸡需要饮水时，只要啄动触杆，水即流出，当鸡饮水完毕，不再啄动触杆，触杆将水路封闭，水即停止外流。这种饮水器既节约用水更有利于防疫，并且不需要清洗，经久耐用不需要经常更换。缺点是每层鸡笼均需设置减压水箱，不便进行饮水免疫，对材料和制造精度要求较高（图 3-21）。

乳头式饮水器要安装在鸡的上方，让鸡抬头饮水，要随鸡体重的变化逐步调高饮水器的高度。

（5）杯式饮水器：饮水器呈杯状，与水管相连，此饮水器采用杠杆原理供水，杯中有水能使触板浮起，由于进水管水压的作用，平时阀帽关闭，当鸡啄触板时，通过联动杆即可顶开阀帽，水流入杯内，借助于水的浮力使触板恢复原位，水不再流出。缺点是水杯需要经常清洗，且需配备过滤器和水压调整装置。

图 3-21　乳头饮水器

　　（6）过滤器和减压装置：过滤器能滤去水中的杂质。鸡场一般使用水塔供水，其水压为 51～408 千帕，适用于水槽或吊塔式饮水器，若使用乳头式或杯式饮水系统时，必须安装减压装置。减压装置常用的有水箱和减压阀两种，特别是水箱，结构简单，便于投药，生产中使用较普遍。

　　各饮水系统的主要部件和性能见表 3-4。

表 3-4　各饮水系统的主要部件和性能

名称	主要部件及性能	优缺点
水槽	①常流水式由进水龙头、水槽、溢流水塞和下水管组成。当供水超过溢流水塞时，水即由下水管流进下水道 ②控制水面式由水槽、水箱和浮阀等组成。适用短鸡舍的笼养和平养	结构简单 但耗水量大，疾病传播机会多，刷洗工作量大。安装要求精度大，长鸡舍很难水平，供水不匀，易溢水
真空饮水器	由聚乙烯塑料筒和水盘组成。筒倒装在盘上，水通过筒壁小孔流入饮水盘，当水将小孔盖住时即停止流出，保持一定水面。适用于雏鸡和平养鸡	自动供水，无溢水现象，供水均衡，使用方便。不适于饮水量较大时使用，每天清洗工作量大
吊塔式饮水器	由钟形体、滤网、大小弹簧、饮水盘、阀门体等组成。水从阀门体流出，通过钟形体上的水孔流入饮水盘，保持一定水面。适用于大群平养	灵敏度高，利于防疫、性能稳定、自动化程度高 洗刷费力

（续）

名称	主要部件及性能	优缺点
乳头式饮水器	由饮水乳头、水管、减压阀或水箱组成，还可以配置加药器。乳头由阀体、阀芯和阀座等组成。阀座和阀芯是不锈钢制成，装在阀体中并保持一定间隙，利用毛细管作用使阀芯底端经常保持一个水滴，鸡啄水滴时即顶开阀座使水流出。平养和笼养都可以使用。雏鸡可配各种水杯	节省用水、清洁卫生，只需定期清洗过滤器和水箱，节省劳力。经久耐用，不需更换。对材料和制造精度要求较高 质量低劣的乳头饮水器容易漏水

3.喂料设备

（1）料槽：平养成鸡应用的较多，适用于干粉料、湿料和颗粒料的饲喂，根据鸡只大小而制成大、中、小长形食槽。小规模散养时，人工供料的料槽长度一般为1~1.5米，为防止鸡踏入料槽弄脏饲料或在槽边栖息，可在槽上安装一个转动的横梁。

（2）料桶：由塑料制成的料桶，圆形料盘和连接调节机构组成。料桶与料盘之间有短链相接，留一定的空隙。料桶包括一个无底的圆桶和一个直径比圆桶大的料盘，通过调节圆桶与料盘的间距来控制供料的快慢，当鸡将料盘中的饲料采食掉，圆桶中的饲料通过与料盘的间隙自动补充到料盘中。圆桶中没有饲料后，要人工补充添加，料桶只能用于人工供料。

（3）喂料机有链板式、螺旋弹簧式、塞盘式等。给料车有骑跨式给料车、行车式给料车、手推式给料车等。料槽、料盘既可用于机械化供料，也可用于人工供料。

➤链板式喂料机　普遍应用于平养和各种笼养成鸡舍。它由料箱、链环、长饲槽、驱动器、转角轮和饲料清洁器等组成，链环经过饲料箱时将饲料带至食槽各处。

➤螺旋弹簧式喂料机　广泛应用于平养成鸡舍。电动机通过减速器驱动输料圆管内的螺旋弹簧转动，料箱内的饲料被送进输料圆管，再从圆管中的各个落料口掉进圆形食槽（图3-22）。

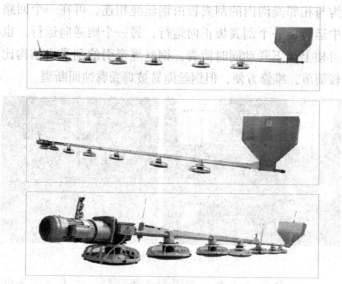

图3-22　螺旋弹簧式喂料机

➤塞盘式喂料机　它是由一根直径为5~6毫米的钢丝和每隔7~8厘米一个的塞盘组成（塞盘是用钢板或塑料制成的），在经过料箱时将料带出。优点是饲料在封闭的管道内运送，一台喂饲机可同时为2~3栋鸡舍供料。缺点是当塞盘或钢索折断时，修复麻烦且安装时技术水平要求高。

➤斗式供料车和行车式供料车　此两种供料车多用于多层鸡笼和叠层式笼养成鸡舍。

➤供料输送装置　分为固定式的喂料机和移动式的给料车。

▶ **清粪设备**（图3-23）

（1）牵引式刮粪机：一般由牵引机、刮粪板、框架、钢丝绳、转向滑轮、钢丝绳转动器等组成。一般在一侧都有储粪沟。它是靠绳索牵引刮粪板，将粪便集中，刮粪板在清粪时自动落下，返回时，刮粪板自动抬起。主要用于鸡舍内同一个平面一条或多条粪沟的清粪，一粪沟与相邻粪沟内的刮粪板由钢丝绳相连，可在一个回路中运转，一个刮粪板正向运行，另一个则逆向运行。也可楼上楼下联动同时清粪。钢丝绳牵引的刮粪机结构比较简单，维修方便，但钢丝绳易被鸡粪腐蚀而断裂。

图 3-23　清粪设备

（2）传送带清粪：常用于高密度叠层式上下鸡笼间清粪，鸡的粪便可由底网空隙直接落于传送带上，可省去承粪板和粪沟。采用高床式饲养的鸡舍，鸡粪可直接落在深坑中，积粪经一年后再清理，非常省事。传送带清粪装置由传送带、主动轮、从动轮、托轮等组成。传送带的材料要求较高，成本也昂贵。如制作和安装符合质量要求，则清粪效果好，否则系统易出现问题，会给日常管理工作带来许多麻烦（图 3-24）。

图 3-24　粪便收集传输设备

➤ 其他设备

1.断喙器 断喙器有各种型号，使用方法也各不相同。但基本原理都是采用红热烧切，在断喙的过程中又进行止血。

断喙器主要由调温器、变压器、上（动）刀片和下刀口组成。它通过变压器将市电 220 伏变成低电压大电流，使动刀片的工作温度达 820℃以上，通过调温器可以改变刀片温度的大小，以适应不同日龄鸡只的需要（图 3–25）。

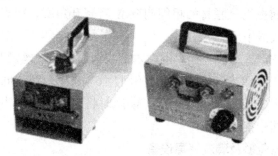

图 3–25 断喙器

动刀片是断喙器的主要工作部件，刀片的红热程度直接影响到断喙的质量，当断喙的鸡数达到一定数量后，刀片的红热程度有所下降，这时应关掉电源，将刀片卸下，用砂纸打磨刀片的接触部位，然后装紧刀片继续断喙。一定要保证上述操作时断电，因为带电操作不安全，并且带电拧螺丝，极易将螺丝拧坏。

2.栖架① 散养蛋鸡必须要有栖架，每只成年蛋鸡要有 20 厘米宽的栖位，栖木的直径应大于 5 厘米。

3.诱虫设备

（1）有黑光灯、高压灭蛾灯、荧光灯、白炽灯、电杆、电线、性激素诱虫盒等。

（2）没有电源的地方还要有小型风力发电机和蓄电池或太阳能蓄电池，有沼气的地方也可用沼气灯作为光

①鸡属于鸟类，有择木而栖的习性，散养蛋鸡每到天黑前，总想在鸡舍内找一个高处栖息。如果没有栖架，个别鸡会飞到窗台或其他高处过夜，多数鸡则拥挤成一团趴在地面上，这时各种寄生虫很易侵袭鸡群，对鸡只的健康生长不利。

源。

4.捉鸡与装鸡工具

（1）捕鸡兜：捕鸡兜是一个直径 30～40 厘米的圆圈，固定在约 1.5 米高的手柄上，圆圈上有一个半封闭的线绳网兜或塑料网兜。使用时用网将鸡扣在地面，也可沿地面将鸡兜入网中，捕鸡兜适于户外捉鸡。

（2）捉鸡钩：捉鸡钩用稍带钢性的 8# 铁丝做成，长度相当于人的体高，过长或过短在钩鸡使用时都不方便。将一端弯成手持的手柄，另一端弯成不对称的 W 弯，根据所捕捉鸡只胫骨的粗细调节 W 弯张开角度，捉鸡钩适合在大群中捉鸡。

（3）拦鸡网：拦鸡网由木框或钢筋架和铁丝网制成，用高 130 厘米、宽 50 厘米的网片 6～8 片，网片间由铁丝、绳子或折页连在一起，使用时将鸡圈围在网中，人入到网中捉鸡。

5.免疫及清洗消毒设备

主要有火焰消毒器、喷雾消毒器、高压冲洗消毒器、自动喷雾器和连续注射器等。

6.集蛋设备（图 3-26）

图 3-26 集蛋设备

（五）鸡舍的通风管理①

通风②换气③是环境管理的最重要部分。

> **通风换气的目的**

通风换气对于过去的传统散养方法来说是不成问题的，但对于全舍内饲养，特别是对于笼养鸡舍就显得相当重要，其主要目的是：

（1）供氧：给鸡舍提供足够的流通新鲜空气，满足鸡对氧气的需要。

（2）调温：调节舍内温度，确保舍内前后、昼夜、早晚等温度均匀，给鸡提供适宜于其生长发育和繁殖的温度。

（3）排污排湿：排出鸡舍内的灰尘颗粒和湿气，降低鸡舍湿度，排出氨气、硫化氢、二氧化碳等，降低舍内有害气体④浓度。

（4）保持稳定：控制鸡舍的有效温度、湿度和风速等，保持舍内环境的相对稳定，不因自然气候的变化而出现大的波动。

标准化鸡舍通风系统见图3-27。

图3-27　标准化鸡舍通风系统

①所有围绕鸡体周围的空间及其他可直接影响或间接影响到鸡体的生长、发育、繁殖、产蛋、增重和健康的一切外界条件和因素，统称为鸡舍小环境，或鸡舍小气候。鸡舍内的温度、湿度、光照、通风（包括空气成分和流动速度）以及垫料状况等，是鸡舍小气候的主要因素。

②通风指使外界的气流进入鸡舍，即禽舍内外空气的交流。

③换气指排除鸡舍内污浊空气和换入外界新鲜空气，换气时只能起到对舍内原有空气进行稀释的作用，不可能全部彻底更换。

④鸡舍内超过一定浓度对鸡体有毒害作用的一些气体。主要有氨、硫化氢、二氧化碳与一氧化碳等，其中易于超过最高容许含量并造成危害的主要是氨。

舍内空气质量要求

（1）简易判定方法：以人进入鸡舍后不能够闻见氨气味、臭味为标准。若进入鸡舍后感觉有臭气，则表示鸡舍环境条件略差；若接近鸡舍就感到有臭气，更有甚者，接近鸡场就感到臭气，这是整个鸡舍或整个鸡场换气不良的证据。

通风换气是否良好的另一判断标准是看鸡冠颜色。换气良好，则整个鸡冠呈鲜红色(从冠峰到冠底)，整个鸡群成活率高，发病少；反之，若鸡冠红中泛白，或冠底部苍白，成活率低，产蛋下降。

（2）判定标准：舍内空气环境质量应符合表3-5。

表3-5　蛋鸡舍内空气环境质量要求指标

项目	指标	
	雏鸡	成鸡
氨气（毫克/米³）	≤9	≤14
硫化氢（毫克/米³）	≤1	≤9
二氧化碳（毫升/米³）	≤1 350	
可吸入颗粒物（毫克/米³）	≤3	
总悬浮颗粒物（毫克/米³）	≤7	
恶臭，无量纲[1]	≤23 000	
细菌总数（个/米³）	≤70	

舍内通风量[2]的要求

（1）感官判定：鸡舍空气清新、不闷和氨气味很小或无；鸡舍内灰尘很少、无蜘蛛网；用手背感觉棚架上，鸡群栖息处，鸡背高度无冷风。

（2）鸡舍最小通风换气量见表3-6。

①没有单位的物理量。

②为保持禽舍内空气环境正常在单位时间内需要与外界进行空气交换的数量。一般以每只家禽或其每千克体重单位时间内产生的二氧化碳、水汽或热量估计。

表3-6 鸡舍最小通风换气量［米³/（小时·只）］

舍外温度（℃）	1周龄	3周龄	6周龄	12周龄	18周龄	18周龄以上
35	2.0	3.0	4.0	6.0	8.0	12~14
20	1.4	2.0	3.0	4.0	6.0	8~10
10	0.8	1.4	2.0	3.0	4.0	5~6
0	0.6	1.0	1.5	2.0	3.0	4~5
−10	0.5	0.8	1.2	1.7	2.5	3~4

（3）简易计算方法：一般原则是每千克体重每小时需3.6~4.0 米³的通风量。

（4）气流速度[①]：一般夏季舍内鸡体周围的气流速度最高限为2.4 米/秒，冬季以0.15~0.20 米/秒为宜。以风的流速不超过0.3~0.35 米/秒为标准计算自然引风排气筒的高度、数量或通风机所需的功率及通风量，根据最小通风量确定冬季需要开多少风机。

▶ **通风管理的方法**

（1）窗户的设置：应设置上、下两层窗户，并且两层窗户间的垂直距离应尽可能拉大。

（2）加大窗户面积：在夏季炎热而少风的地区，可设置面积较大的普通窗户，且于两侧墙对开，若能使窗户与夏季主风向相对，则通风、降温效果更好。

在夏季炎热而多风的地区，可考虑设计鸡舍的长轴与主风向平行，形成纵向穿堂风，这样更有利于通风和降温。

（3）配合机械通风：若鸡舍跨度在9 米以内，通过正确设计，仅自然通风[②]就可以解决好通风换气问题；若鸡舍跨度在9 米以上时，则应配合机械通风[③]。

（4）纵向通风：气候炎热的地区采用纵向通风，在鸡舍一端设置进风口，另一端设排风机，这样运作起来整个鸡舍犹如矿井的巷道一样，舍内形成较大的风速，犹

①指禽舍内小股的、速度较缓的气流流动的速度。通常以米/秒表示。

②利用空气自然流动进行禽舍的通风换气。开放式禽舍均采用自然通风。

③利用风机驱动空气进行禽舍等的通风换气。

① 又称"排气式通风"或"排风"。利用风机强制将禽舍污浊的空气排出，使舍内保持一定负压的通风方式。这种通风方式使舍内空气较稀薄，静压保持在 1~3 毫米，舍外新鲜空气能以较快的速度自行流入进气口，以达到通风换气的目的。

如在炎热天吹风一样，使鸡体感到凉快。如果能再配合湿帘降温，则效果更好。

（5）横向负压通风①：一般将风机安装在一面墙上，最好在北面；进风口放在南墙；排风机由通风系统的温度控制器操作。风速缓慢，适用于冬季（图 3-28）。

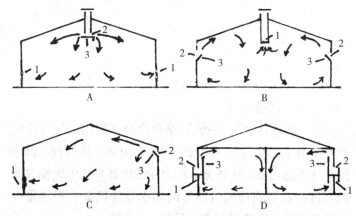

图 3-28　常用的横向负压通风形式
A.舍内中央上部进气，两侧墙下部排气　B.中央排气
C.一侧墙上部进气，另一侧墙下部排气　D.同侧进排气
1.排风机　2.进风口　3.风向导板

② 又称"进气式通风"或"送风"。利用风机将舍外新鲜空气强行送入禽舍，使其内保持一定正压的通风方式。

（6）正压通风②系统：正压通风系统是另一种不太普遍应用的通风方法，风机将空气强制送入鸡舍，使舍内形成正压状态，正压迫使舍内空气由排气口和自动百叶窗排出鸡舍，空气通常是通过纵向放置、等于鸡舍全长的管子而分布在舍内。

（7）安装简易排风扇：育成鸡对环境的适应能力比雏鸡强，但随着生长和采食的增加，呼吸和排泄量逐渐增加，加之换羽使得舍内干燥，造成舍内空气污浊，可在舍内安装排风扇，每天开启 3~5 次。炎热的夏季可在入口两侧加上湿帘降温，可同时起到降温通风的作用，但应注意：安装风扇的位置不是越高越好，应根据鸡群表现调整风扇位置。

▶ 通风管理的要点

一年四季都要尽最大限度地增大通风量，保持空气清新。

鸡舍的进风口只有在室外风沙较大的时候才关闭，除此之外一般的情况尽可能打开。

育雏期，在考虑保温的同时，应该更多的考虑通风。育雏期以后，只考虑通风，不再考虑保温。

育成鸡必须有足够的新鲜空气供应，但又要注意不能有贼风①。

高温季节要加大通风量。

在冬春交替时期要注意，当产蛋鸡经过冬天以后，对寒冷已经习惯，可以不必考虑寒冷而积极进行通风。为确保换气量，在白天要尽早将背风面门窗打开。

秋季也要随气温的变化开关防寒设备，使鸡的感受为逐渐过渡到冬天。这种季节的环境调整，主要根据舍内气温以换气为基础，开关迎风面的拦风装置，使鸡慢慢地适应寒冷。其要领是延迟关闭门窗，不要过早地突然关闭门窗而进入保温防寒状态。

春季应注意监测鸡群感受的最大风速处，以发现和控制冷应激。

鸡舍内风速越均匀，舍温就越均匀。

不管何时，禁止冷风直吹鸡身，必须要杜绝冷应激。

各设备的温度感应器应放置在鸡舍中间，并经常检查温度感应器是否准确灵敏。

（六）鸡舍的温度②控制

▶ 温度控制的目的

鸡是恒温动物，需要有一个合适的"适温区"范围，即适宜温度范围。当环境温度在此范围内变化时，鸡体所产生的代谢热75%~95%靠物理方法经辐射、传导、对

①指从非通风口径的缝隙空洞中流进禽舍的高速气流。贼风能够使局部的气流速度高达几个米/秒。在寒冷季节或高温的育雏室内，特别是对活动受到限制的笼养家禽非常有害，使其受凉，生长速度或产蛋率下降，甚至引起呼吸器官疾病。因此，需定时检查舍内各处，发现漏风处，应及时严密堵塞，既防贼风侵入，也防禽舍由该处大量散热。

②空气冷热程度的物理量，表示空气内能的大小。空气获得热能，内能增加，温度升高；反之，散失热能，温度降低。

流等途径散失，其余经呼吸道散发。

因此，提供给雏鸡和产蛋鸡良好的温度环境，能够保证其健康生长发育，充分发挥其生产性能和繁殖性能。

▶▶ 鸡舍温度控制的要求

雏鸡的适宜温度是 30~35℃；成年鸡的适宜温度是 18~23℃。

不同日龄雏鸡的温度要求见表 3-7、表 3-8。

表 3-7 不同日龄雏鸡的温度要求

日龄	笼养	平养	
	舍内温度（℃）	保温伞边缘垫料上方（℃）	舍内温度（℃）
1~3	33	35	24
4~7	31	32	24
8~14	29	30	21
15~21	26	27	21
22~28	24	24	21
29 日龄之后	21	21	21

表 3-8 不同周龄鸡的温度要求

饲养阶段	温度（℃）
3 周龄	31~33
4 周龄	29
5 周龄	27
6 周龄	25
7~17 周龄	18~25
18 周龄以后	18~25

注：1~35 日龄的温度均是在人为因素控制下所要达到的温度；1~35 日龄内每周分两次降温；6 周龄后的温度冬季最低不低于 13℃、夏季最高不高于 35℃；6 周龄后的温度为供参考的适宜值。

▶ 如何"看鸡施温"

鸡舍温度是否合适，判断温度高低的衡量方法，温度计上显示的温度只是一个参考值，最主要应学会"看鸡施温"，即注意观察鸡的行为表现和听鸡的叫声，即所谓的"看鸡施温"。

当鸡群表现扎堆、精神不振时，发出尖锐短促的叫声，饮水采食活动减少，向热源靠近，说明鸡舍温度低，要适当加温；如果雏鸡聚集一堆并尽量靠近热源，并发出唧唧的叫声，此时表明温度偏低，应该加大热量供给。

当鸡群扑向笼底，两翅展开，伸颈，张口喘气，饮水增加，食欲减退，说明温度过高，要适当降温；如果雏鸡远离热源，翅膀和嘴张开，呼吸加快，饮水增加，并发出吱吱的叫声，表明温度偏高，此时应加大通风，减少热量供给。

当鸡群表现活泼好动，精神旺盛，叫声轻快，饮水适度，均匀分布于笼底，头颈伸直熟睡；无异状或不安的叫声，说明温度正常。如果雏鸡活泼好动，吃食饮水都正常或者雏鸡在休息时能够均匀舒适地分布在育雏器的平面上，此时表明温度适宜。

产蛋鸡一般情况下不再考虑温度调控指标，而应关注鸡舍环境通风的控制指标。

▶ 鸡舍降温的方法

（1）隔热和遮阳：夏天不仅要能遮住直射阳光，还可以减轻热辐射。

墙壁和天花板都必须安装绝热材料，而大多数绝热装置用于屋顶部分，因为在炎热的夏天屋顶是阳光直接照射的部位，而在寒冷的天气中这又是失热最大的区域。

屋顶除使用隔热材料和建成隔热层外，还可用麦秸、稻草等铺盖屋顶；或栽种蔓藤性植物，让藤性枝叶爬上屋顶；或在鸡舍两侧墙壁外栽种丝瓜、南瓜或爬山虎等蔓藤性植物，对防止阳光辐射也很有成效。

鸡舍周围和运动场应种树遮阳，以种落叶树最好，这样，夏季遮阳，冬季仍有充足的阳光；也可大量种植山芋、牧草和蔬菜等，既可防热辐射，又可作为青绿饲料。

（2）安装通风设备：夏天为了驱除顶室中的热空气，必须安装某种通风设备。通常是在三角屋顶下或一端安装吸气换气装置，并在鸡舍顶室的一端有空气入口，以气流散失顶室热量。

（3）安装喷淋装置：有条件的可在屋顶安装喷淋水管。当天热时低压喷淋冷水(与厕所内长流喷淋水管差不多)。

（4）加强通风换气：开放式鸡舍要打开门、窗，使空气自由流通。

要排除鸡舍周围阻挡通风的一切障碍物，割掉周围树木的下枝和较高的灌木丛。

与机械通风配合使用，补充自然通风的不足。当气温在27℃以上时就必须用机械送风，这样可按鸡群需要控制通风量和气流速度，调节鸡舍温度和湿度，促进鸡的体热散失。

夏季应加大鸡舍通风量。在鸡体周围的气流速度，夏季以 1.0~1.5 米 / 秒、冬季以 0.3~0.5 米 / 秒为宜。

（5）降低饲养密度：适当降低鸡的饲养密度，供给鸡清凉的饮水；每天早晨在鸡舍四周洒水、保持周围潮湿，对降低舍内温度也有一定效果。

（6）使用喷雾系统降温：在鸡舍中间每隔 15 米安放一台风机排成一行，构成纵向气流，在每个风机前面安装喷头，每小时喷洒 4~12 升细微水雾，水雾通过空气蒸发吸热，从而降低舍温（图 3-29）。

（7）负压蒸发垫及风机系统降温：把蒸发垫安装在鸡

图 3-29　喷雾降温系统

舍的一端墙上及进风口处，排风机安装在鸡舍的另一端。排风机将空气经蒸发垫引入鸡舍，从而降低进入空气的温度。

（8）正压通风降温系统：这种方法是把降温设备安装在鸡舍外面，空气被吸入并通过降温器的蒸发垫降温，然后进入鸡舍，由出气口排出。

▶ **鸡舍升温的主要方法**

（1）暖气：温度均衡，效果最好，一次性投资大，热效率高，运行成本低。

（2）热风炉：可温控，温度均衡性较暖气差，控制不好有冷应激。一次性投资和热效率介于暖气和土暖炉之间，运行成本较土暖炉低。

（3）土暖炉：温度均衡性较前两者差，鸡舍温度波动大，但一次性投资最小，热效率低，春秋季节有煤气中毒的可能，烧炉人员要加强管理与检查。

▶ **温度控制管理要点**

（1）育雏前舍温控制：上笼前舍温应定在 30~32℃，以防雏鸡在舍内因密度过高，引起体温升高，导致雏鸡脱水死亡。上笼时要缓慢升温，也给了雏鸡适应环境温度变换的时间。

（2）进鸡第一天温度的选择应根据气候，房屋建筑和雏鸡的不同品种与健康状况来调整；通常外界温度高时，舍内温度应比正常要求低一些；外界温度低时，舍内温度应比正常要求高一些；弱雏的温度应比健雏要高一些。

（3）在育雏阶段，切忌温度忽高忽低，应始终保持一个平稳合适的温度环境。

（4）温度计一般悬挂于距笼底5厘米处相当于鸡背高度的位置。

（5）要制定目标温度和脱温计划，从而达到温度平稳过渡的目的，但在饮水免疫和分群等应激反应大时，降温幅度应酌情适当减小。

（6）冬季应注意做好保暖工作。鸡舍的门窗，在夜间或风雪天要挂草帘遮盖，有利于提高舍温，还可在鸡舍的北墙外用玉米秸等搭成风障墙、草垛挡风御寒；也可在天棚顶上加稻壳、锯末等作为防寒层等。

（七）舍内的湿度①控制

> ## 湿度控制的目的

在鸡舍环境管理中最恶劣的两种条件（高温高湿和低温高湿）都由高湿度造成的。这主要是由于空气湿度对鸡体蒸发散热和非蒸发散热都有影响，因此无论温度高低，高湿度对鸡的热调节都是不利的。

（1）控制雏鸡水分流失：由于刚孵出的幼雏从相对湿度为70%的孵化器中孵出，如果放在干燥的环境中，雏鸡的水分随着呼吸大量蒸发，则腹内的蛋黄吸收不良，饮水过多，易发生下痢，导致干瘪，羽毛生长缓慢。

（2）控制病原微生物的繁殖：空气湿度过高，会引起鸡体抵抗力下降，同时能促进某些病原微生物和寄生虫繁殖，使相应的疾病发生流行。同时，鸡的羽毛粘连污秽，关节炎病例也会增多。

①空气潮湿程度的物理量，用以说明空气中潮湿程度。通常以相对湿度、绝对湿度、水汽压、饱和差与露点等指标表示。

（3）控制鸡体散热：高温高湿时（°F①+相对湿度②>180），鸡体蒸发散热困难，鸡群采食量减少，饮水量增加，继而使体温上升，终致中暑而死。

低温高湿环境下，鸡体主要通过辐射、传导、对流散热，高湿环境空气中水汽量大，其热容量和导热性均高（湿空气比干空气热容量大2倍，导热性大10倍），并能吸收鸡体的长波辐射，因而使鸡体失热过多，其对鸡群的影响比单纯的低温更严重。

（4）控制舍内尘埃和悬浮粒子：鸡舍内的相对湿度如低于40%，鸡的羽毛生长不良，成鸡羽毛凌乱，皮肤干燥，空气中尘埃飞扬，微生物悬浮粒子就越多，容易诱发呼吸道病症。如果相对湿度过低，在极端情况下，也会导致鸡脱水。所以秋冬季应适当增加空气湿度，一方面减少空气中悬浮粒子的数量，另一方面湿润的空气可减轻因气候干燥引起的鸡只呼吸道充血和呼吸道毛细血管破裂，防止病原微生物通过呼吸道侵袭。

> ## 鸡舍湿度控制的要求

鸡的适宜相对湿度为60%~70%。

相对湿度在40%~72%，只要环境温度不过高或过低，鸡体也能适应这个环境，对鸡群均无显著的影响。

不同阶段鸡舍湿度要求见表3-9。

①华氏度（°F）= 摄氏度（℃）×1.8+32

②空气中实际水汽压与同一温度下饱和水汽压之比。用百分率表示，说明空气中水汽的饱和程度。相对湿度越高，空气中水汽越多，愈接近饱和点；相对湿度越低，则空气越干燥。通常与空气温度成反比，温度越高，则相对湿度越低。

表3-9　不同阶段鸡舍湿度要求

饲养阶段	相对湿度（%）
1~3 日龄	55~70
4~7 日龄	55~70
8~14 日龄	50~70
3 周龄	45~70
4 周龄	45~70
5 周龄	45~70
6 周龄	45~70
7~17 周龄	40~70
18 周龄以后	40~70

增加湿度的措施

（1）设置喷雾装置：可随时加湿，保证适宜湿度。

（2）增加带鸡消毒的频率：以达到净化空气和增加湿度的目的。带鸡喷雾：这是一项很好的措施。视育雏室的干燥情况，每日做到用背负喷雾器2~3次带鸡喷雾，并视室内温度高低，酌定用凉开水或温开水。如结合带鸡消毒，在水中加入1∶1 000的氯制剂或其他消毒剂则更佳。既起到了调节湿度作用又净化了空气，同时可调节温度。

（3）用氢氧化钠溶液等消毒水拖地。

（4）地面洒水。

（5）在暖气片上泼水：育雏期最好的加湿方法。

（6）放置盛水容器：对不是水泥地面，或育雏室内没有适宜的空间洒水，可以放置一定数量的盛有水的容器，包括尚未使用的大鸡饮水器，注入清水。摆在或吊在雏鸡接触不到的位置，直至蒸发。

降低湿度的措施

（1）升高鸡舍温度：这是迅速降低湿度的最好方法。温度每升高11℃，相对湿度可降低一半。

（2）加大通风量。

（3）杜绝漏水：杜绝供水系统各部分的漏水包括水线管接头、乳头饮水器、饮水系统末端漏水等，保证每个乳头的位置和高度都合适，以免鸡体触上漏水以及饮水时高度不适洒漏太多。

（4）禁止冲刷鸡舍：禁止大面积冲刷鸡舍地面、走廊，防止水分蒸发、湿度上升而温度降低。

（5）减少带鸡消毒的次数和用水量：减少每次带鸡消毒的用水量，以达到降粉尘净化空气的目的，避免过多水喷到鸡身上和洒到地面上。

（6）清除积水：经常清扫走道两边的积水（每天至少3

次），特别是下午下班前必须清扫一遍，以免增加夜间的湿度。

（7）铺生石灰吸湿：在鸡舍地面长时间、大面积积水情况下，可铺生石灰吸湿，但必须小心铺撒并及时更换湿的生石灰。

（八）光照①管理与控制程序

➤ 光照控制的目的

鸡属长日照动物，在各种不同饲养期都必须有合理的光照，其主要目的是：

（1）方便采食：育雏初期小鸡的视力较弱且不熟悉鸡舍内的环境，必须给予充足的光照强度②和光照时间③，以使小鸡尽快熟悉环境，找到水、料。成年鸡可用于采食的时间延长，提高采食量。

（2）控制性成熟：蛋鸡控制光照主要是控制开产时性成熟和体成熟能够同时达标，合理促进繁殖器官的发育。光照对鸡的产蛋性能影响较大，合理的光照能刺激排卵，促进鸡的正常生长发育，增加产蛋量。

（3）防止啄癖的发生：育成期需要适当控制光照强度，以防止鸡只啄羽、啄肛等。

➤ 光照管理的原则

光照控制贯穿于养鸡生产的始终，对鸡生长发育和繁殖有决定性作用。总体原则——生长阶段光照时间不能过长，产蛋阶段光照时间不能过短，总体光照强度不能过大，否则育成期体重很难达标，产蛋高峰峰值曲线较长及高产期的持续时间较短且啄羽啄肛等异嗜现象严重。

光照时间、光照强度一旦确定，不要随意变动。

➤ 开放式鸡舍光照管理方案④

开放式鸡舍受自然光照⑤影响，要通过人工补充光照来控制光照时间，因此光照管理必须要考虑当地的纬度

①泛指各种光源的光线的照射。光照是家禽必需的物理因素，特别对其性成熟与繁殖起着重大的作用。因所利用的光源不同，分自然光照与人工光照。家禽在生长与繁殖阶段对光照有不同的要求，故有生长期光照与产蛋期光照之分，其光照时间与光照强度均有所不同。

②自然光线或灯光的照度。

③日照或者人工照明的小时数。自然光照时间一般是计日出到日落的钟点；人工光照时间是计开灯的钟点。

④又称"光照制度"。对采用的人工照明做出详尽而具体的安排与规定。

⑤利用自然光线进行光照的方法。自然光照不需要耗费电力与燃料，不需进行光照的控制与调节，光照管理比较简单。

91

和鸡只入舍时节。有两种情况，一种情况是育雏、育成期处于日照时间不断减少的时期（每年夏至到冬至这段时期）；另一种情况是育雏、育成期处于日照时间不断增加时期（每年冬至到夏至这段时期），见表3-10、表3-11。

表3-10　光照方案（春雏，3—5月育雏）

周龄	日龄	光照时数（小时）	备　注
1	1～2	23	对照本地区太阳出没时间表，通过人工补光达到光照总时数。当育成鸡体重达标或超标后，从16周龄开始光照时间只能增加不能减少
1～15	3～105	自然光照	
16～17	106～119	15	
18～21	120～147	16	从第18～21周龄开始每周逐渐增加0.5～1小时光照刺激，促进多数鸡性成熟
22～72	148～500	16	到达22周龄以后或进入产蛋高峰后维持在16小时光照，绝对不可以随意增减光照时数和光照强度

表3-11　光照方案（秋雏，7—9月育雏）

周龄	日龄	光照时数	人工补光
1	1～2	23	对照本地区太阳出没时间表，通过人工补光达到光照总时数。当育成鸡体重达标或超标后，从16周龄开始光照时间只能增加不能减少
1～13	3～91	自然光照	
14～17	91～119	12	
18～19	120～133	13	从第18～21周龄开始每周逐渐增加0.5～1小时光照刺激，促进多数鸡性成熟
20～21	134～147	14	
22～25	148～175	15	到达22周龄以后或进入产蛋高峰后维持在16小时光照，绝对不可以随意增减光照时数和光照强度
26～72	176～500	16	

▶▶ 半开放鸡舍光照程序

半开放鸡舍，光照时间受自然光照影响，光照程序按具体的光照时间执行，所以在制定光照程序时应与当地自然日照相结合。下面给出一个建议的光照程序仅供参考。

（1）春季进雏：自然日照时间逐渐延长，为了防止鸡性早熟，可找出鸡在 18 周龄时的自然日照时间，使鸡群从第 3 周开始至第 18 周龄一直采用此光照时间，不足部分由人工补充，每周增加 1 小时光照或者光照时间增加至 13 小时，18 周龄以后每周增加 15 分钟，直至达到 16 小时光照。

（2）秋季以后进雏：自然日照时间逐渐缩短，但为了避免鸡只性成熟延迟，需要在日照时间缩短到 8 小时以后保持恒定的光照时间，不足部分由人工补光，直到 16 周以后按密闭鸡舍光照程序执行。

①光照度，英文 lx 的音译，即米烛光。相当于 1 流明的光通量均匀照在 1 米² 面积上所产生的照度。1 勒克斯 =0.092 9 英尺烛光。

▶ **密闭式鸡舍光照程序**（表 3-12）

表 3-12　密闭式鸡舍光照程序

饲养阶段	光照时数（小时）	光照强度（勒克斯）①
1～3 日龄	24	20
4～14 日龄	24～13	20
3 周龄	12.5～9.5	20
4 周龄	9	20
5～16 周龄	8	5
17 周龄	9	5
18 周龄	10	5
19 周龄	11	5
20 周龄	12	10～20
21 周龄	12.5	10～20
22 周龄	13	10～20
23 周龄	13.5	10～20
24 周龄	14	10～20
25 周龄	14.5	10～20
26～30 周龄	15	10～20
31～35 周龄	15.5	10～20
36～60 周龄	16	10～20
61 周龄以后	16.5	10～20

注：每月一次定点监测光照强度；所有光照时数的改变均为渐变过程；光照程序的实施及调整要考虑相关因素及整体方案的系统性；产蛋期的光照程序及时间安排可根据不同季节、温度和体重情况做适当调整。

> **管理要点**

> ➤光照控制是指对光照时间和强度的同时控制，二者应同步进行。在调整光照时数的同时，光照强度的增加也非常重要。

> ➤光照刺激时间应于鸡只体重达到性成熟体重时开始。

> ➤育成期：每天光照时间要保持稳定或逐渐减少，切勿增加光照时间。

> ➤产蛋期：每天光照时间逐渐增加后，保持稳定，切勿减少光照时间。

> ➤每日开、关灯的时间应固定。

> ➤一般情况下，育雏期(0~6周龄)鸡对光照时间要求为23~18.5小时，光照强度为10~30勒克斯，以暖色光源为主。

> ➤为了帮助雏鸡找到饮水器和喂料器，建议在入舍后的48小时内采用强光照，35勒克斯。

> ➤育成期光照时间要求为8~9小时，光照强度为5勒克斯，暖色光源。

> ➤产蛋期光照时间要求为14~16小时，光照强度为10~12勒克斯，以冷色光源为主。

> ➤通常灯高1.5~2米，灯距3米。光照强度1瓦/米^2≈6.15勒克斯。

> ➤在设计光照时，笼养鸡照度应该提高一些，一般按3.3~3.5瓦/米^{2}计算。

> ➤人工补充光照，以每天早晨天亮前效果最好。补充光照时，舍内每平方米地面以3~5瓦为宜。灯距地面2米左右，最好安装灯罩聚光，灯与灯之间的距离约3米，以保证舍内各处得到均匀的光照。

四、蛋鸡的营养需要与饲料

目标
- 了解蛋鸡的营养需要和饲养标准
- 掌握饲料的分类
- 了解饲料的鉴别
- 了解蛋鸡配合饲料的使用
- 掌握蛋鸡饲料的存储要求

（一）蛋鸡的营养需要与饲养标准

鸡的生存、生长和繁衍后代等生命活动，离不开营养物质。营养物质必须从外界摄取。饲料中含有各种各样的营养素[1]，不同的营养素具有不同的营养作用。不同类型、不同阶段、不同生产水平的家禽对营养素的需求也是不同的。

蛋鸡需要的营养物质

1.蛋白质[2]

（1）蛋白质是构成体组织、细胞的基本原料。家禽的肌肉、神经、内脏器官、血液等，均以蛋白质为基本成分，尤其处于生长期、产蛋期的家禽更为突出。

（2）蛋白质是组成家禽体内许多活性物质的原料。蛋白质是组成生命活动所必需的各种酶、激素、抗体以及其他许多生命活性物质的原料。机体只有借助于这些

①饲料中凡能被鸡用来维持生命、生产禽类产品、繁衍后代的物质，均称为营养物质，简称为营养素。

②蛋白质在鸡体内具有重要的营养作用，占有特殊的地位，不能用其他营养物质所替代，必须不断通过饲料供给。

物质，才能调节体内的新陈代谢并维持其正常的生理机能。

（3）蛋白质是构成各种家禽产品（如肉、蛋等）的重要原料。

（4）蛋白质在体内也可以分解供能，或转变为糖和脂肪等。

蛋白质是由氨基酸组成的，蛋白质营养实质上是氨基酸营养。其营养价值不仅取决于所含氨基酸的数量，而且取决于氨基酸的种类及其相互间的平衡关系。组成蛋白质的各种氨基酸，虽然对动物来说都是不可缺少的，但它们并非全部直接由饲料提供。氨基酸在营养上分为必需氨基酸和非必需氨基酸。家禽的必需氨基酸种类见表4-1。

表4-1 家禽的必需氨基酸种类

家禽种类	必需氨基酸种类
雏禽	赖氨酸、蛋氨酸、色氨酸、苯丙氨酸、亮氨酸、异亮氨酸、缬氨酸、苏氨酸、组氨酸、精氨酸、甘氨酸、胱氨酸与酪氨酸
生长期禽	赖氨酸、蛋氨酸、色氨酸、苯丙氨酸、亮氨酸、异亮氨酸、缬氨酸、苏氨酸、组氨酸与精氨酸
成年禽	赖氨酸、蛋氨酸、色氨酸、苯丙氨酸、亮氨酸、异亮氨酸、缬氨酸和苏氨酸

2.能量 能量对鸡具有重要的营养作用，鸡的生存、生长和生产等一切生命活动都离不开能量。能量不足或过多，都会影响鸡的生产性能和健康状况。饲料中的有机物——蛋白质、脂肪和糖类都含有能量，但主要来源于饲料中的脂肪。饲料中各种营养物质的热能总值成为饲料总能。饲料总能减去粪能为消化能，消化能减去排出尿能和产生气体的能量，便是代谢能。由于鸡的粪尿排出时混在一起，因而生产中只能测定饲料的代谢能而不能直接测定消化能，因此鸡饲料中的能量都以代谢能（ME）来表示，其单位为

兆焦／千克或千焦／千克。

3.矿物质 矿物质是一类广泛存在于鸡体内的各种组织及细胞中的元素，除碳、氢、氧和氮主要以有机化合物形式存在外，其余以无机化合物的形式存在，各种元素无论其含量多少，统称为矿物质元素。按照各种矿物质元素在动物体内的含量不同，可将其分为常量元素和微量元素两类。常量元素是指占动物体总重量0.01%以上的元素，包括钙、磷、镁、钠、钾、氯和硫；微量元素则是指占动物体总重量0.01%以下的元素，包括铁、铜、锌、锰、碘、钴、硒、钼、铬等40余种元素。常量元素占动物体内矿物质元素总量的99.95%；而微量元素仅占矿物质元素总量的0.05%。

(1) 常量元素①的营养作用

➤钙、磷、镁3种元素是构成骨骼和牙齿的主要成分。

➤钠、钾、氯3种元素则是血液和体液的重要成分。

➤硫元素是含硫氨基酸的组成成分。

(2) 微量元素②的营养作用

➤铁是血红蛋白、肌红蛋白和许多种酶的组成成分，在体内的主要生理功能是参与氧的转运、交换及组织呼吸过程。

➤镁是动物乃至一切生物最重要的生命元素。它参与合成、激活体内200余种酶类。

➤锰是多糖聚合酶、半乳糖转移酶活性中心，主要参与机体脂肪、蛋白质等多种代谢，可以促进动物生长，增强动物的繁殖性能。

4.维生素的营养 维生素是动物机体进行新陈代谢、生长发育和繁衍后代所必需的一类有机化合物。动物对维生素的需要量③很小，通常以毫克计。但它们在动物体的生命活动中生理作用却很大，而且相互之间

①常量元素在体内所占比例较大，有机体需要量较多，是构成有机体的必备元素。

②微量元素虽然在动物体内含量微小，但在动物的生命活动中却具有极其重要的作用。

③评定家禽对维生素的需要量多以家禽的生产成绩为指标，对幼禽是生长率，对成年产蛋禽是产蛋量和孵化率。

不可代替。维生素主要是以辅酶和辅基的形式参与构成各种酶类，广泛地参与动物体内的生物化学反应，从而维持机体组织和细胞的完整性，以保证动物的健康和生命活动的正常进行。维生素按其溶解性可分为脂溶性和水溶性两大类。脂溶性维生素包括维生素 A、维生素 D、维生素 E、维生素 K；水溶性维生素包括 B 族维生素和维生素 C。

5.水[①]

（1）参与体内物质运输：体内各种营养物质的消化、吸收、转运和大多数代谢废物的排泄，都必须溶于水中才能进行。

（2）参与生物化学反应：在动物体内的许多生物化学反应都必须有水的参与，如水解、水合、氧化还原，有机物的合成或所有聚合或解聚作用都伴有水的结合或释放。

（3）参与体温调节：动物体内新陈代谢过程中产生的热，被吸收后通过体液交换和血液循环，经皮肤汗腺和肺部呼气散发出来。

▶ 蛋鸡饲养标准[②]

根据蛋鸡维持生命活动和从事各种生产，如产蛋、产肉等对能量和各种营养物质需要量的测定，并结合各国饲料条件及当地环境因素，制定出鸡对能量、蛋白质、必需氨基酸、维生素和微量元素等的供给量或需要量，成为鸡的饲养标准，并以表格形式以每日每只鸡具体需要量或占日粮含量的百分数来表示。

鸡的饲养标准有许多种，如美国的 NRC 饲养标准（NRC，1998）、日本家禽饲养标准，我国也制定了中国家禽饲养标准（NY/T33—2004）。目前许多育种公司根据其培育的品种特点、生产性能以及饲料、环境条件变化，制定其培育品种的营养需要标准，按照这一

①水是机体一切细胞和组织的组成成分。水广泛分布于各器官、物质和体液中。

②饲养标准是根据大量饲养实验结果和动物生产实践的经验总结，对各种特定动物所需要的各种营养物质的定额做出的规定，这种系统的营养定额及有关资料统称为饲养标准。简言之，即特定动物系统成套的营养定额就是饲养标准，简称"标准"。

饲养标准进行饲养，便可达到该公司公布的某一优良品种的生产性能指标，在购买各品种雏鸡时应索要饲养管理指导手册，按手册上的要求配制饲粮（表4-2至表4-4）。

表4-2　褐壳蛋鸡不同生理阶段推荐的营养需要量

褐壳蛋鸡营养素	生长期营养需要量				每只产蛋鸡日最低需要量			
	0~6周龄	6~12周龄	13~15周龄	16周龄~开产1%	开产1%~32周龄	33~44周龄	45~55周龄	>55周龄
蛋白质	20.0%	17.5%	15.5%	16.5%	18.0克	17.5克	17.0克	16.0克
代谢能，兆焦/千克	11.5~12.4	11.5~12.7	11.3~12.4	11.4~12.5				
赖氨酸	1.1%	0.9%	0.66%	0.8%	930毫克	930毫克	890毫克	830毫克
蛋氨酸	0.48%	0.41%	0.32%	0.38%	460毫克	460毫克	410毫克	380毫克
胱+蛋氨酸	0.82%	0.71%	0.58%	0.65%	760毫克	760毫克	680毫克	630毫克
色氨酸	0.20%	0.19%	0.18%	0.19%	200毫克	200毫克	190毫克	170毫克
苏氨酸	0.73%	0.55%	0.52%	0.55%	650毫克	650毫克	620毫克	600毫克
钙	1.0%	1.0%	1.0%	2.75%	4.0克	4.25克	4.5克	4.75克
有效磷	0.45%	0.43%	0.42%	0.40%	0.44克	0.40克	0.36克	0.35克
钠	0.18%	0.18%	0.18%	0.18%	180毫克	180毫克	180毫克	180毫克
氯化物	0.18%	0.18%	0.18%	0.18%	180毫克	180毫克	180毫克	180毫克
维生素A，国际单位/吨	10 000 000				8 000 000			
维生素D，国际单位/吨	3 000 000				3 000 000			
维生素E，国际单位/吨	25 000				15 000			

（续）

褐壳蛋鸡营养素	生长期营养需要量				每只产蛋鸡日最低需要量			
	0～6周龄	6～12周龄	13～15周龄	16周龄～开产1%	开产1%～32周龄	33～44周龄	45～55周龄	>55周龄
维生素 K，毫克/吨	3 000				2 000			
维生素 B_1，克/吨	2				1			
维生素 B_2，克/吨	8				5			
维生素 B_6，克/吨	3				2.5			
维生素 B_{12}，毫克/吨	20				25			
生物素，毫克/吨	100				—			
叶酸,毫克/吨	1 000				500			
胆碱,克/吨	300				200			
尼克酸,克/吨	30				25			
泛酸,克/吨	10				6			
铜,克/吨	20				10			
铁,克/吨	50				50			
碘,克/吨	1.5				1			
锰,克/吨	100				100			
硒,克/吨	0.27				0.27			
锌,克/吨	70				80			

表 4-3 粉壳蛋鸡不同生理阶段推荐的营养需要量

粉壳蛋鸡营养素	生长期营养需要量				每只产蛋鸡日最低需要量			
	0～6周龄	6～8周龄	8～15周龄	开产前～开产5%	开产5%～32周龄	32～45周龄	45～55周龄	>55周龄
蛋白质	19.5%	17%	15.5%	16.5%	17.5克	17克	16.5克	16克
代谢能,兆焦/千克	11.70	11.50	11.90	11.70				
赖氨酸	1.10%	0.90%	0.70%	0.86%	900毫克	880毫克	850毫克	840毫克
蛋氨酸	0.45%	0.40%	0.36%	0.43%	460毫克	460毫克	430毫克	410毫克
胱+蛋氨酸	0.80%	0.72%	0.64%	0.70%	770毫克	760毫克	730毫克	680毫克
色氨酸	0.20%	0.18%	0.16%	0.18%	185毫克	180毫克	175毫克	165毫克
钙	1.00%	1.00%	1.00%	2.25%	3.55克	3.65克	3.90克	4.10克
总磷	0.70%	0.70%	0.68%	0.70%	0.62克	0.62克	0.56克	0.56克
有效磷	0.45%	0.45%	0.44%	0.45%	0.39克	0.37克	0.35克	0.31克
钠	0.18%	0.18%	0.18%	0.18%	180毫克	180毫克	180毫克	180毫克
氯化物	0.16%	0.16%	0.16%	0.16%	170毫克	170毫克	170毫克	170毫克

表 4-4 白壳蛋鸡不同生理阶段推荐的营养需要量

白壳蛋鸡营养素	生长期营养需要量				每只产蛋鸡日最低需要量			
	0～6周龄	6～8周龄	8～15周龄	开产前～开产5%	开产5%～32周龄	32～45周龄	45～55周龄	>55周龄
蛋白质	20%	18%	16%	16.5%	16克	15.5～16克	15～15.5克	14.5～15.0克
代谢能,兆焦/千克	11.70	11.70	11.90	11.70				
赖氨酸	1.10%	0.90%	0.75%	0.86%	800毫克	780毫克	740毫克	720毫克
蛋氨酸	0.45%	0.40%	0.38%	0.44%	412毫克	400毫克	375毫克	350毫克

（续）

白壳蛋鸡营养素	生长期营养需要量				每只产蛋鸡日最低需要量			
	0~6 周龄	6~8 周龄	8~15 周龄	开产前~ 开产5%	开产5%~ 32周龄	32~45 周龄	45~55 周龄	>55 周龄
胱+蛋氨酸	0.80%	0.73%	0.65%	0.70%	680毫克	660毫克	620毫克	580毫克
色氨酸	0.20%	0.18%	0.16%	0.20%	175毫克	170毫克	165毫克	160毫克
钙	1.00%	1.00%	1.00%	2.50%	3.40克	3.55克	3.65克	3.85克
总磷	0.75%	0.72%	0.70%	0.75%	0.64克	0.60克	0.54克	0.43克
有效磷	0.45%	0.45%	0.40%	0.45%	0.45克	0.42克	0.38克	0.30克
钠	0.19%	0.18%	0.17%	0.18%	180毫克	180毫克	180毫克	180毫克
氯化物	0.15%	0.15%	0.15%	0.16%	160毫克	160毫克	160毫克	160毫克

①饲料是指在合理的饲喂条件下能对动物提供营养物质、调控生理机能、改善动物产品品质，且不发生有毒、有害作用的物质。

②全价配合饲料由多种类饲料组成，主要是能量饲料、蛋白质饲料、常量矿物质饲料、微量矿物质饲料、维生素饲料和各种非营养性添加剂。

（二）饲料①分类

饲料种类繁多，养分组成和营养价值各异，为了合理利用，对饲料进行恰当的分类很有必要，按其营养和用途分类，可分为配合饲料、浓缩饲料、预混合饲料等。为了适应动物生产的需要及各种动物的采食习性，往往将配合饲料加工成不同的外形和质地，可分为以下六类。

▶ 配合饲料

配合饲料指根据动物的不同生长阶段、不同生理要求、不同生产用途的营养需要以及以饲料营养价值评定的实验和研究为基础，按科学配方把不同来源的饲料以一定比例均匀混合，并按规定的工艺流程生产，以满足各种实际需求的混合物。根据其全价性可以分为全价配合料②和非全价配合料。前者单独饲喂鸡时，完全可以满足鸡的营养需要；后者必须与其他饲料共同使用才能满足动物的全部营养需要。

浓缩饲料

浓缩饲料是配合饲料生产过程的另一种中间产品，其主要由三部分原料构成，即蛋白质饲料、常量矿物质饲料和添加剂预混合饲料，通常为全价饲料中除去能量饲料的剩余部分，加入一定的能量饲料后组成全价料饲喂动物。它一般占全价配合饲料的20%～40%。目前市场销售的所谓"三七料""四六料"即属此种（图4-1、图4-2）。

图4-1　产蛋期浓缩料　　　图4-2　雏鸡浓缩料

预混合饲料

预混合饲料是指由一种或多种饲料添加剂与载体或稀释剂①按科学配方生产的均匀混合物（图4-3）。由于预混合饲料使用渠道的不同，一般可分为如下四种：

1.高浓度单项预混剂　这类产品是由化工厂或药厂直接生产的商品性预混合饲料。在高浓度的添加剂中，微量矿物质多以纯品出售。唯一例外的是硒，出于安全的原因，规定必须将硒制成浓度低于0.02%的硒预混料，才能在饲料中使用。

2.微量矿物质预混料　为了防止微量元素与维生素发生化学作用而影响维生素的效价，一般饲料厂多采用微量矿物质预混料与维生素预混料分别添加的方法。微量矿物质预混料一般均制成高浓度的产品，通常按0.5%的配合比例加入全价配合饲料中。在这种高浓度的产品中，各种微量元素的盐类占50%以上，载体和稀释剂多为

①稀释剂仅仅是混合到微量组分中用以稀释其浓度的物料。均匀混合微量组分的物理特性并不发生明显的变化，玉米粉、石粉等就是常用的稀释剂。

碳酸钙，在50%以下，其他还有少量的矿物油等辅助剂。

3.维生素预混合饲料 在国内外市场上，除了前面提到的高浓度单项预混剂外，还有将若干维生素混合在一起的维生素预混料，即所谓"多维预混剂"。这类预混合饲料除了载体和稀释剂以外，一般还加有抗氧化剂。

4.综合性预混合饲料 某些微量元素，特别是其硫酸盐，在与维生素接触后会使维生素失效，时间越长，浓度越高，包装越小，则维生素的损失越大。因此，少数饲料厂采用维生素预混料和微量矿物质预混料分别包装，到加工全价配合饲料时再临时混合的办法，最常见的做法是加工全价配合料时，分别加入维生素预混料、微量元素预混料及某些药物预混料各0.5%。

> **粉料**

粉料是目前饲料厂生产的主要料型，将多种饲料原料加工成粉状，然后加上各种添加剂混合均匀而成。饲喂粉料，鸡不能挑食，采食营养全面，且鸡采食慢，便于消化。粉料的颗粒大小应根据畜禽种类、年龄而定。粉料不宜太粗，否则鸡易挑食，造成采食营养不平衡；也不宜太细，否则鸡不易采食，适口性差，采食量少，特别是高温干燥季节致使鸡采食量减少、鸡舍内粉尘多。一般情况，幼鸡料粒径应<1.0毫米（图4-4），中大鸡料2.0毫米，成年鸡2.0~2.5毫米。育成期、产蛋期适合喂全价粉状配合料。

图4-3 预混合饲料　　　　图4-4 蛋雏鸡粉状饲料

▶ **颗粒饲料**

以粉料为基础，蒸汽调质、机械压制后，迅速冷却，干燥而成，其形态有圆筒状和角状。粉料经颗粒料营养完善，适口性好，易消化，制粒时还能杀死病原微生物。饲喂颗粒料，能避免鸡挑食，鸡采食营养全面，饲料报酬高，鸡舍内粉尘少，空气好。但经过加压处理可使部分维生素、抗生素和酶等受到影响，且耗能大，成本高。颗粒饲料的直径因动物种类和年龄而异。我国一般采用的饲料直径范围是：雏鸡料 1 ~ 2.5 毫米（图 4-5），成鸡料 4.5 毫米。颗粒饲料的长度一般为其直径的 1 ~ 1.5 倍。

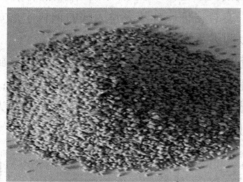

图 4-5　雏鸡颗粒料

▶ **碎粒料**

用机械方法将颗粒饲料破碎，加工成细度为 2 ~ 4 毫米的碎料。破碎料不仅具备颗粒料的优点，而且可适当延长采食时间，但仍需适当限制料量，以避免过肥或发生啄癖。破碎料加工成本较高，目前有用于 6 周龄前雏鸡，但很少用于产蛋鸡。

（三）饲料的鉴别

饲料在养殖生产中占成本的 70%，选购饲料质量的好坏直接关系到养殖业的生产效益。

饲料的鉴别要点

1.查包装 包装应牢固、严密，原料应分品种包装。包装袋内应有合格证，合格证加盖有检验人员印章、检验日期、批次。包装袋上的饲料标签应标示完整、正确。完整的饲料标签应具有以下内容：品名、饲料使用对象、使用的主要原料、产品成分分析保证值、生产日期、保质期、厂名、厂址、电话；应标有"本产品符合饲料卫生标准"字样；应标有生产该产品所执行的标准编号；有注册商标（图4-6）。因预混料、浓缩饲料、精料补充料不能直接饲喂畜禽，应给出相应配套的推荐配方、使用说明；有合格证、标签完整无缺的饲料才是安全可靠的，可以购买及使用。

2.查外观 好的饲料从外观上看色泽鲜艳一致，无发霉、发酵、结块现象，颗粒饲料碎粒和粉末少；口尝为乳香味或鱼香味，无苦味、涩味、哈味；嗅觉为无焦糊味、酸败味。

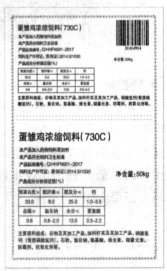

图4-6 饲料标签

3.查营养成分 饲料质量监督检验机构检验饲料中营养成分是否达到标准规定。饲料产品质量要通过物理性状检查、营养成分分析及有害物质检测来综合判定。物理性状检查包括粒度、均匀度、颗粒饲料的硬度，有无发霉、结块和异味等。营养成分分析主要有水分、粗蛋白、粗脂肪、粗纤维、粗灰分、钙、磷、食盐、维生素、微量元素、氨基酸、三聚氰胺、瘦肉精等项目。有害物质测定重点是霉菌和细菌总数及分类鉴定，农药残留、黄曲霉素、铅、砷、汞等重金属、棉籽饼中的棉酚等。

▶ 饲料的选购

全价配合饲料能全面而又经济地满足蛋鸡在不同生长发育阶段的营养需要(除水分外)，既缩短了饲养周期，又提高了饲料报酬，有效地发挥了饲料养分之间的协同作用和互补作用。全价的饲料利用率高，可直接饲喂，不需再添加其他饲料。目前一些小型养殖户以购买和使用饲料加工厂生产或自配的全价配合饲料为主。在选购全价配合饲料时应注意以下几方面：

1.按鸡的生理阶段选购全价饲料 蛋鸡全价饲料按其不同生理阶段可分为育雏料、中雏料、大雏料和产蛋期料（可再细分成产蛋前期料与产蛋后期料）。蛋鸡的各种全价饲料都是按相应阶段的营养需要配制的，能较好地满足该阶段鸡的需要，但不适合其他生理阶段。如果将营养水平较低的大雏料用于饲喂育雏阶段的蛋雏鸡，会因营养供应不足而影响生长发育。相反，若将育雏料饲喂大雏阶段的蛋鸡，会使育成体重超标，体成熟与性成熟不能同步进行，使之提前开产、产小蛋，产蛋期产蛋持续性不佳。

2.饲料的物理性状选择 饲料的性状可以影响畜禽的采食量、养分的吸收率。

3.饲料厂家的选择 一般而言，养殖户选择饲料要注重产品质量，大型企业、名牌企业一般能严格按照饲养标准生产，并建有强大的销售网络和售后服务网络。如正大、希望、通威等，应是首选；二要考虑到地区差异。我国地区间的饲料作物因品种、肥力、收获时间的不同养分含量有差异，土壤中的矿物质在地区间也存在差异，因此养殖户在选购饲料时应尽量挑选与本地区在气候、土质、种植条件相差较小的地区厂家的饲料为佳。

4.按需要量采购 虽然饲料加工厂在生产全价料时添加了一定量的抗氧化剂、防霉剂等，可使饲料的质量相对稳定，但饲料出厂后，随着时间的推移，其养分含量仍在发生变化。特别是其中添加的某些维生素，其效价会在短期内明显下降。故采购全价料最好随买随喂，购买时还需注意料的生产日期，应买最近出厂的产品。在自配全价料时往往不添加抗氧化剂，饲料的稳定性则不及购买的饲料，也不宜一次配大量饲料，长期贮存。但仍需要少量的储备，使其在短时期内所喂饲料相对稳定，也便于生产管理操作。

一些大型的养鸡场养殖的鸡数量大，有饲料车间，可有计划地供料，有的每3天或每星期给每栋鸡舍送一次料，也即每批料在3~7天内即消耗完毕。但靠外购的中、小型鸡场或养鸡户较难达到此状况，可能在采购时该料出厂已数天或更长时间，从产出到饲喂完的期限较长，故采购的每批料不能过多。应将购入的饲料按批堆放，按采购的时间顺序饲用，避免将早采购的全价料压入堆底而使其贮存时间过长。

（四）饲料的使用

➤ 预混料的使用

一般预混料有1%、5%等规格，1%规格预混料主要含蛋鸡所需要的维生素、微量元素和一些氨基酸，而5%规格预混料除含蛋鸡需要的维生素、微量元素和一些氨基酸外，还含有钙、磷、钠等矿物质饲料。预混料主要供中小型饲料厂、养殖场生产浓缩料和全价料使用。预混料使用有以下注意事项。

1.谨慎选购 预混料的品牌非常多，质量参差不齐，价格相差很大。因此，选购预混料不能只看价格，要选择加工设备好、技术力量强、产品质量稳定、信誉高的生产厂家和品牌。

2.专料专用 预混料是根据特定畜禽生长发育阶段的营养需要所配制而成的。选购预混料时，要详细了解其适用对象，必须选购与所饲养的蛋鸡品种及生长发育阶段相适应的预混料，即专料专用，不能通用。

3.严格添加比例 预混料是预混料生产厂按特定畜禽特定生长发育阶段的营养需要所配制而成的，其添加比例是由其所含营养成分浓度所决定的。使用预混料时，必须按标注的比例添加。添加比例小，难于满足鸡只的需要；添加比例大，不仅增加饲养成本，还会影响鸡只的生长发育，甚至出现中毒现象。

4.科学设计配方 在通常情况下，预混料所附产品说明书中都推荐有日粮配方，但这个推荐配方是一个通用配方，往往不能适应养殖场户的需要。养殖场户可以将本厂饲料原料情况交给预混料生产厂，请他们设计相应的日粮配方，以确保日粮营养全价和平衡。

5.严格加工工艺 对于需要粉碎的原料，如玉米、豆粕，应按照不同阶段蛋鸡配合饲料正确选择筛片进行粉碎，确保粉碎粒度大小合适、均匀。混合时，要充分搅拌均匀。才能发挥预混料应有的作用。蛋鸡配合饲料混合均匀度变异系数不得大于7%。

浓缩料使用

浓缩料是由蛋白质饲料、矿物质饲料和添加剂预混料按科学配方配制并通过合理加工而成的，含较高蛋白质，且富含维生素、矿物质和其他有效成分的配合饲料，适用于中小型养殖场（户）使用（图4-7）。使用时要按说明进行操作，按所喂鸡的类型和生理阶段选用相应的浓缩饲料，并需按产品说明给出的比例和饲料原料的质量要求添加一定比例的能量饲料如玉米、麸皮等，而后将其充分混合成全价饲料。

图4-7 浓缩料

全价配合饲料使用

全价配合饲料可由各种饲料原料加上预混料配制而成，也可由浓缩料加上能量饲料配制而成。全价配合饲料作为日粮，直接用于饲喂蛋鸡，不需要再添加任何其他物质。切忌在全价饲料中混入其他饲料。有的养殖户认为全价料价格高，为了降低饲料成本，便向其中掺入价格较低的饲料原料（如糠、麸等）后，再用于喂鸡。这种做法破坏了全价料具有的营养平衡性，降低了饲料的营养浓度，故饲喂效果下降。其由降低饲料成本的获利不能抵消鸡生长速度或产蛋量降低的损失，对养殖户的经济效益产生不利影响。

（五）饲料的贮存

饲料的贮存必须采用科学的方法，既要避免饲料变质又要预防营养成分的流失，才有利于饲料的利用。不同品种饲料的贮藏要求不一样，养殖户可以通过阅读说明书等方式，了解饲料的成分，从而选择合适的贮藏方式。

▶ 贮存场所的选择

饲料在贮存的过程中，环境因素是一大变量，正确的饲料贮存方式对于养鸡场是非常重要的。使用简陋的设备进行贮存，将导致饲料变质，从而将造成动物出现生长性能低下、营养不良、发病，并且可能会发生高死亡率，这将降低养鸡场的经济收益。在实际生产中，饲料贮存场所与鸡舍之间应保持一个最短的距离，一般饲料都贮存在紧邻鸡舍的地方（图4-8、图4-9）。

饲料贮存场所应该满足以下要求。

（1）能够遮蔽直射阳光和雨水、面积足够大。

（2）有良好的通风和冷却能力。

（3）能够保持饲料的干燥。

（4）能防止鼠害和虫害。

图4-8　原料库

（5）能使饲料远离地面，以防止地面产生的冷凝作用和霉菌引起的腐烂。

（6）能使饲料远离化学物品和药品。

图4-9　成品库

▶ 配合饲料的贮存

1.贮存环境水分和湿度的控制　配合饲料贮存时水分含量一般要求在12%以下，如果将水分含量控制在10%以下，则任何微生物都不能生长。配合饲料的水分含量大于12%，或空气湿度大，配合饲料在贮存期间必须保持干燥，包装要用双层袋，内用不透气的塑料袋，外用编织袋包装。注意贮存环境特别是仓库要经常保持通风、干燥。

2.贮存温度的控制　温度低于10℃时，霉菌生长缓慢，高于30℃则生长迅速，使饲料质量迅速变坏，饲料中不饱和脂肪酸在温度高、湿度大的情况下，也容易氧化变质。因此，配合饲料应贮存于低温通风处。库房应具有防热性能，防止日光辐射热量透入，仓顶要加剧隔热层；墙壁涂成白色，以减少吸热。仓库周围可种树遮阳，以改善外部环境，调节室内小气候，确保贮藏安全（图4-10）。

图4-10　饲料贮存库

3.虫害鼠害的预防　贮存中影响害虫繁殖的主要因素是温度、相对湿度和饲料含水量。一般贮粮害虫的适宜生长温度为 26～27℃，相对湿度为 10%～50%。为避免虫害和鼠害，在贮藏饲料前应彻底清除仓库内壁、夹缝及死角，堵塞墙角漏洞，并进行密封熏蒸处理。

4.不同品种配合饲料的贮存注意事项　全价颗粒料因用蒸汽调质或加水挤压而成，能杀死绝大部分微生物和害虫，而且孔隙度大，含水量较低，淀粉膨化后可把一些维生素包裹，因此贮藏性能较好，短期内只要防潮、通风、避光贮藏，不易发生霉变。

全价粉状配合饲料表面积大，孔隙度小，导热性差，容易吸湿发霉，且其中的维生素随温度升高而损失加大。维生素不同，维生素与矿物质的配合方法不同，其损失情况也有所不同。此外，光照也是造成维生素损失的主要因素之一。因此，粉状饲料一般不宜久放，宜尽快使用。

▶ 浓缩饲料的贮存

浓缩饲料含蛋白质丰富，并含有维生素和各种微量元素等营养物质。其导热性差，易吸湿，因而微生物和害虫易繁殖，维生素易受热、光、氧化等因素的影响而失效。有条件时，可在浓缩饲料中加入适量的抗氧化剂。贮存时，要放在干燥、低温处。

▶ 预混合饲料的贮存

添加剂预混料主要是由维生素和微量元素组成，有的添加了一些氨基酸、药物或一些载体。这类物质容易受光、热、水气的影响，所以要注意存放在低温、避光、干燥的地方，最好加入一些抗氧化剂，贮藏期也不宜过久。维生素添加剂要用小袋遮光密闭包装，使用时再与微量元素混合，这样其效价就不会受太大影响（图4-11）。

图 4-11　预混料贮存库

五、雏鸡的饲养与管理

目标
- 了解雏鸡的生理特点和生活习性
- 了解育雏的常用方式
- 掌握育雏前各项准备工作
- 了解雏鸡的运输和选择
- 掌握雏鸡的饲养
- 掌握雏鸡的管理

育雏期①是蛋鸡生产中重要的基础阶段，育雏工作的好坏不仅直接影响雏鸡整个培育期的正常生长发育，也影响到产蛋期生产性能的发挥。

育雏期的主要技术措施是根据雏鸡的生理特点和生活习性，采用科学的饲养管理措施，提供适宜的生长环境和充足的营养，并做好卫生消毒和防疫工作，以满足雏鸡的生理要求，防止各种疾病发生，使雏鸡达到健康状况良好、生长发育及体重达到正常标准的培育目标。

(1) 健康：雏鸡未感染传染病，食欲正常，精神活泼，反应灵敏，羽毛紧凑而富有光泽。

(2) 成活率高：先进的水平是育雏的第一周死亡率不超过 0.5%，前三周不超过 1%，0~6 周死亡率不超过 2%。

(3) 生长发育良好：生长速度、体重符合标准，骨骼和肌肉发育良好，羽毛丰满，且全群具有良好的均匀度。

①雏鸡在 0~6 周龄为育雏期。

115

（一）雏鸡的生理特点和生活习性

▶ 生长发育迅速

蛋鸡商品雏的平均出壳重在 40 克左右，2 周龄体重为初生的 2 倍，6 周龄末体重可达到 440 克左右，增重 11 倍，可见雏鸡代谢旺盛，生长发育迅速。就单位体重计，雏鸡的耗氧量和排出废气量也大大高于成年鸡。雏鸡对各种营养物质的吸收利用也相应地超过成年鸡。因此，育雏期必须严格按照雏鸡营养标准，配制营养丰富的全价日粮。不仅要保证充足的蛋白质水平、恰当的能量水平，还要保证氨基酸平衡、钙、磷平衡，同时要求富含多种维生素和微量元素。育雏阶段因营养摄入不足导致的生长发育不良是日后无法弥补的。

▶ 体温调节机能弱

初生的幼雏体温调节机能发育不完善，自体产热能力和鸡体保温能力差。雏鸡体温低于成年鸡 1～3℃，在 10 日龄后才接近成年鸡，待到 3 周龄左右体温调节中枢机能逐步完善，机体产热能力增强，绒羽脱换、新羽生长之后体温才逐渐处于正常。因此，雏鸡对环境温度的不适很敏感，既怕冷，又怕热，故要为雏鸡创造温暖、干燥、卫生、安全的环境条件。

▶ 消化机能尚未健全

雏鸡代谢旺盛、生长发育快，但是消化器官容积小、消化功能差、消化酶不多。因此，在饲喂上要求给予含粗纤维低、易消化、营养全面而平衡的日粮，特别是与生长有关的蛋白质、氨基酸、维生素、微量元素必须满足。要选择容易消化的饲料配制日粮，对棉籽粕、菜籽粕等一些非动物性蛋白饲料，雏鸡难以消化，适口性差，利用率较低，要适当控制添加比例。

▶ 抗病能力差

雏鸡体小娇嫩，对疾病抵抗力很弱，适应能力差，易感染疾病，如鸡白痢、大肠杆菌病、传染性法氏囊病、球虫病、慢性呼吸道病等。育雏阶段要严格做好环境卫生控制和疾病预防工作，切实做好消毒隔离和疫苗免疫接种。

▶ 胆小怕惊吓

雏鸡对周围环境中的异常响动非常敏感，胆小怕惊吓。因此，雏鸡生活环境一定要保持安静，避免有噪音或突然惊吓。非工作人员应避免进入育雏舍；在雏鸡舍和运动场上应增加防护设备，以防鼠、蛇、猫、犬、老鹰等的袭击和侵害。

▶ 群居性强

雏鸡喜欢群居，模仿学习力强，雏鸡之间可相互引导饮水、觅食和熟悉环境，便于大群饲养管理，有利于节省人力、物力和设备。但这种习性在管理措施不当的情况下，也容易造成相互拥挤、踩踏，造成雏鸡外伤甚至死亡。

▶ 羽毛生长更新速度快

雏鸡羽毛生长极为迅速，在4~5周龄进行第一次换羽。羽毛中蛋白质含量为80%~82%，为肉中蛋白质的4~5倍。因此，雏鸡对日粮中蛋白质（尤其是含硫氨基酸）水平要求高。

▶ 初期易脱水

刚出壳的雏鸡含水率在75%以上，如果在干燥环境中存放时间长易脱水，因此出雏后及育雏前期要特别注意湿度问题。

（二）育雏方式分类

▶ 地面育雏①

垫料要求：干燥、保暖、吸湿性强、柔软、不板结。常用锯末、麦秸、谷草等。

①指在水泥地面上培育雏鸡，地面上铺设垫料，垫料厚度为20~25厘米。地面育雏成本低，条件要求不高，但易发生疾病。

①育雏供暖方式中，自动燃气暖风炉供暖卫生清洁，通风良好，是比较理想的供暖方式；而保温伞育雏与母鸡哺育雏鸡的保暖方式最接近，育雏效果良好，但需要其他供暖方式辅助。

供暖方式：包括采用暖风炉、火炕、煤炉、暖气、红外线和保温伞等实施供暖①(图 5-1、图 5-2)。

图 5-1　保温伞育雏

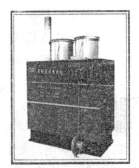

图 5-2　育雏用热风炉

▶ 网上育雏

网上育雏②可有效控制白痢、球虫病暴发，但投资较大（图 5-3）。

网眼 12.5 厘米 × 12.5 厘米，粪尿混合物可直接掉于地面。供暖方式同地面育雏的供暖方式。

②将鸡饲养在距地面 50~60 厘米高的铁丝网（镀锌）或塑料垫网上。

图 5-3　网上育雏

▶ 立体育雏[①]

育雏笼每层分为给温区、保温区和散温区三个不同功能区[②]。立体育雏的供暖方式多采用暖气、热风炉或笼内电热板。

(三) 育雏前的准备工作

育雏前的准备工作包括鸡舍、器具的清理、冲洗、清洗、消毒、设备调试、鸡舍预温以及鸡饲料、兽药、疫苗等物质准备，这些工作最迟应在接雏前7天进行。

▶ 育雏季节的选择

季节的变化对于封闭式鸡舍影响不大，可实行全年育雏。而开放式鸡舍以春季育雏最好。春季育雏雏鸡生长发育迅速，体质健壮，成活率高。夏季育雏雏鸡的食欲不佳，阴雨连绵易患球虫病。秋季育雏雏鸡生长发育缓慢，成鸡时体重不足。冬季育雏雏鸡体质不良，育雏费用较高。

▶ 雏鸡的定购

雏鸡饲养量应根据成鸡的数量和育雏的设备容量确定[③]。例如，成鸡笼位数等于5 000，育雏成活率95%，育成成活率95%，鉴别率98%，合格率98%，保险系数1.05，那么进雏鸡数为5000÷0.95÷0.95÷0.98÷0.98×1.05=6057只。孵化场一般给予2%的损耗，所以定购5 800只雏鸡在上述饲养水平下可以满足上成鸡笼的需要。

▶ 育雏舍、育雏器、育雏用具的准备和消毒

育雏前对育雏舍要进行维修和消毒，使育雏舍和育雏室保温良好、干燥、通风、不过于光亮。对育雏器和供暖设备要进行检查修理，使之能正常使用不发生问题。

▶ 育雏舍的熏蒸消毒

注意以下事项：

①指将雏鸡饲养在3~5层育雏笼内，是大型养鸡厂常用的一种育雏方式。具有饲养密度大，热源集中，易于保温，雏鸡成活率高，但投资较大，且上下层温差大。

②每个功能区适宜雏鸡不同温度条件下的活动，温度适宜时雏鸡多均匀分布在保温区，温度低时会挤在给温区，温度高时则散在散温区。

③在设计育雏舍的容量时应根据成鸡舍的容量和饲养水平确定。

➤熏蒸消毒前必须密闭门窗，应在温度 10℃以上、相对湿度 70%以上的环境条件下进行，而且必须密闭鸡舍 24 小时。

➤熏蒸用的容器必须使用金属或陶瓷器皿，容积为药品体积的 3~4 倍。

➤熏蒸容器在鸡舍内要排放均匀，避免出现熏蒸死角。

➤使用甲醛与高锰酸钾熏蒸消毒时，要先在容器内放入甲醛溶液，后放入适量高锰酸钾，同时用棍棒搅拌均匀。

➤熏蒸工作人员要穿好防护服、胶靴，戴好防毒面具和橡胶手套，以防气体和沸腾的药液灼伤眼睛、呼吸道黏膜和身体皮肤。

▶ 育雏围栏的搭建

采用地面或网上等平养育雏方式，为防止雏鸡远离热源和便于管理，应在育雏舍中用铁丝网、苇席或其他材料搭建围栏，并能达到如下要求。

➤围栏内每平方米面积放养 30 只 1 日龄雏鸡，每个围栏以饲养雏鸡 300~500 只为宜。

➤围栏可随意拆卸、调整①。

➤围栏设置最好为圆形，以保温伞为中心，周围均匀摆放饮水器和料槽。保温伞规格与育雏数量见表 5-1，育雏围栏器具摆置见图 5-4。

➤围栏高度应便于工作人员进出和便于从外部观察鸡群。

①雏鸡 2 日龄后要随着生长不断扩大围栏面积，2 周时可将围栏全部移走。

表 5-1　保温伞规格与育雏数量

伞罩直径（厘米）	伞高（厘米）	两周以下鸡雏数
100	55	300
130	66	400
150	70	500
180	80	600
240	100	1 000

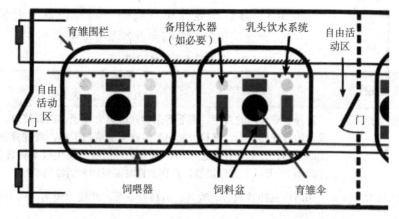

图 5-4　育雏围栏器具摆置示意

饲料、垫料和药品准备

（1）饲料：育雏前要按雏鸡日粮配方准备足够的各种饲料。

（2）垫料：要准备充足的干燥、松软、不霉烂、吸水性强的垫料。

（3）疫苗：禽流感基因重组活毒疫苗、传染性法氏囊疫苗、鸡新城疫疫苗、鸡痘疫苗、传染性支气管炎疫苗等。

（4）治疗药：抗球虫药以及氟哌酸、环丙沙星、恩诺沙星、土霉素、青霉素、链霉素、庆大霉素、卡那霉素、磺胺类药等。

（5）消毒药：高锰酸钾、福尔马林、火碱、新洁尔灭、百毒杀、抗毒威等。

（6）营养药：包括水溶性多种维生素、电解质、葡萄糖等。

预热试温

在进雏前两天，育雏室和育雏器要进行试温，使其达到标准要求，地面铺好垫料，厚 3 ~ 5 厘米。

育雏准备工作流程

育雏前准备工作安排见表 5-2，雏鸡饮水建议空间见

表 5-3，育雏期笼养每只鸡的空间和设备需要量见表 5-4，育雏期每只鸡空间和设备需要量见表 5-5。

表 5-2　育雏前准备工作安排

日 程 安 排	主　要　工　作
接雏前 14 天	清理雏鸡舍内的粪便、羽毛等杂物；将鸡舍屋顶、四周墙壁、地面及地沟等处的灰尘、脏料、粪便等污物全部清扫干净；清理育雏舍周围的杂物、杂草等；注意事项：如果上一批雏鸡发生过某种传染病，需间隔 30 天以上方可进雏，且在消毒时要加大消毒剂剂量
接雏前 13 天	用高压枪冲洗鸡舍、笼具、储料设备等。冲洗原则为：由上到下，由内到外
接雏前 12 天	初步清洗整理结束后，对鸡舍、笼具、储料设备等消毒一遍；对进风口、鸡舍周围地面用 2‰氢氧化钠溶液喷洒消毒；其他可选用：季铵盐、碘制剂、氯制剂等；或用火焰消毒器将鸡舍墙壁、地面及笼具等能够耐火的金属器具进行灼烧
接雏前 11 天	将门窗关闭，用报纸密封进风口、排风口；将消毒彻底的饮水器、料盘、粪板、灯伞、小喂料车、塑料垫网等放入鸡舍；熏蒸消毒，每立方米空间用 15～20 毫升甲醛溶液和 7～10 克高锰酸钾混合熏蒸 24 小时。注意事项：也可用甲醛和漂白粉混合熏蒸消毒，每立方米用甲醛 42 毫升、漂白粉 21 克
接雏前 9～10 天	打开鸡舍，通风，排净鸡舍内的甲醛气体
接雏前 7～8 天	维修鸡舍鸡育雏设备
接雏前 6～7 天	用高压水枪再次冲洗将屋顶、墙壁、窗户、风帽、风机、地面、笼具、料槽、饮水器、围栏等处，必要时对遗留含有有机物的污渍用洗衣粉等刷洗干净
接雏前 5～6 天	用火焰消毒器将鸡舍墙壁、地面及笼具等能够耐火的金属器具进行灼烧；每平方米用 1 500 毫升 2‰的氢氧化钠溶液喷洒消毒地面、墙壁、地沟等污染严重的地方
接雏前 4～5 天	将门窗关闭，用报纸密封进风口、排风口等；每立方米空间用 15～20 毫升甲醛溶液和 7～10 克高锰酸钾混合，再次进行熏蒸消毒，密闭 24 小时以上
接雏前 3～4 天	打开鸡舍，通风 24 小时，排净鸡舍内的甲醛气体；准备使用的疫苗、兽药及饲料。禁止闲杂人员及没有消毒过的器具进入鸡舍，等待雏鸡到来

（续）

日程安排	主 要 工 作
接雏前2天	移出熏蒸器具，然后用次氯酸钠溶液消毒一遍鸡舍；鸡舍周围铺撒生石灰或洒消毒水；用0.1%高锰酸钾溶液或自来水清洗饮水器、料槽等采食饮水设备并晾干；检查维修光照、通风、饮水、采食设备及温度计、湿度表等，保证能够正常运转或使用；调试灯光，可采用60瓦白炽灯或13瓦节能灯，高度距离上层鸡头部50～60厘米；调试供暖设备，进行提前预温，至雏鸡进入鸡舍前温度升到32～35℃，相对湿度保持在60%～70%；地面育雏铺好垫料和搭建围栏、网上育雏铺好垫网和隔离围栏、立体育雏检查育雏笼运转情况
接雏前1天	①按每个围栏的雏鸡数量布置好饮水器和料槽； ②再次检查育雏所用物品是否齐全，如消毒器械、消毒药、营养药物及日常预防用药、生产记录本等； ③检查育雏舍温度、湿度能否达到基本要求。温度：春季、夏季、秋季提前1天预温，冬季提前3天预温。雏鸡所在的位置能够达到35℃；湿度：鸡舍地面洒适量的水，保持一定的湿度（60%）； ④鸡舍门口设消毒池（盆），进入鸡舍要洗手、脚踏消毒池（盆）； 注意事项：物品的检查要细致、全面、到位

表5-3　雏鸡饮水建议空间

	饲养方式	
	笼 养	平 养
杯式饮水器（个/1 000只）	16	50
乳头饮水器（个/1 000只）	16	20
钟式饮水器（个/1 000只）	50（最少）	150
水槽（厘米/只）	1.25	1.25

表5-4　育雏期笼养每只鸡的空间和设备需要量

品种	笼底面积 （厘米²）	饲槽长度 （厘米）	水槽长度 （厘米/只）	乳头饮水器 （只/个）
小型蛋鸡	129	4.1	1.5	20
白壳蛋鸡	154	5.1	1.9	15
褐壳蛋鸡	181	5.6	2.0	12

表 5-5　育雏期每只鸡空间和设备需要量

鸡的类型	每平方米鸡数	水槽长度（厘米/只）	普拉松自动饮水器	每个乳头鸡数	鸡食槽长度（厘米）	每个料桶鸡数
矮小型	13.8	1.1	160	20	5	30
白壳蛋鸡	12.7	1.2	150	20	5	25
褐壳蛋鸡	10.8	1.5	100	15	8	25

（四）雏鸡的选择、运输与接收

➤ 健康雏鸡的标准

健康雏鸡应精神状态灵活，眼睛明亮，喙、腿、翅、趾无残缺，脐部愈合良好无残迹，叫声宏亮脆短。同时握在手中感觉有挣扎力，体态匀称，体重适中，腹部大小适中、柔软，膘肉饱满等，否则就是弱雏。

➤ 雏鸡的运输

雏鸡的运输和选择关系到育雏的健康和成活率，应注意以下事项。

➤长途运输装雏箱要求既保温又通风良好，箱的规格为 120 厘米×60 厘米×18 厘米，分成四格，每格装 20只（图 5-5）。

图 5-5　1 日龄雏鸡及运雏箱

➢早春和冬季应在中午运输，夏季应在早晚运输并携带遮阳、遮雨器具，车内温度以 25～28℃为宜。

➢运输途中不得停留，不得剧烈颠簸，每隔 0.5～1 小时要观察一次，防止雏鸡受寒、受热、脱水、闷死、压死。

➢雏鸡入舍时要根据身体强弱、体重大小等分栏饲养，对过度病弱雏要尽早淘汰。

▶ 雏鸡的接收

➢雏鸡到鸡舍时的温度为 32～33℃；装鸡后两小时内缓慢升至 35～37℃，维持 3 天。

➢在确保温度的同时，注意鸡舍的湿度，地面洒水或喷雾消毒等提高鸡舍湿度，要确保湿度在 60%。

➢运雏车到达前半个小时内准备好饮水（提前预温，防止应激腹泻）。方法：饮水杯装 1/4 的饮用水或凉开水，使雏鸡到达时饮水温度达到 25℃左右。

➢注意观察饮水杯的水位，不可断水；每天换水次数不能少于 3 次。

➢饮水中可添加 0.1% 的电解多维、3% 葡萄糖、恩诺沙星（按照使用说明）；夜间可换成无药清水。

➢雏鸡到达育雏舍后，依次将雏鸡按照每笼预定的鸡数尽快装入笼内（标准：1 周龄内，平养每平方米 20~30 只；笼养每平方米 50~60 只）。

➢如果雏鸡经过长途运输，饮水的同时可开食。

➢通风：进雏当天以保温为主，通风为辅，可适当采取间断性通风，通风前升舍温 1~2℃。

➢注意事项

☆舍内光照应均匀，若底层笼内光照强度太小（光线太暗），可适当在底层增加一个灯泡补充光照，灯泡距离下层笼高出 50 厘米。

☆注意观察每只鸡，将体质较弱的雏鸡挑出，单笼饲养。

☆使用煤炉的养殖户防止煤气中毒。

☆水中或料中加药时，剂量准确、搅拌均匀，以免药物中毒。

☆严禁外来人员来舍参观，防止交叉感染。

☆进雏当天若进行了弱毒苗免疫，不能带鸡消毒；夜间可在地面洒消毒液。

（五）雏鸡的饲养

▶ 雏鸡的饮水

▷接雏后尽快让其饮水①。饮水应早于喂料前 3～5 小时，水温应以室温水为宜。

（1）饮水方法：雏鸡进入育雏舍后首先要饮水 1～2 小时后再开食，对于体弱的雏鸡可用滴管将雏鸡逐个滴嘴，或用手抓握雏鸡头部，使喙部插入水盘饮水 2～3 次进行强迫饮水。

▷初饮时可在水中加 8% 的葡萄糖或蔗糖，以后可添加抗菌素、多维和电解质营养液饮 2～3 天，前 3 天饮用凉温水。

▷长途运输的雏鸡，应以饮用口服补液盐水更好（口服补液盐水的配制是每 20 千克水添加氯化钾 15 克，葡萄糖 220 克，碳酸氢钠 25 克，食盐 35 克）。

▷要防止断水、缺水。应该做到饮水不断，随时自由饮用②。

▷饮水器要均匀分布，饮水器高度和大小根据雏鸡周龄进行调整和更换，同时育雏开始几天水槽或饮水器应随时加满。

▷雏鸡的饮水必须符合生活饮用水的卫生标准，饮水器每天清洗 1～2 次，并用药物进行消毒（图 5-6）。

（2）饮水量：水的消耗受环境温度和其他因素影响很大，炎热天气尽可能给雏鸡提供凉水，寒冷的冬季应给予不低于 18℃ 的温水（表 5-6）。

①出完后的幼雏腹部卵黄囊内部还有一部分卵黄尚未吸收完，这部分营养物质要 3～5 天才能基本上吸收完。雏鸡饮水能加速卵黄囊营养物质的吸收利用，对幼雏生长发育有明显的效果。同时，雏鸡在育雏室的高温条件下，因呼吸蒸发量大，需要饮水来维持体内水代谢的平衡，防止脱水死亡。

②间断饮水使鸡群干渴，造成抢水，容易使一些雏鸡被挤入水中淹死，或身上沾水后冻死。

表 5-6　不同周龄雏鸡在不同气温下的需水量（升/100 只）

周龄	≤21.2℃	32.2℃
1	2.27	3.30
2	3.97	6.81
3	5.22	9.01
4	6.13	12.60
5	7.04	12.11
6	7.72	13.22

▶ 雏鸡的饲喂

（1）开食时间[①]：正常情况下，雏鸡在孵出后 24～36 小时开食为宜，一般做法是雏鸡放入育雏栏后，先休息一会并饮水 1～2 小时后再开食。

（2）开食办法：开食应选择浅平开食盘或塑料布(厚纸)铺在地面或网上，开始面积要足够大，以便所有的雏鸡能同时采食。开食饲料应均匀地散布开，并增加光亮度，以使雏鸡易于见到和接触到饲料，便于诱导采食[②]。

应尽力争取在一天之内使所有的雏鸡都开食，为培育整齐的鸡群打下良好的基础。

对少数不会采食的雏鸡要耐心诱导，方法有两种，一是抓几只已开食过的小鸡当开食引导，引导小鸡一见食物后便低头不停地啄食，其他小鸡也能跟随试探啄食，慢慢走向食物中心频频啄食；二是边撒食，边用"吧吧"的声音信号呼唤雏鸡前来，小鸡能跟随人的声音和撒食声音去寻找食物，很快地建立起条件反射（表 5-7）。

开食料要少喂勤添，以刺激食欲。最初的几天，每隔 3 小时喂 1 次，每昼夜 8 次；以后随着日龄增长逐步减少到春季和夏季每天 6～7 次，冬季、早春 5～8

①开食是指雏鸡出壳后第一次吃料。雏鸡孵出后，体内蛋黄还没有完全吸收，肠胃发育还不宜于消化饲料，蛋黄仍能满足一定时间的营养需要，刚出壳的雏鸡喜欢沉睡，还没有求食表现。但开食过晚会消耗雏鸡体力，影响生长发育。

②初生雏有天生的好奇性和模仿性，只要有少数雏鸡啄食，其他就会跟着学会啄食。

次。3～8周龄时改夜间不喂，每天4小时1次，即每昼夜4～5次。

表5-7　建议的雏鸡喂料方案

周龄	喂料次数	喂料时间			
1周龄	8	5：00	8：00	11：00	14：00
		17：00	20：00	23：00	2：00
2周龄	6	5：00	8：00	11：00	14：00
		17：00	20：00		
3～6周龄	4	5：00	8：00	11：00	14：00

鸡对颗粒物质感兴趣，为吸引雏鸡开食，建议育雏第一周选择颗粒破碎料，以后在逐渐过渡到粉料。

育雏的第一天要多次检查雏鸡的嗉囊，以鉴定是否已经开食和开食后是否吃饱，雏鸡采食几小时就能将嗉囊装满，否则就要查清问题的所在，并及时纠正，杜绝个别雏鸡"饿昏"与"饿死"现象出现。

（3）饲喂空间：为保证雏鸡吃饱吃好，必须备足料槽，保证喂食时雏鸡都能站在料槽边。料槽不足时，必然有一些弱雏、胆小的雏鸡站立一边，吃不上料或吃强鸡剩料，导致雏鸡生长发育参差不齐，出现较多的弱雏。

雏鸡生长到2～3日龄后逐渐加料槽，待雏鸡习惯料槽时撤去开食盘或塑料布，0～3周龄使用幼雏料槽，3～6周龄使用中型料槽，6周龄以后逐步改用大型料槽。料槽的高度应根据鸡背高度进行调整，这样既可防止雏鸡食管弯曲，又可减少饲料浪费。

（4）喂料量[①]：雏鸡营养要全面，饲喂量要恰当，还要求能达到各个品种的生长发育指标（表5-8）。

①按照正常耗料量饲喂，如果长时间采食不完，应立即查找原因。或者是饲料突然改变，雏鸡不能立即适应；或者是饲料腐败变质，也可能是雏鸡感染疾病，处于潜伏期。这几种情况都要及时处理。

表 5-8　不同品种雏鸡体重和采食量

周龄	白壳蛋鸡		褐壳蛋鸡		矮小型蛋鸡	
	体重（克）	日采食量（克）	体重（克）	日采食量（克）	体重（克）	日采食量（克）
1	60	13	65	16	65	8
2	110	18	130	24	125	12
3	170	24	200	29	170	15
4	240	28	290	36	230	18
5	330	34	390	41	280	21
6	420	38	500	46	340	24

图 5-6　雏鸡的饮水

（5）补饲砂砾①：可以将补喂的砂砾投入料中，也可以装在吊桶里供鸡自由采食，通常一周后开始自由采食。

（六）雏鸡的管理

▶ 温度

育雏期最关键的管理技术是温度的调控管理②。

1.平面育雏给温技术　育雏温度包括育雏室的温度和育雏器的温度。室温比器温要低，室温的温度一般是在28℃左右，保温伞下的温度为33～35℃，以后每周下降2～3℃。也因不同的育雏给温而不同，但一定要掌握平稳、均衡，防止忽高忽低，否则温度的突然变化易引起雏鸡感冒，降低抵抗力，诱发其他疾病。

①因为鸡没有牙齿，补喂砂砾可以促进肌胃的消化功能，而且还可以避免肌胃逐渐缩小。

②雏鸡体温调节机能尚不完善，对外界温度的变化很敏感。温度过高，雏鸡的体热和水分散失受到影响，食欲减退、大量失水、代谢受阻、生长发育缓慢、体质虚弱、抵抗力下降，易感冒或感染呼吸道病和啄癖，死亡率升高；温度过低，雏鸡不能维持体温平衡，相互拥挤打堆，由于相互挤压，导致部分鸡呼吸困难，甚至死亡。

2.笼育给温技术 笼饲育雏中普遍使用的是电热育雏笼或育雏育成兼用笼。具有电热设备的育雏笼，开始时笼内温度可以控制在 30～31℃。因雏鸡密度大，相互之间有体热传导，以后每周可下降 2℃。但也要注意根据季节、天气变化及雏鸡的表现适当地升高或降低 1～2℃。用没有加热设备的育雏笼育雏时，就要提高整个室温，将室温提高至 31～32℃，以后每周降温 2℃，直到脱温。

3.高温育雏技术[1] 目前常用给温的方法是高温育雏。高温育雏能有效地控制雏鸡白痢的发生和蔓延，对提高成活率效果明显。实践证明，育雏小环境的温度可以有高、中、低之分，这样一方面可促进空气对流，保持空气清新；另一方面雏鸡也可以根据自身的生理需要，自由选择合适的温度，扩大了活动范围，可以增加雏鸡的抗病力和对环境的适应能力（表5-9）。

[1]就是在 1～2 周龄采用比常规育雏温度高 2℃左右。

表 5-9　雏鸡要求的适宜温度（℃）

周龄	日龄	笼　　养		平　　养	
		供温区温度	舍内温度	伞下温度	舍内温度
1	1～3	32～34	24～22	34	24
1	4～7	21～32	22～20	32	22
2	8～14	30～31	20～18	30	20
3	15～21	27～29	18～16	27	18～16
4	22～28	24～27	18～16	24	18～16
5	29～35	21～24	18～16	21	18～16
6	36～140	16～20	18～16	16～20	18～16

注：夜间气温低，育雏温度比白天应提高 1～2℃。

4.看鸡施温[2] 育雏时温度高低可通过观察温度计数值来适时调整舍温，但是衡量方法除参看室内温度表外，主要是"看雏给温"（图5-7）。温度正常时，雏鸡活泼好动，食欲良好，饮水适度，粪便正常，睡眠静，无异常叫声，在育雏室内分布均匀。温度高，雏鸡远离热源，伸翅和张嘴，呼吸增加，发出吱吱的叫声；温度低时，

[2]雏鸡对温度反应非常敏感，不同温度条件下有不同的状态反应，通过雏鸡的行为状态调整育雏舍的温度，就称之为看鸡施温。

雏鸡聚集在一起，靠近热源，行动迟缓，颈羽收缩、直立，常发出叽叽的叫声（表5-10）。

表5-10 雏鸡在不同温度条件下的表现

温度情况	雏鸡表现
温度适宜	精神活泼，食欲良好，分布均匀，睡觉全身舒展
温度过高	远离热源，张口呼吸，频频饮水
温度过低	聚集热源周围或扎堆，全身紧缩，发出尖叫

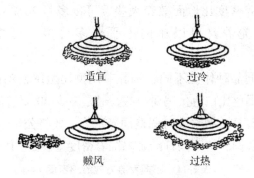

图5-7 看鸡施温示意

5.脱温① 随着雏鸡的长大，当室内温度降到室外温差不大时，可进行脱温，即用3～5天的时间，逐渐撤离保温设施，让雏鸡在外界气温条件下生活。

6.舍温控制与通风 进雏3天内遵照"保温为主，通风为辅"的原则。可适当采取间断性通风，但通风前升舍温1～2℃。

3天后仍然以保温为主，通风为辅，可采取间歇式通风换气，有风机条件的每天可排风3~5次，每次5~10分钟，以保持空气新鲜。

1周后可逐步适当增大通风口面积，加大通风量，保证鸡舍空气清新，无异味。

笼育不同于平面育雏，需要及时通风换气，同时应

① 脱温不能太快，防止雏鸡不适应变化而感冒。脱温要避开各种逆境（如免疫、转群、更换饲料等的不良刺激），在鸡群健康无病时进行。脱温的日子要选择风和日暖的晴天。脱温后雏鸡的鸡舍内保持干燥，料槽、饮水器等设备尽量维持原来的状态，以减轻雏鸡不适的感觉。

注意通风后可能会造成各层之间出现温差。如果采用机械通风的方法，尽量采用纵向通风方式。

密度

合理的饲养密度①是鸡群发育整齐的先决条件，如果密度过大，鸡群活动困难、采食不均，易感染疾病和发生啄癖，弱雏也易被挤压致死，死亡率增加；如果密度过小，不利于保温，同时房舍的利用率也不高、不经济。

①每平方米面积容纳的鸡数称饲养密度。密度大小应随品种、日龄、通风、饲养方式等的不同而进行调整。

饲养密度与饲养方式的关系比较密切，一般来讲，网上饲养密度比地面散养大些，可以多养 20%～30% 的鸡。而笼养又可以比网上平养多得多，可多达到 200%。

不同品种体型不同，饲养兼用型比蛋用型鸡密度要小些，褐色比白色蛋鸡要小些，通常减少 20% 左右。

随着日龄增长及时调整饲养密度，要将公母、大小、强弱分群饲养。不同日龄雏鸡饲养密度见表5-11。

表 5-11　不同育雏方式雏鸡密度

周龄	密度（只/米²）		
	笼养	网上	地面
1～3	50～60	40～50	20～30
4～6	20～30	15～20	10～15

注：饲养密度应随品种、日龄、通风、饲养方式、鸡舍结构等调整。

光照②

②合理的光照可以加快鸡只新陈代谢，增进食欲，有助于钙、磷的吸收，促进雏鸡骨骼的发育，提高机体免疫力，是保证雏鸡健康生长的重要条件之一。

育雏期的光照原则：随着雏龄增长，每天光照时间要保持一定或稍减少，不能增加；育雏前3天采用强光，以后采用弱光，2周以后避免强光照，照度以雏鸡能看见采食为宜；光照时间只能减少，不宜增加；补充光照不要时长时短，以免造成光照刺激紊乱失去作用；黑暗时间避免漏光（表5-12）。

表 5-12　育雏期密闭鸡舍光照程序

周龄	日龄	光照时间（小时）	照度（勒克斯）
1	1～3	24	60
1	4～7	22	30
2	8～14	20	20
3	15～21	18	10
4	22～28	16	10
5	29～35	14	10
6	36～42	12	10

通风①

➤进雏 3 天内应遵照"保温为主，通风为辅"的原则，采取间歇式通风换气，保持空气新鲜。

➤从第 4 天起，应注意舍内的通风换气，适当增大通风口面积，有风机条件的每天可排风 3~5 次，每次 5~10 分钟。

➤以后应根据育雏舍内有害气体浓度和温度、湿度情况决定是否加大通风量，注意鸡舍空气清新，无异味。

➤以进入鸡舍后不刺眼、不流泪、不呛鼻，无过分臭味、异味为宜，否则就要开始通风。

➤通风换气除与雏鸡的日龄体重有关外，还随季节、温度变化而调整（表 5-13）。

①通风可调节温度、湿度、空气流速、排出有害气体，保持空气新鲜，减少空气中尘埃密度，降低鸡的体表温度，同时可以减少呼吸系统疾病的发生。

表 5-13　密闭式鸡舍雏鸡通风量的计算［米³／（只·分钟）］

周龄	白鸡	褐鸡	周龄	白鸡	褐鸡
2	0.012	0.015	12	0.069	0.088
4	0.021	0.021	14	0.080	0.100
6	0.032	0.044	16	0.088	0.116
8	0.045	0.062	18	0.092	0.122
10	0.058	0.076	20	0.100	0.131

➤自然通风的密闭鸡舍，要根据舍内温度和外界气温的高低逐步进行开窗通风，顺序是：南上窗→北上窗→南下窗→北下窗→南北上下窗，在保证鸡舍温度前提下，尽量保持室内空气新鲜。

➤机械通风的密闭鸡舍，启动风机在 5 日龄后进行，每次启动时间不能太长，次数可随育雏日龄增大而增加。

➤ 湿度①

➤相对湿度的控制原则是前期不能过低，后期不能过高；前期注意加湿防止干燥，后期注意防潮。

➤10 日龄前雏鸡适宜的湿度为 65% ~ 70%；10 日龄后为 55% ~ 60%。

➤常用补湿办法有放置湿草捆、水盆、水蒸气等，也可向空中喷雾（可喷消毒剂）。

➤温度适宜时，人进入育雏室有湿热感，不会鼻干口燥，雏鸡脚爪润泽、细嫩，精神状态良好，鸡群振翅时基本无尘土飞扬。如果人进入育雏室感觉鼻干口燥，鸡群大量饮水，鸡群骚动时尘土四起，说明育雏室内湿度偏低（表 5-14）。

表 5-14　育雏的适宜湿度范围及高、低湿度极限值（%）

日　龄	适宜湿度	最高湿度	最低湿度
0～10	70	75	50
11～30	65	75	40
31～45	60	75	40
46～60	50～55	75	40

➤随着雏鸡日龄的增加，排粪量增加，水分蒸发多，环境湿度也大，要注意防潮。尤其要注意经常更换饮水器周围的垫料，以免腐烂、发霉。

➤ 断喙②

1.断喙时间　一般在 6 ～ 10 日龄进行第一次断喙。多

①湿度过高，影响水分代谢，不利羽毛生长，易繁殖病菌和原虫等，尤其是球虫病。湿度过低，易使雏鸡感冒，影响卵黄吸收，造成灰尘飞扬，诱发呼吸道疾病，严重时导致雏鸡脱水死亡。

②断喙就是用断喙器或剪刀、烙铁等器具将鸡喙的一部分断去。实行断喙是为了防止啄癖和减少饲料损失。

断喙时间：一般在 6～10 日龄进行第一次断喙。多数鸡只可以一直保持较理想的喙型。如果断喙效果不理想，要在育成阶段进行一次修喙。

数鸡只可以一直保持较理想的喙型。如果断喙效果不理想，要在育成阶段进行一次修喙。

6～10 日龄期间要进行新城疫和法氏囊等病的免疫，要和断喙错开 2 天以上。如果雏鸡有啄斗并有出血现象出现，要立即进行断喙。

2.断喙方法 使用断喙器断喙，一手握鸡，拇指置于鸡头部后端，轻压头部和咽部，使鸡舌头缩回，以免灼伤舌头，如果鸡龄较大，另一只手可以握住鸡的翅膀或双腿。精密动力断喙器有直径 4.0 毫米、4.3 毫米和 4.75 毫米孔眼。将喙插入 4.37 毫米的孔眼或其他孔眼断喙，所用孔眼大小应使烧灼圈与鼻孔之间相距 2 毫米。上喙断去 1/2，下喙断去 1/3。然后在灼热的刀片上烧灼 2～3 秒钟，以止血和破坏生长点，防止以后喙尖长出，见图 5-8、图 5-9。

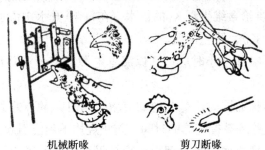

机械断喙　　　　　　剪刀断喙

图 5-8　断喙示意

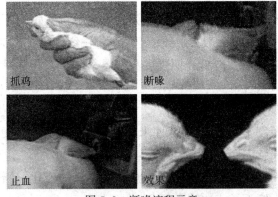

抓鸡　　　　　　断喙

止血　　　　　　效果

图 5-9　断喙流程示意

断喙效果如图 5-10 所示。

蛋鸡雏鸡断喙位置　　　　理想断喙效果

图 5-10　断喙效果示意

3.断喙要点　断喙前鸡群健康无病，尽量避开免疫时间；在断喙前后 3 天，每千克饲料加 2~3 毫克维生素 K；或供给含维生素 K_3 的饮水（在每 10 升水中添加 1 克维生素 K_3），防止出血。

断喙前半小时应切断保温伞电源或将舍温降低 2~3℃。

断喙的同时避免其他的应激。同时，调节好刀片的温度，熟练掌握烧灼的时间，防止烧灼不到位引起流血。

发现止血效果不理想，喙部仍再流血的雏鸡，应及时抓出来重新灼烧止血。

及时更换新刀片，通过刀片颜色（避光情况下）判断刀片温度，一般刀片颜色应达到樱桃红色（约 600℃）。

断喙后要降低光照强度和室温，防止互相啄喙，影响伤口愈合。

观察鸡饮水是否正常，断喙后食槽内多加一些料，饲料厚度不要少于 3~4 厘米，以免鸡吸食时碰到硬的槽底有痛感而影响吃料。

料槽中饲料应充足，注意鸡采食量的变化；断啄后鸡嘴上短下长，才符合要求。

➤ 其他管理措施

（1）称重：每周末对鸡群称重，随机抽测 5%～10% 的雏鸡样本与标准体重比较，以了解鸡群生长发育情况，制定合理的饲养管理措施，保证雏鸡正常生长。

（2）分群管理：随着雏鸡生长，需及时调整密度，根据体重情况分群。发育良好的雏鸡体格结实，精神活泼，体重大小合适，绒毛整洁，色素鲜浓，长短合适。随时挑出弱鸡，单独喂养，给予高水平营养。啄羽啄肛鸡及时处理，杜绝啄死鸡现象。夜间设值班人员，防止野兽、老鼠等侵害，注意防火。

（3）清粪：鸡舍的地面垫料要勤换，第 10 天左右开始第一次清粪，一般每隔 5 天清一次。可视季节、鸡数、温度、粪便气味随时而定，以保持舍内清洁、无氨味、臭味为目的，创造良好的环境以适合雏鸡的生长发育。清粪后先用清水冲洗地面，再用氢氧化钠溶液拖地，用消毒药喷雾。

（4）记录：每天的采食量、雏鸡病、残、死亡变动情况、免疫、喂药、称重情况都要认真记录。育雏结束后，计算雏鸡成活率和育雏成本。

➤ 疾病控制

雏鸡抗病力弱，容易感染病原和发生各类疾病，为保证雏鸡的健康，应通过严格的检疫、防疫、免疫措施控制疾病的发生，并在管理上注意以下几点：

➢搞好鸡舍卫生，保持地面清洁。要及时清理粪便，定期清洗水槽、料槽和进行环境消毒，保持地面干燥，避免寄生虫和其他病原微生物的繁殖。

➢严格执行免疫程序。接雏后要根据当地疫病流行情况指定科学的疫苗免疫程序并认真执行。

➢注意饲料品质和保存。要保证雏鸡饲料新鲜，防止饲料发霉变质现象发生。

➤对病弱雏严格淘汰。对发病但不太严重的雏鸡进行隔离治疗，对不易存活的病弱雏坚决淘汰。

➤开展药物预防。在饲料中适当添加多种维生素，定期投药预防球虫病、传染病的发生。

➤ 雏鸡日常管理要点

➤人员进入育雏舍要严格消毒，更换舍内工作服。

➤经常观察鸡群活动规律，检查温度是否适宜。

➤观察鸡群健康状况，发现病鸡及时治疗。

➤检查料槽、水槽是否有料、有水，高度是否适宜，饮水是否清洁。

➤经常检查粪便，查看有无稀便、血便发生。

➤检查垫草是否干燥，发现问题及时添加更换。

➤观察空气是否新鲜，出现异味及时通风。

➤检查鸡群密度是否合适，定期疏散鸡群。

➤检查光照是否适宜。

➤观察有无啄癖发生，适时进行断喙。

➤按时接种疫苗，检查免疫效果。

➤按时抽查体重，掌握生长发育情况。

➤加强夜间值班，细听有无呼吸系统疾病，防止鼠害和其他意外发生。

➤随时查看鸡群，尤其第一周，对雏鸡的分布、精神、粪便情况、温度、通风、光照等经常观察，发现问题及时纠正。

➤调整鸡群密度做好扩群工作。

➤定期抽样称重，掌握鸡群的生长发育情况，调整饲料用量。

➤做好抗体检测和疫苗接种，并防接种后应激反应。

➤做好卫生消毒工作，防球虫病、大肠杆菌病、沙门氏菌病等的发生和流行。

➤做好转群工作，6～8周龄转到育成舍。

（七）育雏失败的原因分析及防控对策(表5-15)

表 5-15　育雏失败的原因分析及其防控对策

现象	可能的原因	防控对策
第一周死亡率高	①细菌感染：大多是由种鸡垂直传染或种蛋保管过程中及孵化过程中卫生管理上的失误引起的； ②环境因素：第一周的雏鸡对环境的适应能力较低，温度过低鸡群扎堆，部分雏鸡被挤压窒息死亡；某段时间在温度控制上的失误，雏鸡也会腹泻感染疾病死亡	一是要从卫生工作管理较好的种鸡进雏； 二是要控制好育雏环境； 三是育雏期使用一些药物预防常发的细菌病
体重落后于标准	①饲料营养水平太低； ②育雏温度过高或过低； ③鸡群密度过大； ④照明时间不足； ⑤感染球虫病或大肠杆菌病等	一是要供给优质的饲料； 二是要科学有效的管理； 三是合理的饲养密度和光照制度； 四是提前用药预防雏鸡各阶段的常发病
雏鸡发育不整齐	①饲养密度过大，鸡群采食饮水位置不足； ②饲养环境控制失误，温度忽高忽低，鸡群产生严重的应激； ③疾病的影响； ④断喙失误，部分雏鸡喙留得过短； ⑤饲料营养不良，饲料中某种营养素缺乏或某种成分过多造成营养不均衡	一是要提供适宜的饲养环境； 二是饲养密度要合适； 三是要保证鸡群均匀的采食； 四是要适时断喙，且断喙要准确； 五是定期进行随机抽样称重； 六是及时合理地调群，及时挑出体质较弱、个体较小的鸡集中饲养，推迟换料时间，使尽快达标，以此提高整体均匀度

六、育成鸡的饲养与管理

目标
- 了解育成鸡的培育目标
- 了解育成鸡的生理特点
- 了解育成鸡的转群管理
- 掌握育成鸡的饲养
- 了解育成鸡的体重、胫长的测量与群体均匀度
- 掌握育成鸡的管理
- 掌握育成期的饲养管理和开产体重的调控管理要点

①7~20周龄为蛋鸡的育成期，育成期的鸡称为育成鸡或后备鸡、青年鸡。

②体型＝体重＋骨架，也就是说体型是体重和骨架的综合体现。一般体重在标准范围内，骨架大小适中方可称为理想型体型。

育成期①是蛋鸡为产蛋期高产奠定基础并达到体成熟和性成熟的关键生长阶段，合格的育成鸡群是高产、稳产的基础。如果新育成的母鸡质量好，体质健壮，进入产蛋期后，就能获得较好的产蛋成绩。

育成鸡的培育目标就是培育适时的开产日龄、标准的开产体重和健康体质的育成鸡。具体表现为以下几个方面：

（1）发育良好、体型②体重达标：育成鸡达到18周龄时，应体质健壮，体型紧凑似V字形，精神活泼，食欲正常，体重、体型和骨骼发育符合品种要求且均匀一致，胸骨平直而坚实，脂肪沉积少而肌肉发达，骨骼坚实发育良好，无多余脂肪。

（2）健康无病：育成鸡应体质体况良好，育成期死淘率应不超过5%。

（3）鸡群体型体重的整齐度①良好：至少 80% 以上的鸡符合体重、胫长在标准上下 10% 范围以内。体重、胫长一致的育成鸡群，成熟期比较一致，达 50% 产蛋率后迅速进入产蛋高峰，且持续时间长。20 周龄时，高产鸡群的育成率应能达到 96%。

（4）**体成熟和性成熟同步**：体成熟和性成熟能否同步进行对于后备母鸡极为重要，只有体成熟和性成熟一致，才能充分发挥本品种的遗传潜力。要求产蛋率达 50% 的日龄符合标准（150 日龄左右），过早过晚都会影响产蛋期的生产性能，应通过饲料营养及光照时间进行控制。

① 群体整齐度，也称均匀度，主要包括体型、体重、性成熟三个方面。在实际生产当中，以体重的均匀度最为重要。是衡量鸡群正常生长情况的一项指标，以个体体重分布在群体平均体重 10% 以内的百分数表示。

（一）育成鸡的生理特点

育成期阶段的鸡仍处于生长迅速、发育旺盛的时期，机体各系统的机能基本发育健全，其生理特点包括以下几个方面。

具备调节体温的能力

雏鸡 4~5 周龄经换羽后已长出成羽，全身羽毛丰满，具备了调节自体体温和适应环境的能力，以及较强的生活力。

消化能力日趋健全，代谢旺盛

消化能力日趋健全，采食量与日俱增，营养代谢旺盛，钙、磷吸收、沉积能力不断提高，骨骼、肌肉发育处于旺盛时期，脂肪沉积能力随日龄增长而增大，易出现鸡体过肥。

体重增长速度快

体重增长速度随日龄增加而逐渐下降，但绝对增重幅度最大。12 周龄以前是鸡体重增长相对最快时期，内脏器官和消化道长度随体重同步变化。骨骼在最初 10 周龄内发育最快，8 周龄时骨骼发育到成年骨骼的 75%，12 周龄时达到 90%。12 周龄后，各种器官发育已近健全，体增重速度减缓，胸肌明显增厚，腹脂随日龄增加而逐渐沉积。

▶ 对光照异常敏感

12周龄以后对光照时间长短的反应非常敏感，不限制光照，将会出现过早产蛋等情况。

▶ 卵巢滤泡迅速发育，母鸡逐渐性成熟

小母鸡从第11周龄起，卵巢滤泡渐渐增大，16周龄后，小母鸡逐渐性成熟，肝脏、卵巢、输卵管快速增长，钙质储备增加。18周龄以后性器官发育更为迅速，卵巢重量可达1.8~2.3克，即将开产的母鸡卵巢内出现成熟滤泡，使卵巢重量达到44~57克（图6-1）。

图6-1　18周龄育成鸡

▶ 羽毛生长更新速度快

蛋鸡在产蛋前羽毛生长极为迅速，在4~5周龄、7~8周龄、12~13周龄、18~20周龄分别脱换4次羽毛，其中育成期就需要脱羽3次。

（二）育成鸡的转群管理

▶ 转群前的管理

转群前，应将育成舍进行全面的熏蒸消毒，所用各种饲养器具也要进行全面的消毒处理。

转群前 6~12 小时停止喂料，但不停止供水；转群前将鸡舍温度降低到待转入鸡舍温度，防止转群前后舍内温差过大导致的转群环境应激。

转群前将体重较小的鸡只挑选出来，单独饲养。

▶ 转群时的管理

转群时做好防疫工作，防止人员、车辆、物品等传播疾病。

对转群使用的车辆、物品、道路等彻底消毒 1 遍。

转群时间选择：夏季宜在天气凉爽的早晨进行，冬季在天气暖和时进行，避免在刮风、雨雪天气转群。

转群前后在饲料中添加抗应激药物。

规范抓鸡、拎鸡和装鸡动作，做到轻抓轻放，避免对鸡只造成伤害。

▶ 转群后的管理

转群后 1 周内，密切观察鸡群饮水和采食是否正常，以便及时采取措施。

及时调整鸡群，将体重偏小和体况不好的鸡只挑选出来，单独饲养。

（三）育成鸡的饲养

▶ 日粮过渡

雏鸡料和育成鸡料在营养成分上有较大的区别，从育雏期到育成期，饲料的更换是一个很大的转折，一般从 7 周龄开始逐渐更换。

换料种类及时间：7~8 周龄将雏鸡料换成育成鸡料，16~17 周龄将育成鸡料换成产蛋前期饲料。

育成期饲料的更换应主要以体重和胫长指标为准。在 6 周龄和 16 周龄末，分别检查鸡的体重及胫长是否达到标准（没有胫长标准的品种，可参考同类型鸡），达标后更换饲料，如果体重不达标，可推迟换料时间，但不应晚于9周龄末和17周龄末（表6-1）。

表6-1　育成鸡逐渐换料程序

日程安排	雏鸡料＋育成料	
第1~2 天	2/3	1/3
第3~4 天	1/2	1/2
第5~6 天	1/3	2/3
第7 天	0	1

换料注意事项：换料时间以体重为参考标准。换料至少应有一周的过渡时间。

▶ **分群管理**

6周龄末根据体重大小将鸡群分为三组：超重组（超过标准体重10%）、标准组、低标组（低于标准体重10%），对低标组的鸡群在饲料中可增加多维或添加0.5%的植物油脂，对超标组的鸡群限制饲喂。

▶ **采食与饮水①**

从鸡整个生长阶段来看，育成期体况变化最大，这就要求在饲养过程中不断进行调整，才能满足其生长发育的需要（表6-2、表6-3）。随着鸡龄的不断增加，逐渐分散鸡群，随时调整饲料槽，水槽的数量及高度，以保证足够的采食、饮水空间及适宜高度（表6-2、表6-4）。

①饮水量除与采食量、体重大小有关外，还与气温的高低有关，气温低，饮水量少；气温高，饮水量多。一般情况下，周围的环境温度越高，鸡的采食量越少，影响鸡体的生长发育。

表6-2　每百只鸡在不同气温下的需水量（升）

周龄	≤21.2℃	32.2℃	周龄	≤21.2℃	32.2℃
7	8.52	14.69	15	13.63	23.47
8	9.20	15.90	16	14.19	24.49
9	10.22	17.60	17	54.65	25.28
10	10.67	18.62	18	15.22	20.23
11	11.36	19.61	19	15.67	27.02
12	11.12	20.55	20	10.12	27.81
13	12.49	21.84	21	16.67	28.80
14	13.06	22.53	22	17.03	29.73

环境温度高时，可饮给凉水并且经常更换，最好在每次喂料前换凉水。

表 6-3 蛋鸡育成期参考给料标准和体重标准

周龄	白壳品系		褐壳品系	
	体重（克）	耗料（克/周）	体重（克）	耗料（克/周）
8	660	360	750	380
10	750	380	900	400
12	980	400	1 100	420
14	1 100	420	1 240	450
16	1 220	430	1 380	470
18	1 375	450	1 500	500
20	1 475	500	1 600	550

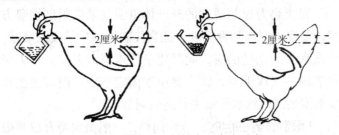

图 6-2 饮水器和料槽安置高度示意

表 6-4 育成鸡所需饲养面积、采食和饮水空间

各项空间		笼养	平养
饲养面积	开放式	385 厘米²/只	7 只/米²
	密闭式	385 厘米²/只	8.5 只/米²
采料空间	料槽（厘米/只）	8	8
	料桶（只/个）	8	25
饮水空间	只/水杯	8	10
	只/乳头式	8	10
	水槽（厘米/只）	4	4

①为避免因采食过多，造成产蛋鸡体重过大或过肥，对日粮实行必要的数量限制，或在能量、蛋白质质量上给予限制，称为限制饲养。

②鸡育成期过肥或过轻对以后的产蛋量和蛋壳质量都会产生重要的影响。鸡群密度大，过于拥挤，喂料不均匀或不按标准喂料，断喙不正确，每个笼或栏内饲养鸡的数不一致以及疾病感染时，都会造成体重均匀度差。

▶ **限制饲养**①

育成鸡在饲养期间应当根据对胫长、体重双重指标监控，随时调整限饲日粮的营养水平或饲喂量，使育成鸡生长发育朝着预期的方向发展。胫长只要符合规定标准，就说明骨骼发育正常，如果体重也适宜，两个指标的结合在很大程度上保证了育成鸡健康结实、发育匀称。

体重过轻或过大、早熟和延迟成熟的鸡群②，产蛋量都不会达到标准水平。一般限饲可使性成熟推迟 5~10 天，迟产的鸡可减少产蛋初期小蛋的数量。

育成鸡的腹脂是在 8~18 周龄沉积的，这期间通过限饲的新母鸡能控制腹脂的适当厚度，约为自由采食新母鸡的一半，而且可使整个产蛋期始终保持这个水平，有利于维持产蛋持久性。

育成鸡为控制适宜的开产体重需要采取限制饲喂方式，需要按照该品种标准，适当控制饲料质量或饲喂量。而饮水必须充足供应，同时要求饮水清洁卫生，每天坚持清刷一次饮水器，饮水器位置固定不变，而且要视环境温度情况对饮水温度进行适当调节。

1.限制饲养的目的　节约饲料，一般蛋用型育成鸡限饲可节约饲料 7%~8%，中型育成鸡限饲可节省饲料 10%~15%；控制体重增长，维持标准体重；保证正常的体脂肪蓄积；育成健康结实、发育匀称的后备鸡；防止早熟，提高生产性能；减少产蛋期间的死淘率。

2.限制饲养的方法　限制饲养通常在 6 周龄开始，在 7~8 周龄开始生效，使体重与每周计划保持一致，到育成期末再进行调整会使产蛋量受到很大影响。

（1）限量法：先掌握鸡的正常采食量，把每天每只鸡的饲料量减少到正常采食量的 90%，因每天的喂料总量随鸡群日龄而变化，故要正确称量饲料。具体实施时，要查明雏鸡的出生时间、周龄和标准饲喂量，再确定给料量。采用限量法时，日粮质量要好，否则量少质又差会使鸡群生长发育受到阻碍。

（2）限质法：在保障钙、磷、各种维生素和微量元素的前提下，降低饲料中粗蛋白和代谢能的含量，同时降低蛋能比。具体措施可以减少豆粕、玉米用量，增加养分含量低、体积大的原料，如麸皮、稻糠等。

（3）限时法：隔日限饲，将2天的饲料集中在1天喂完，然后停喂一天，但应供给充足饮水，常用于体重超过标准的育成鸡；每周限饲，即每周停喂1～2天。

3.限制饲养注意事项

（1）正确执行限饲方案：根据蛋鸡品系的发育标准、出雏日期、鸡舍类型及鸡场内饲料条件等，有针对性地制订出限饲计划并严格执行。每次给料量要根据鸡只数量准确称量。料位、水位必须充足，料厚度要均匀，让鸡群在相同时间吃上饲料，杜绝鸡群采食不均的现象发生。

（2）预防应激：在鸡群因防疫注射、转群、运输、断喙、疾病、高温、低温等逆境而发生应激反应时，必须暂停限制饲养，恢复正常后再行限饲。

（3）限制饲喂标准：要求限制饲喂的鸡群比不限制的鸡群平均体重减少10%～20%，如体重减轻至30%以上或20周龄平均体重在1 050克以下，就会使以后的产蛋量减少，死亡率增高。

（4）不可盲目限饲：鸡的饲料条件不好，后备鸡体重较轻，不可进行限制饲喂。我国目前饲养的蛋鸡多为体形较小的早熟高产蛋鸡品种，在鸡生长及产蛋阶段日粮中很少添加脂肪。因此，能量水平低于国外标准，使开产体重轻，在这种情况下，不要过于强调限饲，以达到标准体重为目的。

（四）体重、胫长的测量与群体均匀度

▶ 体重测定

轻型（白壳）鸡要求从 6 周龄开始每隔 1~2 周称重一次；中型（褐壳）鸡从 4 周龄后每隔 1~2 周称重一次。称测体重的数量大群鸡群按 1%抽样，小群按 5%抽样，但不能少于 50 只。抽样要有代表性。一般先将鸡舍内各区域的鸡统统驱赶，使各区域的鸡和大小不同的鸡分布均匀，然后在鸡舍任一地方用铁丝网围大约需要的鸡数，然后逐个称重登记。体重测定要安排在相同的时间，如周末早晨空腹测定，称完体重后再喂料。

对照体重增长表 6-5，根据体重增长速度，对鸡群进行扩群，将体重偏轻的鸡群放置上层，给予特殊照顾和营养全价的饲料，促使鸡群整齐度提高。

表 6-5　蛋鸡体重增长（参考）

周龄	褐壳鸡（克）	粉壳鸡（克）	周龄	褐壳鸡（克）	粉壳鸡（克）
1	70	65	11	990	940
2	115	110	12	1 080	1 020
3	190	180	13	1 160	1 100
4	290	270	14	1 250	1 170
5	380	360	15	1 340	1 240
6	480	450	16	1 410	1 310
7	590	550	17	1 480	1 370
8	690	660	18	1 550	1 420
9	790	760	19	1 610	1 510
10	890	850	20	1 660	1 560

▶ 胫长测量

①胫长指鸡爪底部到跗关节顶端的长度，用游标卡尺测定，单位为厘米。

胫长①反映鸡骨骼生长发育的好坏，早期骨骼发育不好，在后期将不可补偿。8 周龄末，胫长未达到标准，应提高日粮中营养水平，并适当加大多维用量，同时可在每吨饲料中加入 500 克氯化胆碱以促进增重和提高产蛋率（图 6-3、表 6-6）。

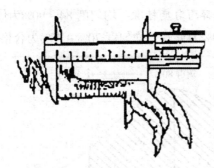

图 6-3　育成鸡胫长测量示意

表 6-6　白壳蛋鸡育成期参考胫长（厘米）

周龄	轻型鸡	中型鸡	周龄	轻型鸡	中型鸡
7	85	77	14	103	103
8	89	83	15	104	104
9	93	88	16	104	104
10	96	92	17	104	105
11	99	96	18	104	105
12	101	99	19	104	105
13	102	101	20	104	105

▶ 群体均匀度[①]

评价育成群体优劣，重要的是全群鸡必须均匀一致。但是，均匀度必须建立在标准体重范围内，脱离了标准体重来谈均匀度是无意义的。一个良好的育成鸡群不仅体重符合标准，且均匀度高（图 6-4）。

（1）均匀度计算示例：某鸡群 10 周龄标准平均体重为 760 克，超过或低于标准平均体重 ±10% 的范围是 760+（760×10%）=836 克和 760−（760×10%）=684 克。

①鸡群的均匀度是指群体中体重落入平均体重 ±10% 范围内鸡所占的百分比。

在 5 000 只鸡群中抽样 5%的 250 只中，体重在 ±10%（836 ~ 684 克）范围内的有 198 只，占称重总鸡数的百分比是 198÷250=79.2%，即这群鸡的均匀度为 79.2%。

（2）鸡群均匀度标准：均匀度 84 ~ 90%为优秀，均匀度 77% ~ 83%为良好，均匀度 70% ~ 76%为合格。

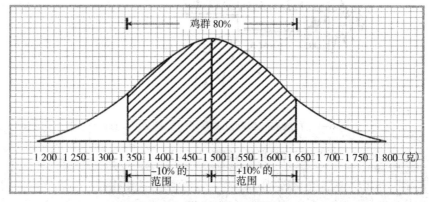

图 6-4　育成鸡体重正态分布

（五）育成鸡的管理

饲养密度

育成鸡无论是平面饲养还是笼养，都要保持适宜的密度，才能使个体发育均匀（表 6-7）。适当的密度不仅增加了鸡的运动机会，还可以促进育成鸡骨骼、肌肉和内部器官的发育，从而增强体质。

雏鸡从脱温开始就需逐渐缩小舍内饲养密度，使整个育成期一直保持在适当密度。

表 6-7　蛋鸡育成期饲养密度（只/米²）

周龄	地面平养	网上平养	立体笼养
6~8	15	20	26
9~15	10	14	18
16~20	7	12	14

▶ 通风①

管理良好的开放式鸡舍，不难保持清新的空气；密闭式鸡舍必须安装排风机，特别不能忽视夜间熄灯后开机通风。通风要适当，既要维持适宜的鸡舍温度，又要保证鸡舍内有较新鲜的空气。夏季鸡舍温度升至30℃时，鸡表现不安，采食量下降，饮水减少。温度越高，应激越大，越要加大通风量。

通风换气的合格标准是人进入鸡舍后感觉不闷气、不刺眼和不刺鼻（表6-8）。

表6-8　蛋鸡育成期通风量［米³/（只·分）］

周龄	白壳品系	褐壳品系
8	0.045	0.062
10	0.058	0.076
12	0.069	0.088
14	0.080	0.100
16	0.088	0.116
18	0.092	0.122
20	0.101	0.131

▶ 控制性成熟

不同品种与品系母鸡各有一定的性成熟②期，产蛋率达50%的日龄，早的150天左右，晚的165天左右。

控制性成熟的主要方法，一是限制饲养，一是控制光照。

光照是控制蛋鸡性成熟的主要方式，前8周龄光照时间和强度对鸡只的性成熟影响较小，8周龄以后影响较大，10周龄以后，光照对育成鸡的性成熟越来越敏感，尤其是13~18周龄的育成后期，鸡体的生殖系统包括输卵管、卵巢等进入快速发育期，会因光照的渐增或渐减而影响性成熟的提早或延迟。

①育成鸡的环境适应能力比雏鸡强，但是育成鸡的生长和采食量增加。呼吸和排粪量相应增多，舍内空气很容易污浊。通风不良，鸡羽毛生长不良，生长发育减慢，整齐度差，饲料转化率下降，容易诱发疾病。

②指青年鸡的生长发育达到能够繁殖后代的状态，即公鸡能够产生成熟的精子，母鸡能够排出成熟的滤泡，并均表现有性行为。不同品种、性别和个体的性成熟期不同，气候和饲养方式对性成熟期的迟早有明显的影响。性成熟过早，就会早产蛋，产小蛋，持续高产时间短，出现早衰，产蛋量减少；若性成熟晚，推迟开产时间，产蛋量减少。

9~18周龄的育成鸡每天光照时间以8~9小时为宜，即使是开放式鸡舍，中后期的光照时间也不能长于11小时，否则需人为加以控制。

具体光照计划应根据季节、育成舍类型和鸡的品种制定，但无论是密闭鸡舍还是开放鸡舍，只有每日光照总时数足够，而且光照时间保持稳定不变，或者处于由短逐渐延长的变化趋势，才会对育成鸡的性成熟和以后的产蛋有促进作用（表6-9）。

表6-9　伊莎褐蛋鸡密闭式育成舍光照计划

日龄	每日光照时间（小时）	光照强度（瓦/米²）	光照强度（勒克斯）
43~49	9	1	5~10
50~56	8	1	5~10
57~98	8	1	5~10
99~105	9	3	10~30
106~112	10	3	10~30
113~119	11	3	10~30
120~126	12	3	10~30
127~133	12.5	3	10~30
131~168	每周增加0.5小时	3	10~30

光照管理注意事项：

➤对于密闭式饲养模式，为了保持密闭式鸡舍光照的一致，最好在鸡舍的进风口和排风口位置安装遮光罩，减少自然光照对舍内光照时间的影响。

➤最好通过安装微电脑时控开关保证光照时间的准确性。

➤育成期应注意控制光照强度，防止鸡群产生啄癖。

➤在17周龄增加光照前，应称重，体重达标后方可增加光照，否则应推后1~2周（最晚不晚于19周龄），待体重达标后即可增加光照。

➤用每天减少饲喂量、隔日饲喂或限制每天喂料时间等方法，使育成鸡在 8～20 周龄的采食量，轻型蛋鸡减少 7%～8%，中型蛋鸡减少 10% 左右，这样在节省饲养费用的同时，可防止体重增长过快，发育过速，提前开产。

➤停止喂料，在 120～140 日龄，一次或两次连续停止喂料 3 天。开产日龄在 150 天的以一次为好；开产日龄在 155～165 天的以两次为好。两次停料不宜连续进行，在停料 3 天后喂 1 天料，再停料 3 天。此项措施对减轻体重效果大，不影响以后的生产性能，控制早熟，且能减少体脂，降低开产后输卵管外脱的发生率。应用此方法时，鸡群健康状况要好，管理要加强，饮水不能断。

➤ 添喂砂砾①

添喂砂砾要注意添加量和粒度，每 1 000 只育成鸡，5～8 周龄一次饲喂量为 4.5 千克，能通过 1 毫米筛孔；9～12 周龄 9 千克，能通过 3 毫米筛孔；13～20 周龄 11 千克，能通过 3 毫米筛孔。砂砾除可拌入日粮外，也可以单独放在砂槽内任鸡自由采食，砂砾要清洁卫生，添喂之前用清水冲洗干净，再用 0.01% 高锰酸钾水溶液消毒。表 6-10 为不同周龄所需补喂砂砾量。

表 6-10　砂砾规格和饲喂量（1 000 只/周）

周龄	数量（千克）	规格（毫米）
8～12	4.5	1.0
12～20	11.0	3.0

➤ 预防啄癖

防治啄癖也是育成鸡管理的一个重点。防治的方法不能单纯依靠断喙，应当配合改善室内环境、降低饲养密度、改进日粮水平、采用 10 勒克斯光照等方法。在体重、采食量正常的情况下如槽中无料，也可考虑适当缩

①在饲料中添喂砂砾，是为了提高鸡胃肠的消化机能。改善饲料转化率；而且育成期日粮中能量与蛋白质在肌胃停留过久，会对肌胃胃壁产生一定的腐蚀作用，砂砾能加速饲料在肌胃中通过的速度，减少腐蚀性，保护肌胃的健康；防止育成鸡因肌胃中缺乏砂砾而吞食垫料、羽毛，特别是吞入碎玻璃，对肌胃造成创伤。

短光照时间等，防止啄癖。

已经断喙的鸡，在 14～16 周龄转群前，应拣出早期断喙不当或捕捉时遗漏的鸡，进行补切。

▶ 卫生和免疫

▶根据不同地区、不同季节、不同批次的鸡群制定免疫方案，并严格遵守免疫程序，认真、正确接种。

▶接种疫苗后要检查免疫状态，监测产生抗体的滴度与均匀度。

▶发现寄生虫病（如蛔虫、绦虫），必须采取有针对性的防治措施。

▶定期进行灭鼠。

▶在转群时或天气骤冷时，应做好药物预防工作。

▶定期对鸡舍环境进行消毒。

（六）育成期的饲养管理和开产体重①调控管理要点

育成期管理目标：体重周周达标，为产蛋储备体能。

▶ 阶段管理重点

7~8 周龄称为过渡期。重点是通过转群或分群，使鸡只占笼面积由 30 只/米² 过渡到 20 只/米²。

9~12 周龄为快速生长期。重点是确保鸡群健康和体重快速增长；鸡体增重最好超过标准，如果不达标，后期体重将很难弥补。

13~18 周龄为育成后期。要密切关注体重和均匀度变化趋势。

▶ 明确开产体重目标

了解饲养品种的体重指标，对于饲养者至关重要，如表 6-11、表 6-12 所示。

①培育良好的育成鸡，控制适宜体重，又适时开产，可如期达到应有的产蛋高峰，且产蛋持续性好，全期产蛋量多。

表 6-11　早熟育成蛋鸡体重指标（千克/只）

品系	18 周龄	产蛋率达 1%～2%	产蛋率达 50%	产蛋高峰
白壳蛋鸡	1.25～1.35	1.45	1.55	1.65
褐壳蛋鸡	1.45～1.55	1.61	1.73	1.93

表 6-12　白壳蛋鸡 18 周龄体重对早期产蛋性能的影响

18 周龄体重（千克）	第一个蛋重（克）	25 周龄体重（千克）	19～25 周龄生产性能	
			产蛋率（%）	蛋重（克）
1.107	40.7	1.417	48.1	46.9
1.205	42.0	1.500	51.1	48.4
1.281	43.7	1.606	50.7	48.8
1.383	42.5	1.697	53.6	49.7

➤ 确保体重达标

确保环境稳定、适宜，特别在转群前后和季节转换时期要密切关注；及时分群，确保饲养密度适宜，不拥挤；控制饲料质量，确保营养全价、均衡；由雏鸡舍转育成鸡舍后，如果鸡只体重不达标，可增加饲喂量和匀料次数；仍然不达标时，可推迟更换育成期料，但最晚不超过 9 周龄。

➤ 确保群体均匀度

管理目标：每周均匀度达到 85%以上。喂料均匀，保证每只鸡获得均衡、一致的营养，采取分群管理，及时换料。

➤ 科学限饲

为防止育成鸡过早开产进行限饲，必须满足一定的条件。如在日粮能量严重不足的条件下，采用限饲技术，会使育成鸡的体重无法达到标准要求。因此，在饲养早熟品种蛋鸡时，限饲要根据所使用的日粮营养水平而决定。

育成期日粮能量不足往往被人们所忽视，尤其是在15周龄以后，在后备鸡全价日粮中加入过多的麸皮，而相对减少了能量饲料玉米的用量，能量一般达不到标准要求。为能够有效地提高育成鸡的体重，可在育成阶段日粮中添加1%~1.5%的油脂，以改变育成期日粮能量水平不足的问题（表6-13）。

表6-13 日粮能量水平对鸡体重和能量进食量的影响

日粮能量水平 （兆焦/千克）	20周龄体重 （千克）	能量进食量 （兆焦）
11.08	1.320	86.19
11.50	1.378	87.86
11.92	1.422	91.21
12.34	1.489	92.47
12.76	1.468	89.54
13.18	1.468	94.14

合理控制光照

育成鸡在接受开产光照刺激之前必须达到适宜的体重。体重不足，过早进行光照刺激。提前开产的母鸡往往产蛋小，双黄蛋多，脱肛现象严重，产蛋高峰低，后劲不足，而且使整个产蛋期的死亡率提高。因此，在生产中补充光照的时间要根据母鸡的体重而定，不能一概规定为19~20周龄。母鸡体重达不到标准，光照开始刺激的时间向后延迟几周是很有必要的。

育成期光照时间不能延长，建议实施8~10小时的恒定光照程序。

进入产蛋前期（一般17周龄）增加光照后，光照时间不能缩短。

调整饲养密度

鸡群的密度与母鸡体重大小有着直接的关系。在笼养条件下，转群太晚或者每只单笼饲养的数量过多，鸡只占有面积过少，都会严重影响开产时母鸡的体重。尤其目前鸡舍环境控制不太规范的条件下，密度大，对鸡群的发育及健康影响更大，见表6-14。

表6-14　饲养密度对育成鸡饲料进食量和体重的影响

至21周龄母鸡饲养面积 （厘米^2/只）	饲料进食量 ［千克/（100只·天）］	体重 （千克）
222	6.9	1.279
259	7.3	1.32
311	7.62	1.338

七、产蛋鸡的饲养与管理

蛋鸡产蛋期管理的中心任务是为鸡群创造卫生适宜的环境条件，充分发挥其遗传潜力，达到高产稳产的目的，同时降低鸡群的死淘率与蛋的破损率，尽可能地节约饲料，最大限度地获得产品，提高蛋鸡的经济效益。

为了更科学地管理产蛋鸡，通常将产蛋期划分为四个阶段：产蛋前期（18~22周龄）、产蛋高峰期（23~40周龄）、产蛋期（41~53周龄）和产蛋后期（54周龄至淘汰）。

（一）产蛋鸡的生理特点

▶ 生殖器官成熟，出现第二性征

卵巢、输卵管发育在性成熟时急剧增长。卵巢在性成熟前重量只有7克左右，到性成熟时迅速增长到40克左右。性成熟以前输卵管长仅8~10厘米，性成熟后输卵管发育迅速，在短时期变得又粗又长，长达50~60厘米。

鸡的第二性征逐步出现，鸡冠和肉髯（俗称肉垂）的形态、颜色开始变化：体积由小变大；组织变得更有弹性，手触之有温暖感；颜色由黄色变为粉红色，再由粉红色变为鲜红色。

临近开产的小母鸡，经常发出"咯咯"长音鸣叫，鸡舍中此起彼伏，叫声不绝，俗称"咯咯蛋"。

▶ 达到性成熟，生殖机能完善

育成鸡和产蛋鸡在生理机能上最显著的差异，就是产蛋鸡生殖机能的成熟与完善。

从 16 周龄左右小母鸡逐渐开始性成熟①过程。18 周龄时鸡卵巢中的初级卵泡开始发育，形成重量大小不等的生长卵泡，其中有 4~6 个卵泡发育特别快，经过 9~14 天便可发育为成熟卵泡。

（二）产蛋鸡的转群

▶ 转群前的准备工作

转群前要进行多项准备工作，详见表 7-1。

表 7-1　转群前的准备工作

项目	主要步骤和内容
清理鸡舍	消除舍内粪便；彻底打扫干净
冲洗鸡舍	用高压水枪冲洗鸡舍地面、墙壁、天花板和鸡笼等；特别注意：墙角缝隙、笼具上沾附的粪便以及其他设施的隐蔽之处，要冲洗干净；冲刷时需用清洁、无污染的水源
修缮鸡舍	修缮蛋鸡舍屋顶、门窗等；保证水电供应正常
检修设备	对舍内灯泡、门窗、鸡笼、鸡笼门、自动喂料机及链条、水槽、食槽、风机、水管线、水闸门、暖气片、暖气阀门等进行认真检查和维修；对各系统进行重新调试；对蛋鸡舍及其各种设施设备再进行一次卫生清扫
蛋鸡舍消毒	再次冲洗鸡舍；用畜禽灵或消毒灵等消毒药对鸡笼、料机、料槽等金属设备进行喷雾消毒；用 1%～2% 氢氧化钠溶液对地面、墙壁、门窗等进行喷雾消毒；密封鸡舍所有门、窗及风机口等

①指青年鸡的生长发育达到能够繁殖后代的状态，此时，母鸡能排出成熟的卵泡（配种后的鸡蛋可用于孵化），并表现有性行为。通常小母鸡从 16 周龄开始性成熟过程，到 24 周龄完成性成熟。

（续）

项目	主要步骤和内容
蛋鸡舍消毒	用福尔马林对整个鸡舍进行熏蒸消毒，每立方米空间用福尔马林28～42毫升，高锰酸钾14～21克；温度应在24℃以上，相对湿度大于75%；封闭鸡舍24小时以上，再进行舍内通风换气；待除去甲醛气味后，方可转入产蛋鸡
待转群育成鸡	免疫接种：在转群前尽量安排完成鸡新城疫、减蛋综合征、禽流感灭活油苗的接种工作； 驱虫：地面平养的育成鸡，转群前要安排一次驱虫工作； 抗应激：转群前3天，在饮水中添加电解质和多维，或在饲料中添加抗应激药或多维
人员	做好转群组织，明确人员分工，培训员工
饲料及兽药	准备好蛋鸡料，以及可能用的消毒药品、治疗药物等

①过早转群的鸡只因个体小，可能从笼前网和底网的滚蛋间隙中钻出，四处乱跑，管理极为不便；过晚转群，鸡群已临近开产，捉鸡时的应激极可能造成坠卵性腹膜炎，使整个鸡群达不到应有的产蛋高峰。

▶ **转群**

1.转群时机的选择 转群日期要根据生产流程而定，一般培育品种多在18周龄前后①进行（图7-1）。

转群宜在傍晚或早晨，天气较温暖和晴朗时进行。夏天转群时要避开雨天和午间气温最炎热的时刻，安排在多云或阴天进行，最好在早晚天气凉爽时进行；冬天转群时则要避开风雪天，选择在晴朗天进行。

2.抓鸡方法 正确的抓鸡方法是，抓握鸡的双胫，使鸡的尾部对着抓鸡人，适当用力，将鸡从鸡笼中拉出，见图7-2。

装笼时，使鸡头对着笼门，将鸡放入笼中；抓鸡时要轻拿轻放，防止扭伤鸡只，应抓鸡腿的下部，并注意少抓，2～3只/（人·次），尽量减少应激。

绝不可拽鸡脖、拉鸡膀、扯鸡尾等生拉硬拽；转群前应做好人员分工和培训工作，对没有经验的新员工要进行示范培训。

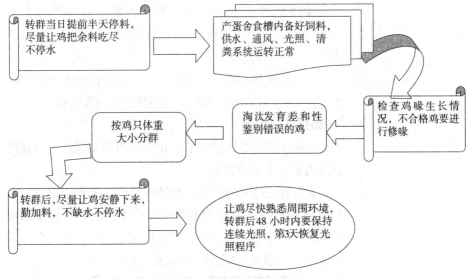

图 7-1　转群当日的管理流程

图 7-2　手持鸡双胫示意

➤ 蛋鸡的个体挑选

　　为提高整个产蛋期的生产水平，降低死淘率，提高饲料报酬，在转群上笼时，应对个体进行严格挑选，称量体重[1]，测量胫长，检查体况，分群管理，适时调群[2]，淘汰残鸡。挑选的标准应满足如下条件：

　　➤符合本品种（系）的育成体重与体尺指标，上下不超过 10%。

①选择固定笼位称量体重，计算平均体重和均匀度，并与标准体重和均匀度对照。群体均匀度应在85%以上。

②将体重不达标的鸡挑出后单笼饲养，单独补加营养。

161

➤体型外貌、冠、肉髯发育正常，基本符合品种（系）标准。对看似公鸡、实则母鸡的个别鸡只或异性个体，予以淘汰。

➤选择精力旺盛、活泼好动、采食力强的健康个体上笼。上笼3~5天后，由技术人员对鸡群进行一次调整。

▶转群注意事项

➤转群时间的原则要求，在鸡开产前上笼，使之在产蛋笼内有一个适应过程。

➤为避免过大的应激，在转群前后3天和转群日（共7天），应在饮水中添加电解质和多维，或在饲料中添加抗应激药或多维，上笼后立即让鸡喝上水、吃上料。饲料中维生素水平按应激状态添加，见表7-2。

表7-2 应激状态时蛋鸡饲料中的维生素添加水平（每千克饲料中）

名　称	数量	名　称	数量
维生素A（国际单位）	16 000	维生素B_{12}（微克）	10
维生素D（国际单位）	1 100	泛酸（毫克）	20
维生素E（毫克）	20	叶酸（毫克）	1
维生素K（毫克）	6	烟酸（毫克）	35
维生素B_1（毫克）	2	生物素（微克）	140
维生素B_2（毫克）	6	维生素C（毫克）	60

➤通过育成期的多次调群，产蛋鸡转群后到19周龄末鸡群体重、均匀度应该达到较好的水平。

➤确实没有饲养价值的鸡只，应果断淘汰，以免增加养鸡成本。

（三）产蛋鸡的饲养管理

▶产蛋鸡的饲养

1.产蛋鸡的饲养密度　产蛋鸡饲养密度直接影响鸡只采食、饮水、活动、休息以及产蛋，所以必须保证合适的密度。根据饲养方式和饲养鸡的品种决定饲养密度，具体要求见表7-3，笼养蛋鸡见图7-3。

表7-3 产蛋鸡饲养密度

管理方式	轻型蛋鸡		中型蛋鸡	
	只/米²	米²/只	只/米²	米²/只
垫料地面	6.2	0.16	5.3	0.19
网状地面	11.0	0.09	8.3	0.12
地网混合	7.2	0.14	6.2	0.16
笼养[a]	26.3	0.038	20.8	0.048

注：a 笼养所指面积为笼底面积。

图7-3 笼养蛋鸡

2.产蛋鸡的饲养设备和饲喂空间（表7-4）产蛋鸡舍应设置足够的料槽、水槽，经常刷洗料槽、水槽，并定期消毒。勤清粪，保持舍内清洁卫生，有条件时最好每周2次带鸡消毒。

表7-4 产蛋期间饲养空间需求

项　目		笼养	平养
采食空间			
料槽	（厘米/只）	10	10
料桶	（只/个）	—	20
饮水空间			
水杯	只/个	6	8
乳头式	只/个	3~4	8
水槽	厘米/只	4	4

3. 产蛋鸡的营养需要特点 蛋鸡的能量需要因温度、体重、生长羽毛层和产蛋量等不同而异。蛋白质（氨基酸）与其基本的营养需要不会因温度不同而变化，仅由于周龄及产蛋率①不同而异。

蛋鸡对钙质的需要随产蛋量的增加及年龄的增加而增长。一般要求，整个产蛋期日粮配方分为若干阶段。产蛋前期的日粮蛋白质水平高于育成期。此后随着蛋鸡产蛋率①的增加、采食量的变化，为保证蛋鸡高产所需要的营养素，在产蛋率达 5% 以上直至 42 周龄，乃至更大周龄（产蛋率为 80% 以上）时，每只母鸡每天的粗蛋白质食入量应为 18 ~ 20 克，这是蛋鸡发挥其良好生产性能的基础。

4. 产蛋鸡的饲喂 产蛋鸡一般应日喂 3 次、匀料 3 次，保证鸡群充分采食。产蛋高峰期可日喂 4 次。

要喂干料，定时定量，做到既够吃，料槽中又不存料。

保持鸡舍卫生，注意通风换气，及时定期清除粪便，勤洗水槽，保持饲料、饮水清洁。

按照产蛋率和营养需求，及时更换料种，调整饲料成分。

在注重满足产蛋期日粮代谢能和蛋白质需要的同时，应保证适量的钙、磷供给，保持钙、磷比例平衡，补充适量限制性氨基酸②（如赖氨酸、蛋氨酸、色氨酸和精氨酸）、微量元素和多种维生素。

5. 产蛋鸡的饮水 水的消耗不仅是鸡群健康与否的重要标志，同时，也与气温、产蛋量、采食量和品种等因素有关。

保证有充足的饮水空间。

保持饮水的充足、卫生，杜绝断水。

每 1 ~ 2 周用过氧乙酸溶液或高锰酸钾溶液对饮水管

①产蛋率是指统计期内的产蛋总枚数与存栏母鸡数的比率，在日常生产中常用日产蛋率和平均产蛋率指标。

②在所需蛋白质的日粮中，缺乏任何一种氨基酸，均将限制其他氨基酸的利用。

或饮水槽消毒一次（表7-5）。

表7-5　每100羽蛋鸡不同产蛋水平的日平均饮水量

日平均饮水量（升）	产蛋率（%）								
	10	20	30	40	50	60	70	80	90
轻型鸡饮水量	15	16.5	18	19	20	22	23	24.5	25.5
中型鸡饮水量	20.5	21.5	23.0	24	25	26.5	28	29.5	31

▶ 环境条件的控制

产蛋鸡饲养管理中要尽可能维持环境条件的相对稳定[①]。

1.温度和湿度的控制　成年鸡的适温范围为5~28℃；产蛋期适温为13~25℃，其中13~16℃时产蛋率较高，15.5~25℃时产蛋的饲料效率较高。气温过高、过低对产蛋性能都有不良影响。

产蛋鸡舍的舍内温度要稳定在18~24℃，冬天注意鸡舍的保暖，夏天注意鸡舍的防暑降温。

对蛋鸡而言，湿度对环境的影响不像温度那样明显。但在生产过程中，也必须注意调节鸡舍内的相对湿度。开放式鸡舍位置向阳、地势较高，采用排水良好的水泥地面，通风良好情况下都不致过湿。密闭式鸡舍如遇湿度偏高，可以在保持较为合适的温度下加大通风以排湿，严防供水系统漏水，或改长流水或水槽为乳头式饮水器等。垫料平养的蛋鸡舍应加强垫料的管理，采取添加或撤换垫料等办法。

在任何时候，都要使蛋鸡的粪便干燥。

2.通风管理　产蛋鸡舍必须加强通风，确保通风畅通，保证舍内空气新鲜、无异味，同时能够调节鸡舍内的温度，降低湿度。在保证温度适宜的条件下，通风越畅通越好。

开放式鸡舍通过开关门窗控制舍内外的空气自然流

[①]合格的后备母鸡转入蛋鸡舍后，能否充分发挥其优良的生产性能，关键在于鸡舍的环境条件——光照、相对湿度、温度和空气成分等因素的合理调节与控制，是取得蛋鸡最佳生产水平和经济效益的重要环节之一。

通，也可设通风孔或窗，或安装换气扇。

密闭式鸡舍通过控制通风量和气流速度来调节鸡舍的温度、相对湿度等。其通风量见表7-6。

表7-6　蛋鸡的通风量［米³／（只·小时）］

气温（℃）	体重（千克）					
	1.6	1.8	2.0	2.2	2.4	2.6
0	2.28	2.64	2.88	3.12	3.42	3.72
5	2.94	3.36	3.72	4.02	4.38	4.80
10	3.60	4.08	4.50	4.92	5.34	5.88
15	4.26	4.80	5.34	5.82	6.30	6.90
20	4.92	5.52	6.12	6.72	7.26	7.98
25	5.52	6.30	6.72	7.56	8.22	9.00
30	6.18	7.02	7.74	8.46	9.18	10.08
35	6.84	7.74	8.58	9.36	10.14	11.10
40	7.50	8.46	9.36	10.26	11.10	12.18

3.光照管理　产蛋鸡光照管理的基本原则是：光照时间只能增加，不能减少，最长光照时间不能超过17小时，光照强度不能降低。

开始光照刺激的时间根据蛋鸡的体重及发育情况，如果18周龄抽测的体重达到标准体重，便可开始光照刺激；若达不到标准体重，可适当向后推迟1~2周①。

由于育成鸡的光照时间较短、强度较弱，需要逐渐增加光照时间和强度才能满足产蛋鸡的需要。

从育成期到产蛋期，光照强度应有过渡：如在每列鸡笼上方安装两组灯泡，照度要求小时，只开单组灯泡，照度要求大时，两组同时打开；或者逐步交错改换灯泡大小以控制照度；或者均匀安装瓦数较大的灯泡，通过调节电压来控制照度。

①若鸡群没有达到标准体重，光照时间可延缓到下一周再增加，最多不晚于19周龄末；同时在饲料中添加1%~2%的植物油，采用少量多次饲喂方式，促进采食。

4.建议光照时间

（1）开放式鸡舍——若 20 周龄时光照时数为 12 小时，则每周增加 20 分钟，到产蛋高峰时（约 32 周龄）达到 16 小时，以后维持不变。若 20 周龄时光照时数为 14 小时，则以后每周增加光照时间约 15 分钟，至 28 周龄时达 16 小时，以后保持不变。总之，要逐渐增加光照时间，使产蛋鸡从产蛋高峰起保证 16 小时光照。

（2）密闭式鸡舍——20 周龄时光照为 8 小时，转入蛋鸡舍后 21~26 周龄每周增加 1 小时光照，27~32 周龄每周增加 20 分钟光照，到 32 周龄时达到 16 小时光照，以后一直保持不变。或者 21~24 周龄每周增加 1 小时光照，25 周龄起每周增加半小时光照，至 32 周龄时达 16 小时。

（3）若鸡群从密闭式育成舍转入开放式蛋鸡舍，当自然光照时间不足 12 小时，应立即给予 12 小时光照；如自然光照时间长于 12 小时，以后每周增加半小时直到 16 小时为止。

5.建议的光照度　在晴朗的夏天，开放式鸡舍内的照度可达 100~550 勒克斯，大大超过标准。因此，应在保证通风换气的条件下采取遮黑措施，使光照强度不超过 40 勒克斯。人工补光时，一般多采用 20~40 勒克斯的光照强度。

密闭式鸡舍光照强度一般 10 勒克斯即可。

产蛋鸡具体的光照时间和光照度要求参见蛋鸡场的生物安全管理章节。

注意事项：一定要检修好蛋鸡舍的电路，防止断电或忘记开灯、关灯；为保证光照时间的准确，建议使用自动开关灯设备；为保证光照效果，每周必须擦拭灯泡。

①虽然蛔虫造成的鸡只死亡率不高，但蛔虫病使患鸡生长发育迟缓、营养不良，对蛋鸡生产性能的发挥造成很大的影响，严重的患病鸡群，往往因蛔虫堵塞肠道等，引起大量死亡，带来较大经济损失。

②因各地产蛋鸡饲料的营养水平有差异，因而产蛋鸡的给料量也不尽相同，切不可因盲目追求产蛋量而无节制地提高采食量。否则，将会使你的鸡群过肥而过早地出现脂肪肝，导致死淘率增加。

▶ 产蛋鸡的管理

1.鸡群驱虫 即使笼养的蛋鸡在转群 1 周后也要进行驱虫①。

常用的驱蛔虫药物：磷酸哌嗪片（驱蛔灵）每千克体重 0.2 ~ 0.3 克；左旋咪唑片每千克体重 25 毫克，四咪唑（驱虫净）每千克体重 40 ~ 50 毫克等。

使用方法：将片剂研磨成粉末状，不能有较大的颗粒，加少量饲料搅拌均匀后，将此混合料加到鸡群一次所采食的饲料中，搅拌 3 ~ 5 遍，至均匀后饲喂。最好在早晨空腹时喂料，饲料一定要撒均匀，让所有的鸡只均能吃上已拌药的饲料，同时，供给充足的饮水。注意舍内环境卫生，给鸡群提供一个安静、适宜的小气候环境。

2.体重监测 蛋鸡开产后，体重仍在稳步增加，一般品种要到 28 周龄后才能达到成年鸡的体重标准（表 7-7）。

产蛋鸡应每隔 4 周进行一次体重随机抽样测定，以了解鸡群的整体发育状况和体重的均匀度。根据体重变化，及时调整饲料营养水平和饲养管理措施，使鸡群始终处于良好状态，保证鸡群的高产和高成活率。

具体办法：在鸡舍的不同位置选定至少 10 笼样本鸡（哨兵鸡），样本鸡一旦确定不得移动，每月测量样本鸡（哨兵鸡）的体重，求出平均体重，对照每月体重增长量查看是否符合要求，然后及时调整每日给料量②，以控制产蛋鸡在产蛋期间体重的增长达到理想的水平。

表 7-7　不同品种蛋鸡各周龄体重（克）

周龄	白壳蛋鸡	褐壳蛋鸡	粉壳蛋鸡	矮小蛋鸡
21	1 360	1 700	1 550	1 200
22	1 410	1 750	1 590	1 220
23	1 445	1 800	1 630	1 240
24	1 480	1 840	1 670	1 260
25	1 515	1 880	1 710	1 280
30	1 680	2 080	1 880	1 380
40	1 700	2 110	1 910	1 400
50	1 720	2 140	1 940	1 440
60	1 730	2 170	1 970	1 460
72	1 750	2 200	2 000	1 480

注：以上数据仅供参考。每个品种鸡的体重应以种鸡生产场提供的资料为准。

3.观察鸡群　随时注意观察鸡群的健康情况，发现病鸡和精神差的鸡应立即挑出，隔离饲养和治疗，及时淘汰病残、啄蛋的母鸡，以减少饲料消耗损失。

病鸡表现：鸡冠苍白或紫黑，食欲差或拒食，精神萎靡，两眼无光或紧闭，羽毛蓬松；有的鸡张口扬脖呼吸，带有异常音，口腔有黏液，嗉囊充满气体；泄殖腔周围沾有粪便等各种异常表现。

正常鸡群表现：冠髯鲜红，羽毛紧凑，精神活泼，反应灵敏，采食积极，头立尾翘，粪便成形、上覆白色尿液。

4.做好生产记录[①]　每天应记录蛋鸡的存活数、淘汰数、死亡只数、鸡群产蛋量、饲料消耗、破损蛋数，以及免疫接种、用药、消毒等情况。每周进行统计、比较和分析。

5.产蛋曲线　将所饲养鸡群的产蛋数据绘制成曲线，与管理手册中的标准产蛋曲线进行比较和分析，找差距、

①生产记录是鸡群实际生产情况和日常活动的反映。要想管理好鸡群，必须要有记录，通过生产记录，可以了解生产情况，指导下一步的生产活动。

查问题、究原因，改进和提高饲养管理水平。

不同品种鸡的产蛋曲线有一些差别，但呈现的产蛋规律应大致相同，优良品种蛋鸡的产蛋曲线见图7-4。

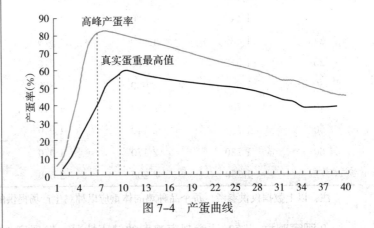

图7-4　产蛋曲线

品种优良、饲养管理正常的鸡群，通常在产蛋率达5%后，每周都在翻番；在产蛋率达40%后，每周以半倍量增长；4~5周后进入产蛋高峰，高峰期持续10~20周后，产蛋率开始平稳下降。

6.蛋重抽检　各品种蛋鸡有各自的蛋重标准[①]。在蛋鸡的一生中，蛋重是不断增加的。要定期对蛋重进行抽检，将抽检结果与标准蛋重进行比较，如果低于标准蛋重，说明饲料或饲养管理环节出现问题。

7.及时拣蛋，减少破蛋脏蛋　产蛋鸡群蛋的破损率不应超过1%~2%。

在蛋鸡饲养管理中应及时拣蛋，至少要上下午各拣1次，最好每天拣3~4次，产蛋高峰期增加1次。

及时淘汰鸡群中有啄癖的鸡，保证产蛋箱足够，勤换垫草。

注意调控饲料，避免钙或锰等矿物质元素和维生素

①蛋重是蛋鸡的重要经济性状之一，它直接决定着母鸡总产量的高低，蛋重的大小主要受遗传因素的控制，也受母鸡年龄、体重、营养水平、光照、温度和健康等因素的影响。蛋鸡的正常蛋重的变化范围为50～65克。

D 缺乏，避免日粮中钙磷比例失调。

检查产蛋笼或蛋鸡笼是否有老化、失修、笼体变形、开焊或断口增多等。

有效防控传染性支气管炎、产蛋下降综合征、新城疫，以及钙、磷、锰或维生素 D 缺乏症或过多症等疾病。

（四）产蛋鸡的阶段饲养管理要点

▶ 产蛋前期（18～22周龄）的饲养管理要点

这一时期母鸡由生长向产蛋期转变，生殖系统变化最明显，卵巢快速发育，20 周龄时卵巢重 25 克。鸡冠一周比一周大，颜色越来越鲜红；临近开产的鸡不时下蹲，表露出愿意接受交配的姿态；平养鸡上飞下窜，四处寻找理想的产蛋之处。这时母鸡的生殖系统开始快速发育，卵泡的快速生长和为其后产蛋的养分累积需要摄入更多的营养。

1.细心管理 从育成鸡转为产蛋鸡，特别是育成鸡平养，转群后改为笼养，鸡只多有不适。

转群后鸡群要建立新的群体序列，个体之间的争斗不可避免，有的鸡出现冲撞鸡笼、别翅膀、卡脖子、吊鸡等现象。在转群后的头几天，饲养人员要多在舍内巡视观察。

转群后的头几天，饲喂尽量不变化，尽可能让鸡只多采食，促使其摄取充分的营养，以利恢复体力，也为产蛋时的营养储备打基础。

2.适时开产 每个品种都有自己适宜的开产日龄[1]，表 7-8 是几个常见饲养品种的开产日龄。

[1]过早开产的鸡群，蛋重小、产蛋高峰期短、饲养期死淘率高，反而经济效益不好。

表7-8　不同品种蛋鸡的开产日龄（50％产蛋率）

品种	开产日龄
海兰白	153～157
农大矮小型褐	148～154
罗曼褐	145～150
尼克珊瑚粉	147～150
海兰灰	150～153
农大矮小型粉	148～153
新红褐	133～140
宝万斯高兰	143～145

①母鸡的性成熟期计算方法：个体记录的母禽按产第1个蛋的平均日龄计算；群体记录时按日产蛋率达50%的日龄计算。

　　控制开产日龄的基础是育成鸡发育正常，关键是光照刺激结合饲喂技术调整，逐步增加营养供给。

　　3.精心饲喂，及时换料　18~22周龄小母鸡开始产蛋，一般鸡群22周龄产蛋率应在50%以上，标志进入了性成熟①。表7-9是产蛋前期的饲喂技术。

表7-9　产蛋前期的饲喂技术

内　容	技术关键点
自由采食	母鸡在其后第一个产蛋年中，要生产出为自身体重8～10倍的鸡蛋，自身体重还要增长1/4，必须采食到其体重20倍的饲料。从鸡群开始产蛋时起，让鸡自由采食，直至产蛋高峰过去的两周后为止
钙的供给	产蛋前期饲料中钙的含量多为2％。应在鸡21周龄时将钙调高到3.5％或在饲料中添加颗粒状钙源饲料，以满足部分早产蛋鸡的需要
过早补钙的危害	过早补钙，不利于钙质在母鸡骨骼中的沉积，影响钙保持（留）能力。鸡日粮中含钙量过高，会抑制鸡只的食欲，影响磷、铁、铜、钴、镁和锌的吸收。不能早于18周龄饲喂产蛋前期饲料
及时更换高峰料	当鸡群产蛋率达5％后，更换为产蛋高峰料（通常的蛋鸡1号料），高峰料的蛋白质水平为17％～17.5％，钙水平为3.5％～3.8％

➤ 产蛋鸡高峰期（23~40周龄）的饲养管理要点

此阶段的管理要点：此阶段要最大限度地减少或消除各种不利因素对蛋鸡的有害影响，创造一个有益于蛋鸡健康和产蛋的最佳环境，使鸡充分发挥生产性能，以最少的投入换取最大的产出，从而获得好的经济效益。

4.注意观察鸡群，及时补充营养

（1）供足蛋白质：当产蛋率在85%以上时，每只轻型蛋鸡每天需要摄入17~18克蛋白质，每只中型蛋鸡每天需要摄入19~20克蛋白质。一般产蛋率每提高10%，日粮中蛋白质水平应大约提高1%。此外，当预见产蛋率上升时，要提前1周喂给较高蛋白质水平的日粮；而当产蛋率开始下降时，日粮的蛋白质水平要推后1周降低标准。

（2）控制能量：当产蛋率达90%时，每千克饲料的代谢能应控制在11.3~11.5兆焦，这样增加饲料蛋白质含量就能有效促进产蛋高峰迅速到来。

（3）补充青绿饲料：青绿饲料中含有丰富的蛋白质、维生素、叶绿素以及许多未知的营养因子，适当增喂一些青绿饲料，可激活鸡的生殖机能，提高产蛋量。

（4）补钙：每天12：00—18：00给产蛋鸡补饲钙质效果最好。产蛋鸡日粮中钙的含量一般要高于3%；在产蛋高峰期（产蛋率达80%以上）日粮中钙含量可增加到3.5%~4%；产蛋率在65%~80%时，日粮中的钙应保持在3%~3.25%。除了饲料中补钙外，在舍内或运动场放置盛有贝壳、骨粉的食盆让鸡自由采食，也有良好效果。

（5）补充维生素：如果高峰期产蛋率高于93%，高峰延续时间长，多种维生素应倍量添加，并在每千克饲料中添加100毫克维生素C。

（6）使用优良饲料：保持饲料的新鲜程度，不喂霉败变质饲料，喂料要做到勤喂少添。

5.合理的补光 产蛋鸡的光照原则是光照时间宜渐长不宜渐短，光照强度也不要减弱，从而使蛋鸡适时开产并达高峰，充分发挥其产蛋潜力。人工补光一般从蛋鸡21周龄开始，21～24周龄每周增加光照半小时，25周龄以后每2周增加光照半小时，直到每天光照时间达到16小时为止。补光时间以每天凌晨到天亮之前为好。

6.供给水质良好的饮水 高峰产蛋鸡绝对不能断水，断水会造成产蛋量下降，很难恢复原有产蛋率。产蛋鸡断水36小时，就会使产蛋降至5%以下，甚至会造成停产。要注意检查饮水器具，杜绝饮水不足或出现断水现象。产蛋鸡的饮水量，随温度变化而变化。

7.减少应激 蛋鸡进入高峰期，生产强度大、生理负担重、抵抗力差，对环境变化非常敏感，尤其是轻型蛋鸡多表现神经质，任何环境条件的变化都能引起应激反应，使产蛋高峰急剧下降。因此，在鸡群达到产蛋高峰的关键时期，应采取一切有效措施，做到饲料稳定，切忌随意调整日粮配方，尽量不要注射、驱虫、断料、断水、停电、停光、温度太高、室内有害气体超标，减少应激刺激，保持鸡群高产、稳产。

8.确保鸡群健康 处于产蛋高峰期的母鸡，其繁殖机能最为旺盛，代谢最为强烈，是合成蛋白质最多的时期。此时鸡体处于巨大的生产状态之下，抵抗力较弱，容易得病，必须特别注意环境与饲料卫生，定期带鸡消毒，做好大环境及鸡舍用具的消毒工作，使鸡群免受病菌的侵染。

9.巧用添加剂 加喂小苏打可提高产蛋率和蛋壳强度，减少破蛋；添加0.15%氯化胆碱可维持产蛋率79%以上。

10.控制体重和抗早衰　产蛋高峰期控制体重和抗早衰是减慢产蛋率下降的有效方法。蛋鸡体重的增长终点在 36 周龄，产蛋率生理下降的起点在 40 周龄，36~42 周龄若继续增重，鸡的脂肪增加较快，将影响产蛋率，加快产蛋下降速度。

11.保持舍内环境条件的稳定　产蛋舍内要有良好的通风系统，特别是产蛋高峰遇到炎热的夏季时，只有保持鸡舍内的凉爽，让鸡群舒适才会有良好的采食量，才可能取得应有的生产性能。注意防寒抗暑，遇到天气干燥的季节在舍外多泼洒清水，增强防尘；夏季投喂解暑药物。

▶ **稳产期**（41~53 周龄）**的饲养管理要点**

高峰后平稳期的鸡群由于产蛋高峰影响，体质开始下降，日粮消耗略有增加，鸡只的外观发生一些变化，鸡群有脱毛换羽现象，蛋品质也稍有下降。要尽量延长平稳时间，使产蛋下滑减慢，多增效益。

1.及时调整饲料营养　产蛋鸡日粮特别是产蛋鸡后期日粮营养应根据季节的不同而变化。夏季气温高时，应适当减少能量饲料，增加蛋白质和钙质饲料，同时补充维生素 C；冬季气温低于 10℃时，则要适当增加能量饲料，减少蛋白饲料，并加喂颗粒饲料。

（1）适当增加饲料中钙和维生素 D_3 的含量：产蛋高峰过后，蛋壳品质往往很差，破蛋率增加。每天 15：00—16：00 在饲料中额外添加贝壳砂或粗粒石灰石，可以加强夜间形成蛋壳的强度，有效地改变蛋壳品质。添加维生素 D_3 能促进钙磷的吸收。

（2）适当添加应激缓解剂：在饲料中按 60 毫克／千克添加琥珀酸盐，连喂 3 周；或按每千克饲料加入 1 毫克维生素 C，以及剂量加倍的维生素 K_3，可以有效地减缓应激。

（3）适当添加氯化胆碱：在饲料中添加 0.1%~0.15%
氯化胆碱可以有效地防止蛋鸡肥胖和产生脂肪肝，因为
胆碱有助于血液中脂肪的转运。

2.保持充足的光照 每天光照时间应保持 16~17 小
时，光照强度 15~20 勒克斯，可延长产蛋期，提高产蛋
率 5%~8%。

3.适度减料限饲 当鸡群产蛋高峰过后，产蛋率有下
降趋势时，可适当进行减料，以降低饲料消耗。方法是：
按每鸡日减料 2.5 克，观察 3~4 天，看产蛋率下降是否
正常（正常每周下降 1%~2%），如正常，则可再减
1~2 克；若仍无异常，还可再减 3 克，这样既不影响
产蛋，又可减少饲料消耗，防止鸡体过肥。如产蛋量
超过正常下降速度，则需立即恢复饲喂量以免降低生
产性能。

不同体型、品种的蛋鸡限制饲喂时的要求以及具体
限制饲喂方法见表 7-10。

表 7-10 不同体型（品种）蛋鸡对限制饲喂的要求及限制饲喂方法

限制饲喂 开始周龄	限制饲喂的要求	方 法
40 周龄后	适度限制 饲喂	限制母鸡的采食量和所摄入的能量 　具体方法：每 100 只母鸡每天饲喂量减少 220 克，连续减料 3～4 天，观察产蛋量变化→产蛋量下降不多（符合产蛋标准）→连续数天执行这一饲喂量→过一段时间再尝试类似的减料，观察产蛋量变化→如产蛋量下降异常→恢复至前期给料水平 　限饲的饲喂量：正常采食量的 90%～95%，可根据环境条件和鸡群情况灵活掌握

注：高产蛋鸡对限制饲喂反应十分敏感，进行限制饲喂时要相当谨慎。适度的限制饲
喂，使蛋重减少不到 1%。

4.仔细观察，及时淘汰低产鸡和休产鸡 及时淘汰病、伤、残、弱、癫、脱肛、瘫鸡；鸡群中的过大、过肥[①]、过小、过瘦鸡也要淘汰；停产鸡冠小萎缩、组织粗糙、颜色苍白；喙和眼圈多为黄色；耻骨变粗、间距缩小（表7-11）。

表7-11 高低（休）产鸡外观体征

产蛋状态	外观体征
高产鸡	眼大有神、头部清秀、冠和肉髯肥大，手触之有温度感，红润、有弹性。羽毛蓬松稀疏，比较干燥、没有油性、耻骨间距宽，泄殖腔呈椭圆形、宽松湿润，胫部皮肤褪色明显、多为黄白色
低（休）产鸡	眼神迟钝、冠和肉髯萎缩，手触之无温度感，颜色苍白。羽毛油滑光亮、较为完整，耻骨间距窄，泄殖腔呈圆形、干燥皱缩，胫部皮肤不褪色、多为枯黄色

▶ **产蛋后期**（54周龄至淘汰）**的饲养管理要点**

当鸡群产蛋率由高峰降至85%以下时，就转入了产蛋后期的管理阶段。此时母鸡50~60周龄，只产出了第一产蛋周年60%的蛋，还有40%仍未产出，此时鸡群还有很大价值，因此，还有必要加强产蛋后期的管理，力争得到未产出的40%的蛋。

产蛋后期管理要点：确保鸡群如标准生产曲线那样缓慢降低产蛋率，不出现大幅度下降的现象，尽可能延长其经济寿命。

1.适时调整营养，降低日粮能量和蛋白质水平 当鸡群产蛋率降到80%以下时，就应转入产蛋后期饲养管理，必须降低饲料中能量、蛋白质水平，以高钙、高磷、低蛋白为特点[②]。这一阶段饲料能量控制在1 108兆焦/千克，粗蛋白质含量不超过16%即可。

①左手挟住鸡两翅膀根，用右手拇指与食指挟住鸡下腹松散组织，如两指间皮下脂肪在2.6厘米以上则为过肥。

②产蛋后期由于产蛋下降对钙、磷、蛋白质的需求也发生变化，因此产蛋后期的饲养要慎重进行，多余能量和蛋白让鸡脂肪存于体内，导致鸡肥胖。

2.增加日粮中钙和粗纤维的含量 经过长时间的产蛋，钙的消耗很大，而且此时鸡对钙的吸收利用能力也有所降低，发生蛋壳质量下降的现象。因此，要将日粮中钙的水平提高到 4.0～4.4 克，并调整钙磷比例，钙在 3.6%～4%，总磷为 0.55%～0.7%。饲料中的粗纤维含量也可适当提高一些，但不要超过 7%。

3.避免突然换料 为了防止产蛋率下降过快，高峰料向后期料转换要有 7~10 天的过渡期。

4.增加光照时间 产蛋后期可以将光照时数逐渐增加到每天 16.5~17 小时，但切不可超过 17 小时。

5.减少破损率，提高蛋的商品率 鸡蛋的破损会带来严重损失，特别是产蛋后期更加严重，这是由于鸡体生殖机能退化，对钙磷吸收能力有所降低，为此需要调整日粮水平。可以补充石子同时补充乳酸钙，利于母鸡转化吸收，并减少蛋的破损率，提高蛋的商品率。

6.防控脂肪肝出血综合征 适当降低饲料营养浓度，降低能量水平，调整蛋白能量比以及各种必需氨基酸之间的平衡，可用麸皮代替 5%～10%的玉米，或用富含亚油酸的植物油代替饲料中常用的动物油和混合油。

要随产蛋量的降低而相应减少喂料量。

日粮中添加烟酸、氯化胆碱、肉碱、甜菜碱、维生素 C、肌醇等，连喂 10～15 天。

病情严重的鸡群，可减少饲料量 15%～20%，连续 7～10 天，以遏制病情发展，保护鸡群。

在鸡日粮中添加富含不饱和脂肪酸的向日葵籽油，使用止血药如维生素 K_3、安络血等，坚持投药 20～30 天。

添加维生素 E、硒和有机铬化合物和黄酮类化合物等抗氧化剂；或添加碘化酪蛋白。

7.减少饲料浪费 过去人们常说饲料费用占生产成本的 60%~70%，现今商品蛋鸡养殖是一个极微利的行业，实际饲料费用（包括育雏、育成期）可占生产成本的 90%~95%，表 7-12 中措施可减少饲料浪费。

表 7-12 防止饲料浪费的主要措施

防止饲料浪费的方法	内容及意义
饲喂全价料	饲料营养不平衡是最大的饲料浪费，鸡只为采食到充足的各种营养而产蛋，势必多采食饲料
不饲喂发霉变质的饲料	鸡只采食霉变饲料后，会导致腹泻
添加饲料的方法	一次加料不要过多，一般为料槽的 1/3 高度即可；过多添加后，鸡只极易在采食中将饲料刨出食槽
饲料加工	蛋鸡料不能粉碎过细，应有一些小颗粒，具体标准是：100%通过 4.00 毫米编织筛，但不能有整粒谷物；2.00 毫米编织筛筛上物不得大于 15%。过细的饲料鸡只采食不便，易产生粉尘，并且通过鸡消化道速度快，不利于吸收
饲养管理	及时淘汰低产鸡和休产鸡

8.仔细观察，及时催醒 就巢性催醒就是让鸡"醒窝"。就巢性[①]是禽类固有的天性，野生禽类靠此得以世代相传。人工饲养的禽类由于采用人工孵化法，就巢性多数已退化，但在某些地方品种鸡中，就巢性还是很强，某些品种鸡的就巢率甚至高达 50%以上。就巢性对蛋鸡产蛋有很大影响，会导致产蛋下降甚至停产。

就巢性相关作用因素以及催醒方法见表 7-13。

①禽类繁殖后代的本能。由脑垂体前叶分泌的催乳素所控制。就巢鸡催乳素的分泌量比产蛋鸡高 2 倍，它对性腺活动有抑制作用。母鸡一旦开始就巢，其卵巢和输卵管开始萎缩，停止产蛋。

表 7-13　就巢性对产蛋的影响、作用因素以及催醒方法

影响鸡就巢的因素	催醒方法
鸡体内的激素分泌：催乳素的分泌量高于产蛋鸡的 2 倍	注射激素或投服药物 ➢ 对每只就巢母鸡肌内注射丙酸睾丸素 5～10 毫克，注射后 2～3 天就会解除就巢性，1～2 周便可恢复产蛋 ➢ 对就巢鸡每只肌内注射三合激素（丙酸睾丸素、黄体酮、苯甲酸雌二醇油剂）1 毫升，一般 1～2 天便可解除就巢性
季节与环境温度的影响：春末夏初就巢现象多见	➢ 投服异烟肼法，对就巢鸡按每千克体重投服异烟肼 80 毫克，第二天对没有解除就巢的母鸡，再按每千克体重投服异烟肼 50 毫克，第三天对仍就巢的鸡按第二天的剂量再投服一次，一般 3 天后基本上看不到就巢现象
外界环境条件的影响：产蛋箱的幽暗环境、产蛋箱内积蛋久不取出	➢ 投服解热镇痛药法，每只就巢鸡投服 500 毫克安乃近或 420 毫克复方阿司匹林，同时口滴 3～5 毫升水，如 10 小时后还有就巢性，对这些鸡再投服一次，剂量同前，一般 2 周后可恢复产蛋 ➢ 投服速效感冒胶囊法，对有就巢现象的母鸡早晚各一次口服速效感冒胶囊，每次 1 粒，连续 2 天，共投服 4 粒后便可解除就巢现象，1 周后可恢复产蛋
其他鸡只就巢行为的影响：鸡群中一旦出现"就巢鸡"，接连不断的"咕咕"叫声和翅膀下垂到处找巢的行为，会对其他鸡只产生诱导作用	➢ 口服盐酸麻黄素或磷酸氯喹片等 ➢ 突然改变环境条件，给予全新的强烈刺激 ➢ 有水浸法、悬挂法、电刺激法、针刺法、醉酒法、服醋法、剪毛法及清凉降温法等

①通过断水、断料、改变光照等人为应激因素，强行对产蛋鸡施压，使鸡体内激素分泌失去平衡，促使卵泡萎缩，引发停产与换羽。

9.人工强制换羽　当市场蛋价行情不好时，为避开低蛋价时间段，或为降低引种和培育成本时，人工强制进行换羽①，以缩短自然换羽的时间，延长产蛋鸡的利用年限，可以尽快提高产蛋率，改善蛋壳的质量。具体方法见表 7-14。

表 7-14　常用的人工强制换羽方法

方　法		光照控制	成功的标志
常规畜牧学方法	剔除病弱低产鸡，挑出已换羽或正在换羽鸡单独饲养 准备换羽前 1 周，给鸡群接种疫苗 换羽开始后，同时停水、停料两天，夏天温度太高时可停水 1 天。为防止因停产下软壳蛋，可在停料开始前 2～3 天，每天每只鸡喂 3～4 克石粉或贝壳粉 第 3 天开始，恢复供水，不供料。根据外界温度不同，断料天数在 7～12 天。夏天天数多，冬天天数少。当有 80% 鸡的体重下降了 27%～30%，可恢复供料：开始 1～3 天，每天每只鸡仅喂 10 克料（育成料或产蛋料都可以），第 4 天和第 5 天每天每只喂 20 克料，以后每天每只增加 15 克料，一直恢复到正常采食为止。如喂的是育成料，当鸡开产后，换为产蛋料	同步光照控制。具体方法： 停水停料第 1 天光照 16 小时→第 2 天光照 14 小时→第 3 天至第 39 天每天光照 8 小时→第 40 天开始，每天增加光照 20 分钟，直至每天光照 16 小时为止	人工强制换羽初期要密切关注鸡体重的变化，如失重率不达 25% 以上便恢复供料，多半换羽不彻底，当失重率超过 35% 以上时，鸡只死亡率会明显增加。 换羽期间的死亡率是换羽是否成功的标志，第 1 周不应超过 1%，前 10 天不能超过 1.5%，前 5 周不能超过 2.5%，整个换羽期 8 周的死亡率不应超过 3%
化学方法	用含 2% 锌（氧化锌或硫酸锌）的高锌日粮，不停水，不停料 从第 8 天起饲喂普通的产蛋鸡日粮	光照可变也可不变（如有补光则停下来，改为自然光照） 让鸡自由采食高锌日粮，1 周后鸡的采食量大降，通常为正常采食量的 20% 以下，体重降低 30% 以上	

（五）产蛋鸡的四季管理要点

为了维持产蛋平稳，保持相对高的产蛋率，要根据四季的环境变化，采取相应的管理措施。

春季管理

1.科学的饲养　春季气温回升，万物更新，外界日照延长，不管是开放式鸡舍还是密闭式鸡舍，都会出现产蛋量回升的现象，要根据产蛋量的变化适当进行日粮调整。一般产蛋率每提高10%，饲料中蛋白质相应提高0.5%，但蛋白质最高不能超过18%。

在蛋鸡饲料中可添加抗应激药物，如维生素C（每吨日粮添加454克）、碳酸氢钠（每吨饲料添加2 300克），并注意观察鸡的采食量，不断调整饲料的适口性。

2.合理的光照 产蛋阶段光照只能增加不能缩短。一般早、晚各开、关灯1次，比较理想的是早晨补充光照。人工光照所用光源以白炽灯为最好。一般产蛋鸡的适宜亮度是在鸡头部有5~10勒克斯。

3.防止倒春寒和应激 早春冷暖天气交替变化，昼夜温差大，时不时有倒春寒出现，管理上要精心，灵活掌握通风换气，根据外界气温、舍内温度、鸡群状况决定换气量和具体方式。

4.环境整治和卫生清扫 春季也是疫病频发的季节，要对鸡舍外的大环境进行一次彻底整治，结合防疫工作，对舍内进行认真的卫生清扫。

5.加强植树绿化工作 春季是植树的大好季节，要搞好场区的绿化工作。

▶ **夏季管理**①

防止热应激，增加采食量，改善饲料报酬，提高产蛋鸡产蛋率，是炎热夏季的管理核心②。

1.采取措施降低舍内温度，提供舒适的环境条件

（1）加强鸡舍隔热降温：很多鸡舍的构造比较简单，跨度小、高度低，隔热降温能力差。为此可以采取以下措施：一是在房顶加盖一层低价石棉瓦，石棉瓦与房顶之间留20~25厘米；二是在鸡舍顶处用2厘米厚的白色泡膜塑料做一层天花板；三是在鸡舍的屋顶上覆盖一层10~15厘米厚的稻草或麦秸，洒上凉水，并保持长期湿

①鸡皮肤上没有汗腺，体躯又为羽毛所覆盖，所以鸡只不耐高温。夏季是高温、高湿季节，对养禽业威胁严重。

②在天气较炎热的季节，因饲料消耗降低常导致基本的非能量营养物的严重不足而使蛋鸡产蛋率下降，蛋重变小。

润；四是在窗上搭遮阳棚，阻挡阳光直射入舍；五是在鸡舍周围墙壁涂石灰水，既消毒又反光降温。采取上述措施一般可降温6℃左右。

(2) 喷水降温：在高温、自然通风条件较差的情况下，如每天11：00—16：00最炎热的时段，舍温超过33℃时，用喷雾器或喷雾机向鸡舍顶部和鸡体喷水，鸡体喷雾降温时在鸡只头部上方30～40厘米喷洒凉水效果最好，且雾滴越小越好。在喷水的同时要保证鸡舍内空气流动，最好采取纵向通风的方式。每天12：00以后，可用高压喷雾器将刚从井里打上来的凉水进行空间喷雾，可视舍内温度情况每隔2～4小时喷雾一次。

(3) 加强通风：在高温而无风的天气里，一定要加强通风降温，以利鸡体散热，改善舍内空气质量，防止鸡只中暑。应加大换气扇的功率，或改横向通风为纵向通风，使流经鸡体的风速加大，及时带走鸡体产生的热量，达到防暑降温的目的。结合喷水洒水，效果更好。

(4) 降低饲养密度：降低饲养密度可减少鸡体自身产热量，避免鸡只互相拥挤时的应激，有利于鸡只散热，可明显提高饲料报酬。笼养鸡按笼底面积每平方米不超过10只为好。产蛋鸡最适宜的湿度是50%~55%，在采用水帘降温时须特别注意湿度问题。

(5) 搞好绿化使鸡舍成为一个良好的小生态环境：要因地制宜搞好绿化，在不影响鸡舍通风的情况下，在鸡舍周围种植草皮能有效吸收太阳辐射热，充分发挥其增湿降温、调节环境小气候的作用。

2.调整饲料配方及粒型

(1) 使用颗粒料：在降低舍温的同时，投喂适口性好的颗粒饲料。

（2）调整饲料配方：鸡群在产蛋高峰前如达不到每只鸡每日100克（白壳系）和120克（褐壳系）的采食量，可适当提高蛋鸡日粮的蛋白质水平（19%~21%），以保护产蛋率持续上升及提高早期蛋重所需要的蛋白质。

（3）根据产蛋情况，也可适当降低饲料中粗蛋白质水平，但应提高单体氨基酸的添加，使配方中氨基酸平衡。

（4）增加维生素含量，特别是维生素C和维生素E。提高能量水平，可用2%~5%的油脂、熟豆粉等替代玉米，使饲料能量高出标准5%~8%。

（5）适当增加钙质如碎石粒、贝壳粉等。

3.适当补充抗热应激添加剂

（1）在饮水中加入适量小苏打、溴化物缓冲液、藿香正气水等，均可有效地防止或减轻热应激的危害。

（2）在饲料中添加1%氯化铵和0.5%碳酸氢钠，或饮水中添加0.2%氯化铵和0.2%氯化钾。

4.调整饲喂时间，改变饲喂方法 避开高温，在一天中比较凉爽的时间饲喂；供料时，每天至少匀料四次①；保证全天供给充足新鲜的凉水；尽量减少各种应激因素。

5.注意灭鼠、防蚊蝇滋生、防蜱螨和羽虱 夏季是鼠类和蚊蝇大量繁衍的季节，要作好经常性的灭鼠、灭蚊蝇工作，以减少饲料浪费和防止疫病传播；同时要注意防止蜱螨和羽虱的繁殖与传播。

▶ **秋季管理**

1.及时淘汰低产鸡 立秋后白昼变短、黑夜变长。经过一段时间的产蛋后，有部分低产鸡开始停产换羽。

如果鸡体羽毛良好、鸡冠萎缩、耻骨间隙变窄，基本上就是停产鸡，应该抓紧淘汰。

①增加匀料次数，不仅使饲料均匀，降低损耗，而且可增加食欲，避免饲料霉烂变质，造成浪费。

产蛋鸡则羽毛残旧、鸡冠红润。

2.做好舍内通风，保持昼夜舍内环境的相对稳定
平时关注天气预报，气温高时加强通风降温，气温低或寒流到来时要注意关闭门窗，要避免舍内温度的剧烈波动。

在气候变化剧烈时，通过开闭门窗等措施来保证舍内温度的相对稳定。

3.适当调整光照 在秋季，自然日照时间逐渐缩短，为了保证足够的光照时间，要早晨晚关灯，晚上早开灯，并且在白天光线太暗时也要适当开灯，以确保鸡舍内适宜的光照时间和强度。

4.适当调整饲料配方 随着气温的逐渐降低，鸡的采食量也会逐渐增加，应适当增加玉米等能量饲料，减少豆粕等蛋白饲料。

5.勤清粪、常消毒、灭蚊蝇 为了防止蝇蛆繁殖和改善舍内空气质量，可以1~2天清粪一次，用自动清粪的可以每天清粪1~2次。

搞好舍内环境卫生，做好鸡舍内外的日常消毒工作。

进入秋天，要注意消灭蚊蝇，以防止蚊蝇传播疾病。门窗钉上纱网，定期对舍内外喷洒杀虫剂消灭蚊蝇。

6.做好免疫接种，预防常发疾病[①] 对秋冬季产蛋鸡群常见的鸡痘、新城疫、禽流感、传染性喉气管炎等疾病提前用疫苗进行预防。

在饲料或饮水中添加药物进行预防，根据情况可以用2~3个疗程，每次4~5天。

对秋天发生的住白细胞原虫病，平时要用药物来进行预防，可以持续用药，或每次用药4~5天，间隔5~7天再用一次，最好2~3种不同的药物交替使用。

①秋天由于气温逐渐降低，而且温差大，早晚天气凉，寒流不时侵袭，秋后风又多，蛋鸡的呼吸道病发生频繁，也容易传播，因此，除了加强饲养管理外，还要对常见的疾病进行预防。

冬季管理

➤ **1.防寒保暖**① 冬季鸡舍温度应保持在 8～13℃。

要将鸡舍的北窗封严，最好能在北墙外做一道防风障，在进入鸡舍的门上挂棉门帘，使鸡舍内的温度最低不低于 10℃。

在冬季来临前，修好门窗，堵塞风洞，搞好鸡舍维修，防止贼风侵袭。

适当提高饲养密度，利用鸡的体热增加舍温。

舍内垫厚干草，及时清除积粪，天气晴朗时勤出、勤换、勤晒垫料。

防止贼风，一般在鸡舍背风面墙壁设置弯头式通风装置，以免鸡群直接受风。

2.通风换气② 在防寒保温的同时，必须对鸡舍的通风换气给予足够的重视，防止有害气体（氨、二氧化碳等）的积累，排除细菌和灰尘，保持空气清新。

最好在中午打开门窗、风道和天窗，调节气流，使空气新鲜。

要根据舍温、舍内外温差、鸡只情况、风力大小灵活采取通风换气方式。

3.补充光照，增加光照时间 在白天自然光照短于12 小时的冬季，需人工补充光照，以天亮前和日落后各补一半为好。

补充光照只宜逐渐延长，每次增加量不超过 1 小时，并稳定 5～7 天。

光照强度为每平方米鸡舍面积 2～4 瓦，最好采用不大于 60 瓦的清洁白炽灯，并使用灯伞。

要求每周擦一次灯泡，注意保持灯伞完好。

切忌光照忽有忽停、忽早忽晚、忽长忽短、忽强忽弱。

4.调整饲喂量及饲料配方，供足营养① 应适当提高

①保持环境温度是维持母鸡冬季产蛋的关键。冬季是一年中温度最低的季节，隔几天就来一个寒潮，要做好鸡舍的保温工作，杜绝贼风。

②在冬季，为强调保温，门窗封得较严，加之清粪不及时，使得鸡舍内氨气、硫化氢含量增高，如不能及时通风换气，将会对鸡群造成危害。

饲料中代谢能水平，降低蛋白质等的营养水平，补喂青菜、谷芽等青绿饲料，维持钙、磷平衡。

可在一般饲料中加入 10%～15%动物性饲料和矿物质饲料。

日喂 3～4 次，要求定时定量，自由采食；在饲料形态上适当增加粒料量，保证每天最后一次喂颗粒性饲料，如粉碎的玉米、小麦、稻谷等高能量饲料。

5.精心管理 冬季舍内外温差较大，放养的鸡群要早关晚放。

每天放鸡前要先开部分窗户，使舍内温度逐渐降低后再放鸡出舍。

让鸡多晒太阳，增加运动。

鸡群活动减少时，可在垫料上撒些谷物或在舍内悬吊青菜，促使鸡只活动，吊菜的高度宜在母鸡喙部伸到的水平高出 3～4 厘米，不可过高或过低。

①冬季温度低，为了御寒，鸡只要加大采食量，一般要比正常时增加 5%～10%。

(六) 产蛋鸡的饲养管理性疾病及其防控方法

➤ 笼养蛋鸡疲劳症

笼养蛋鸡疲劳症又称笼养蛋鸡骨质疏松症，是笼养产蛋鸡的一种全身性、营养紊乱性骨骼疾病。几乎发生在所有笼养产蛋鸡群中，发病率为 1%～10%。常发生于产蛋高峰期。

1.临床表现 产蛋鸡突然死亡，输卵管中常有软壳或硬壳蛋。初期病鸡食欲、精神状态和被毛均无明显变化，产薄壳蛋、软壳蛋，鸡蛋的破损率增加。症状稍重时，病鸡腿部虚弱无力，不能站立或经常呆立在鸡笼的后部。严重时，病鸡脚爪弯曲，运动失调，甚至不能接近饲槽和饮水器，症状加重，易骨折，伴发软组织增生引起骨变形。有些病鸡可因胸椎骨折、凹陷损伤脊髓而部分或全身瘫痪。后期的病鸡仍有食欲，终因不能采食和饮水而死亡。病鸡的血钙水平[1]往往降至9毫克/100毫升以下。

①正常产蛋鸡的血钙水平为19~22毫克/100毫升。

2. 发病原因 各种原因造成的机体缺乏钙、磷或钙磷比例失调；与缺乏运动也有一定关系，如育雏、育成期笼养，或上笼过早，笼内密度过大；某些寄生虫病、中毒病、管理原因以及遗传因素也能导致发病。

3. 预防措施

(1) 加强管理：饲养密度不能过大，育雏、育成期及时分群，上笼不可过早；在炎热的天气给鸡饮用凉水，在水中添加电解多维；做好鸡舍内的通风降温工作；每天早起观察鸡群，及时发现病鸡，及时采取措施；按照鸡龄适时换料。

(2) 保证全价营养：在开产前2~4周饲喂含钙2%~3%的专用预开产饲料，产蛋率达1%时及时换用产蛋鸡饲料。高产蛋鸡饲粮中钙水平应为3.5%，并保证适宜的钙磷比例，每千克饲粮添加2000国际单位以上的维生素D_3。如鸡群采食量较小或遇炎热季节，可将钙含量增到3.8%~4.0%，并增加维生素D_3添加量，使每只母鸡每天的钙摄入量达到3.5克以上。

4. 治疗方法 将症状较轻的病鸡挑出，单独喂养，补充骨粒或粗颗粒碳酸钙，一般3~5天可治愈。

停产的病鸡单独喂养、保证使其能吃料饮水的情况下，一般不超过1周即可自行恢复。

同群鸡饲料中添加2%~3%粗颗粒碳酸钙，每千克饲料中添加2000国际单位维生素D_3，饲喂2~3周。

▶ 脂肪肝出血性综合征

俗称"脂肪肝"或脂肪肝综合征，是产蛋鸡常见的一种营养代谢病，主要发生在营养良好、体重较大，但产蛋率较低的鸡群。产蛋前期表现为产蛋高峰期上升慢，峰值较低；发病死亡主要集中在高峰期过后，连续不断地零星死亡是本病的特征，极易被忽视和误诊。产蛋全期死亡率可达 5%~10%，损失较大。

1.发病原因

（1）营养过剩[①]：营养浓度过高，尤其是能量过高。饲料中蛋白能量比不合适。

（2）营养素缺乏：饲料中缺乏氯化胆碱、维生素 E、维生素 B_{12}、蛋氨酸等。

（3）运动不足：笼养鸡密度大，大大限制了鸡的运动，减少了能量消耗。

（4）肝脏功能受损：如各种病毒性疾病、高热稽留、肝胆疾病，以及重金属、黄曲霉毒素、棉粕和菜籽粕中所含毒素等引起的中毒。

2.症状表现
鸡群在精神状态、采食饮水、粪便等方面没有明显变化，只是在产蛋初期表现产蛋率上升较慢，高峰期产蛋率较低，很难超过 90%；病鸡多为肥胖、体重较大的鸡，在没有任何先兆症状的情况下，突然惊叫几声，挣扎死亡，腹内往往有已形成的鸡蛋；部分鸡生前有冠髯萎缩、苍白、产蛋量下降现象。

3.预防措施
根据鸡的饲养标准，科学制定饲料配方：做到营养成分能满足健康和生产需要，但不过剩；各种营养成分之间比例合理，特别是蛋白能量比。

认真监测育雏期和育成期体重变化：当平均体重超过标准体重 5%时，要立即进行限饲。

产蛋高峰期过后，要随产蛋量的降低相应减少喂料量，或降低饲料的营养浓度。加强鸡舍通风，减少有害

①营养过剩是指鸡采食饲料中的营养数量超出正常的生活、生产消耗量和储存量，超出部分则转化为脂肪在体内沉积下来，形成过量的脂肪组织，使鸡体过度肥胖。

气体，保持空气新鲜。

4.治疗措施

（1）适当降低饲料能量水平：可用麸皮代替 5% ~ 10%的玉米，或用富含亚油酸的植物油代替饲料中常用的动物油和混合油。

（2）饲料中添加维生素 C、维生素 E、氯化胆碱、肌醇等，可使用 2 倍量，连喂 10 ~ 15 天。

（3）病情严重的鸡群，可减少饲料量 15% ~ 20%，连续 7 ~ 10 天，以遏制病情发展，保护鸡群。

（4）使用止血药如维生素 K_3、安络血等，坚持投药 20 ~ 30 天。

（5）为防止并发感染和继发感染，可给予抗菌药物，每次 3 ~ 4 天，隔 15 ~ 20 天重复一次，并结合进行饮水消毒。

▶ 啄癖

啄癖又称异食癖、恶食癖。

1.产生啄癖的原因

（1）环境条件方面：群体饲养密度过大，鸡舍空间不足；育雏时温度过高，潮湿闷热，采食或饮水不足；灯泡太低、太亮；通风不良。

（2）饲料营养方面：饲料中蛋白质或含硫氨基酸（蛋氨酸、胱氨酸）不足；缺乏某种微量元素或维生素，食盐不够；粗纤维太少，鸡只代谢能得到了满足而本身没有饱感。

（3）疾病方面：鸡患某种疾病，如慢性肠炎造成营养吸收差；虱、螨等体外寄生虫的侵扰；采食霉变饲料引起鸡的皮炎及瘫痪；个别鸡只外伤出血。

（4）其他方面：有的蛋鸡品种好动，易表现啄斗行为；早熟母鸡比较神经质，也易发生啄癖。

2.啄癖的表现

（1）啄趾：常见于育雏期，因饥饿导致。雏鸡因吃料不方便、胆小体弱的鸡无法靠近饲料，或因采食拥挤吃不到饲料会啄自己的或相邻鸡的脚趾。

（2）啄羽：常见于育成期。啄食其他鸡的羽毛，多见于啄食背部尾尖的羽毛，拔出并吞食，以强者进攻弱者居多。羽毛脱落会导致组织出血，诱发啄肉，导致被啄鸡死亡或被淘汰。

（3）啄肛：常见于高产蛋鸡。前期见于初产蛋鸡，因增光不合理导致产大蛋或双黄蛋，使子宫脱垂或肛门撕裂，同笼鸡见红（血）便啄。

（4）啄蛋：常因饲养管理不当造成。集蛋不及时，有破损蛋长时间留在滚蛋板上，鸡啄食后形成啄癖。钙磷不足或不平衡亦会导致啄蛋。

3.防控措施

（1）适时断喙：蛋鸡 7~9 日龄及时断喙。70 日龄前后视具体情况对部分鸡进行修喙。

（2）降低饲养密度：建议育雏、育成鸡放入育雏笼小群饲养，及时扩群。成鸡每小笼装入三只鸡，给鸡留有活动空间。

（3）光照强度适宜：育雏的前两天为了让小鸡找到水和饲料，可用 60~100 瓦白炽灯，之后将灯泡换成 40瓦。待鸡进入产蛋舍，灯泡离地 1.8~2 米，灯距 3 米，灯泡功率不超过 25 瓦 / 个。

（4）改善通风：改善通风，让鸡舍空气新鲜，以饲养人员进入鸡舍没有刺鼻气味为宜。

（5）移出被啄的鸡：移出后用紫药水涂抹被啄部位，这样可以覆盖血色，同时，起到收敛和抑菌的作用。

（6）饲料营养全面：饲料的营养成分要全面、充足，特别是一些重要的氨基酸、微量元素和维生素保证需要，不要忽视粗纤维的含量。

（7）勿喂霉变饲料：梅雨季节饲料和饲料原料易霉变，不慎喂给鸡只后果严重。

（8）改变饲料粒型：颗粒料比粉料更易引起啄癖。产蛋期饲料宜为粉料。

（9）及时驱虫：鸡群患体表寄生虫——羽虱时，应立即采取措施。方法是用晶体敌百虫按 0.2%兑水在熄灯前向鸡的腹部喷雾，一次即可。

（10）及时治疗：当啄癖发生时，先行隔离，后添加到 2%~3%的石膏粉饲料中饲喂 7 天；制止啄肛，可将饲料中的含盐量提高到 2%，连喂 2~3 天，同时保证鸡只能喝到充足清洁的饮水。切忌不能将食盐加在饮水中，以免鸡只中毒死亡。

▶ 坠卵性腹膜炎

又称卵黄性腹膜炎。因卵黄从输卵管断裂处流入腹腔而引起腹膜炎。

1.临床表现和病理变化 病鸡通常不表现症状或由于多量腹水使病鸡腹部膨大下垂，呈企鹅样姿势。剖检可见腹腔有大量蛋黄或灰黄色炎性渗出物，使肠管互相粘连；或腹腔积有蛋黄凝块，有时这种凝块可达拳头大或更大，导致鸡只死亡增加；腹腔有腥臭味，卵巢中卵泡变形、变性、变色，有卵泡破裂。耐过鸡消瘦，丧失产蛋能力。

2.主要原因

（1）病毒性传染病：感染禽流感、新城疫、传染性支气管炎、传染性喉气管炎、产蛋下降综合征及禽脑脊髓炎等。

（2）细菌性传染病：鸡白痢或鸡伤寒沙门氏菌病、禽巴氏杆菌病及支原体病等。

（3）其他疾病：中暑、感冒、肿瘤等原因引起的疾病。

（4）应激因素：产蛋高峰期注射疫苗，生人或者动物突然闯入，突然的异响、捕捉鸡只等突然惊吓。

3.防控措施

（1）加强饲养管理：严格按照各品种家禽的营养需要配合饲料，饲料营养均衡、无霉变；在产蛋高峰期增喂多种维生素、微量元素、氨基酸（如齐鲁速补康）；及时清除粪便，以降低舍内氨气、硫化氢等刺激性气体的含量；禽舍用具经常清洗消毒；控制鸡舍温度、湿度、密度，加强通风，给鸡群创造高产环境，提高机体体质，提高抗病力。

（2）做好各种疫病的防疫：做好禽流感、新城疫、传染性支气管炎、传染性喉气管炎、产蛋下降综合征、禽脑脊髓炎（根据当地流行情况选择）等病毒性疫病的免疫。

（3）做好各种细菌性疫病的预防工作：从无鸡白痢的种鸡场引种，并做好鸡群的检疫、环境消毒工作；注射大肠杆菌多价灭活疫苗，也可以考虑使用微生态制剂；搞好鸡舍环境卫生及饮水清洁，减少应激，定期带鸡消毒预防鸡大肠杆菌病的发生；在饲料中添加氨苄青霉素、硫酸新霉素、强力霉素、氟苯尼考、硫酸黏杆菌素等抗生素进行预防。

（4）防应激：产蛋期间尽量减少应激，加强日常鸡舍管理，防止鸡群惊群、炸群，一旦应激因素发生后，一定要在饲料、饮水中添加抗应激药物，减少炎症的发生，对出现症状的鸡及时挑出淘汰。

➤ 应激综合征[①]

应激的危害是降低鸡只生产性能和抵抗力、诱发各种疾病、产生应激综合征，严重的应激会导致鸡只死亡。

1.蛋鸡生产中的应激因素

（1）外界环境中的应激因素：主要有高温，寒冷，

①机体受到各种刺激后以一种较为恒定的模式发生一系列的神经内分泌反应及代谢的变化，以维持机体内环境的稳定和平衡，这种防御反应叫应激反应。引起应激反应的因素叫应激因素（应激原）。由于应激反应过强或时间过长而引起机体产生应激性疾病或应激综合征。

阴雨，日温差过大，过度潮湿；噪声、异常声响；鼠类等小动物骚扰；各种有害气体的存在；过度照明或光照不足。

（2）饲养管理中的应激因素：主要包括强制换羽，接种疫苗、驱虫及投药，断喙、截翅、烙冠，密度增加，限制饲料与更换饲料，外伤、啄伤，捕捉、转群、运输，粪便清除不及时，引起氨中毒。

2.应激因素对蛋鸡的危害　任何一种应激因素都或多或少地对蛋鸡生产产生不同程度的危害，有时多种应激因素同时存在，对蛋鸡生产造成极大危害，引起产蛋量下降，甚至鸡只死亡。应激反应引起以下主要危害。

➢导致鸡体发育不良，育成率及成活率下降。

➢导致蛋重减轻，蛋内容物稀薄，软壳蛋增加，破蛋率增加。

➢导致繁殖力下降。如热应激因素影响精子的生成，受精率及孵化率下降。

➢因应激反应引起维生素需求增加，导致维生素缺乏症。

➢导致鸡免疫力下降，发病率增加。

3.防制对策

（1）饲养管理：在饲养管理过程中可以采取以下措施减少应激因素的危害：进行水质消毒，保证充足清洁的饮水；高温时，采用湿帘或喷水措施降低舍内温度；加强舍内通风；保持舍内光照时间及强度的稳定；减少断喙、转群中的惊扰；加强鸡舍卫生清洁及消毒工作，避免粪便过多导致氨气浓度超标引起鸡只中毒；在接种疫苗及投药时避免鸡只受到惊吓；降低饲养密度；避免频繁更换饲料；丰富饲料营养，增强鸡只抗病力。

（2）药物调整：除饲养管理方面防制外，还可采用药物调整对策：应激预防类药物：氯丙嗪（每千克饲料

500 毫克)、溴化钠(每千克体重 7 毫克)等，有安定镇静作用，能有效降低应激因素对鸡体的影响；促适应药：延胡索酸(每千克体重 100 毫克)、维生素 C(每千克饲料200～300 毫克)等能提高机体的防御能力，促进机体对应激因素的适应。

▶ 蛋鸡掉毛

在蛋鸡生产中，经常会发现产蛋鸡群中有部分个体掉毛，掉毛的主要部位在颈部和背部，有的掉毛与产蛋减少相伴发生，而有的掉毛不影响鸡群的产蛋。

1.蛋鸡掉毛的原因　主要有皮炎(包括毛囊炎)、羽毛结构与质地异常或变脆、羽毛更换以及啄羽等，产生这些问题的原因主要有：

(1) 饲料中营养成分含量不足或过量：如缺锌、钙过量、硒与砷含量高、缺碘或碘过多、食盐含量高、缺乏维生素(特别是维生素 B_3)、含硫氨基酸缺乏、色氨酸不足、脂肪含量长期低于 1.5%或饲料中脂肪被氧化。

(2) 环境问题：温度长期过高，相对湿度小，光照频繁变化，出现停电或忘记关灯、改变开关灯时间，笼具问题等。

(3) 生理问题：鸡体内雌激素水平下降。

(4) 管理问题：喂料量不足，长时间断水，应激因素中毒，外寄生虫导致啄羽癖。

2.防控措施　加强管理，制定科学合理的免疫程序，有效地预防慢性传染病和中毒病的发生。加强卫生防疫工作，定期消毒，不仅每周一次对舍外进行消毒，而且坚持每周两次带鸡消毒，这对环境净化和防控体外寄生虫具有很大作用。对患外寄生虫鸡可用阿维菌素等拌料 1 次，7 天后再拌料 1 次；或用速灭菊酯，配成 0.05%溶液，给鸡全群喷雾，每天 2 次，连用 3 天；或对地面、墙面、笼具等用速灭菊酯喷洒，杀灭羽虱及脱羽螨。

（1）保证饲料营养全价均衡：羽毛生长期间充分满足含硫氨基酸的需要，饲料中胱氨酸、蛋氨酸、硫酸盐的比例应为 50∶41∶9，每千克饲料中硫含量为 2.3～2.5 毫克。同时满足鸡只其他营养需要，特别是维生素、矿物质等微量元素的营养平衡；选用营养全面的饲料，添加 0.05%蛋氨酸 15 天，适当降低锌的含量，添加 2 倍量多维素 15 天。

（2）加强饲养管理：完善供暖、通风降温、采光等设备设施，提高饲养人员的责任心，确保舍内温度维持在 10～25℃。寒冷的冬季在保证温度的前提下，尽量增加通风量，以达到通风换气和降低湿度的效果。炎热的夏季，可启动湿帘降温系统和加大通风量，以便最大限度地增加风速和降低舍温。在日常管理工作中随时观察鸡群和保证饮水系统的畅通，确保全天供给鸡群充足且水质良好的饮水，保持饮水器的清洁。饲养密度应适宜，光照不能过强等。

（七）产蛋量下降的原因及防控对策

现代蛋鸡由于选育的结果，产蛋下降十分平稳，在良好的饲养管理条件下，每周下降不到 1%。但由于受多种因素的影响，会致使鸡群达不到产蛋高峰（产蛋率在 90%以上）、产蛋量迅速下降或停产。

1.非正常性产蛋量下降的原因

（1）环境因素：光照不稳定，如突然停止光照、光照时间缩短或无规律、光照强度减弱；通风不良，鸡舍内通风设施差，致使舍内氨气、二氧化碳、硫化氢等有害气体蓄积；温度与湿度变化，温度突然升高或下降，舍内湿度过高或过低；饮用水水质差或饮水不卫生，供水不足。

（2）疾病因素：多种疾病可引起鸡群产蛋率迅速下降。包括产蛋下降综合征、禽流感、非典型鸡新城疫、传染性支气管炎、鸡败血支原体感染、禽脑脊髓炎、传染性鼻炎、传染性喉气管炎、大肠杆菌病以及球虫病等。

（3）饲养因素：饲料营养成分不足或配比不平衡，原料品种及营养成分的变化、劣质饲料原料等；饲料品质改变，饲料发霉、变质或放置时间过长等；供料不足，换料时间太短。

（4）药物因素：生产中某些药物也可导致鸡群产蛋率迅速下降。如磺胺类药物、金霉素、链霉素、新霉素、喹乙醇、球痢灵、氨茶碱、盐霉素、新斯的明、氨甲酰胆碱和巴比妥类药物等。

（5）应激因素：如异常过大的声响，饲养人员红色衣服或红色物体刺激，持续高温或低温、高湿或干燥，鸡舍内有毒有害气体升高，强光照射或停止光照，饥渴，免疫接种时抓捕，注射以及动物进入鸡舍等。

2.防控措施

（1）健全光照制度：应注意产蛋期间需逐渐增加到 16 小时光照，强度为 10～15 勒克斯。遵循产蛋阶段光照时间宜长，不可缩短，不可减弱光照强度，不宜变动光照制度，不能忽照忽停，应保持舍内照度均匀和维持相应照度等原则。

（2）改善通风系统，适度降低饲养密度：增加通气量，一般应保持在 0.1～0.2 米 / 秒。饲养密度应根据鸡的体形大小而定，平均 3～5 只 / 米 ^{2}。

（3）保证鸡舍内的最佳温度和湿度：蛋鸡产蛋的最佳温度是 25℃左右，湿度是 55% 左右。

（4）保证清洁饮水和正常饮水：饮用水要卫生，经常检查供水系统，及时排除供水系统障碍，保证充足的饮水。

（5）做好疾病防控：疾病是引起蛋鸡产蛋率下降的重要因素。主要以预防为主。避免引进带菌鸡，隔离或淘汰发病及康复带菌鸡；对鸡舍进行彻底的清洗消毒；切断疾病的传播途径；加强饲养管理，提高鸡体免疫力等。

（6）严格遵守蛋鸡的营养标准，保证饲料营养的全价性：提高饲料水平，防止饲料霉变，不可频繁变更饲料和饲料原料。

八、蛋鸡场的生物安全管理

（一）生物安全管理的基本概念

生物安全就是指饲养场为防止疫病从一个地方传播到另一个地方或一个动物传播到另一个动物而采取的各种措施。主要包括两个方面：一是通过采取外部生物安全措施，防止病原微生物进入饲养场或饲养场某一区域，或将病原微生物进入养殖场的可能性降至最低限度；二是采取内部生物安全措施，最大限度降低饲养场内病原微生物由患病动物向易感动物传播的可能性。

生物安全管理体系是建立生物安全管理方针和安全目标并实现这些目标的体系。饲养场通过把组织机构与

①即危害分析与关键控制点体系，是国际上共同认可和接受的食品安全保证体系，也是一种科学、合理和系统的方法。主要通过识别生产过程中可能发生的环节，并采取适当的控制措施防止危害的发生；通过对加工过程的每一步进行监视和控制，从而降低危害发生的概率。具体可参考《蛋鸡饲养HACCP 管理技术规范》（NY/T 1338—2007）。

② ISO 22000：2005 标准是食品安全管理体系要求的使用指导标准，采用了ISO9000 标准体系结构，将 HACCP 原理作为方法应用于整个体系；明确了危害分析作为安全食品实现策划的核心，并将国际食品法典委员会(CAC) 所制定的预备步骤中的产品特性、预期用途、流程图、加工步骤和控制措施和沟通作为危害分析及其更新的输入；同时将HACCP 计划及其前提条件、前提方案动态、均衡地结合。

职责、工作程序、生物安全活动过程和各类资源等协调统一起来所形成的有机整体即为生物安全管理体系。

通过生物安全管理体系的有效运行，不仅可以切实将养殖场不存在的疫病拒之门外，而且还可以有效降低病原微生物有效感染的数量。因此，生物安全管理体系可有效减少养殖场受疫病的影响。

（二） 生物安全管理体系的基本要素和文件框架

为有效控制动物疫病的发生，确保蛋鸡生产健康发展，蛋鸡场应按照有关防疫标准，参照 HACCP①、ISO 22000②等管理标准体系，建立健全生物安全管理组织体系，制定并实施养殖场的风险分析评估、生物安全计划和动物疫病监测计划，制定标准操作程序（SOP），并做好相关记录，从而建立并有效运行生物安全管理体系。

▶ 蛋鸡场生物安全管理体系的基本要素

1.管理要求

➤组织

➤生物安全管理体系

➤文件控制

➤风险分析与评估

➤生物安全计划与安全检查

➤服务和供应品的采购

➤纠正措施、预防措施和持续改进

➤内部审核

➤管理评审

➤记录

2.技术要求

➤人员

➤设施设备和环境

➤物品

➤消毒

➤免疫

➤疫病监测

➤诊断

➤防治

➤废物处置

➤应急措施与疫情报告

➤➤ 生物安全管理体系文件的基本框架

生物安全管理体系文件一般分以下 4 个层次（图 8-1）。

图 8-1 生物安全管理体系文件的架构

第一层为生物安全手册（纲领性文件）；第二层为程序性文件（体系要素的规定）；第三层为标准操作程序或作业指导书（具体项目的操作规程）；第四层为证实性文件，主要包括管理记录和技术记录。

1.**生物安全手册** 生物安全手册是蛋鸡养殖场生物安全管理的纲领性文件，描述养殖场的生物安全管理体系、组织机构，明确生物安全管理方针和安全目标（即蛋鸡场防疫目标，应明确提出发病率、死亡率等量化指标），各种支持性程序以及在管理体系中各类人员的责任和相互关系。

2.**程序文件** 程序文件是生物安全手册的支持性文件，是手册中相关要素的展开和明细表达，具备较强的操作性；同时，程序文件也是管理层将生物安全手册的全部要素展开成具体的活动，由技术负责人或生物安全负责人分配落实到各部门或个人的操作程序。

3.标准操作程序（SOP）或作业指导书　标准操作程序是蛋鸡场管理人员、生产人员、技术人员及兽医从事具体工作的指导，包括防疫有关设备的标准操作程序、每个具体工作程序的标准操作程序，以及有关管理方面的标准操作程序三大类。

4.证实性文件　证实性文件主要包括管理记录和技术记录两大类。这些记录用于为可追溯性提供文件，为预防措施、纠正措施和验证提供证据。

管理记录主要是生物安全管理活动的记录，技术记录主要是蛋鸡场的生产、防疫、疫病检测、诊断、疫病治疗、消毒、免疫等技术活动的记录。

（三）生物安全管理的主要技术措施

在疾病的预防①和控制②过程中，蛋鸡场应采取一系列生物安全技术措施，其中科学选址是基础、清洁卫生是根本、完善管理是保证、有效消毒是关键、确切免疫是核心、科学用药是补充。具体工作涉及诸多方面。

> **鸡场的选址与布局**

鸡场的选址应符合当地畜牧业发展总体规划、土地利用发展规划、城乡建设发展规划和环境保护规划的要求，除考虑交通运输便利、方便生产经营、水电供应通畅等因素外，应着重考虑以下条件：

➤地势较高，采光充足，排水良好，周围有绿化隔离带或隔离条件好。

➤水质良好，符合要求。

➤生产区、生活区、行政区严格分开。

①疾病预防，就是采取各种措施将疾病排除于一个未受感染的鸡群之外。

②疾病控制，就是减少发病，降低发病率。

➤生产区内应严格区分净道和污道。

➤在鸡场大门口、生产区出入口以及每栋鸡舍的门口都应设置消毒池。

▶ 建筑与设施

➤鸡舍内墙面要求光滑，以便于清洗和消毒，并能耐酸、碱等消毒药液清洗消毒。

➤鸡舍应具备良好的防鼠、防蚊蝇、防虫和防鸟设施。

➤设备有良好的卫生条件并适合卫生检测。

➤笼具、笼架、料桶和饮水器的设计要合理，易于消毒和添加药物。

▶ 避免引进带菌带毒鸡①或病鸡等传染源

由新引进鸡只将疾病带进场内，是鸡场发生疫病的主要原因之一。因此，必须避免从发病鸡场或疫情不明的鸡场引进鸡雏、小鸡或其他禽类。应避免在同一个场内饲养不同品种的鸡，只能引进健康无病的种蛋或种雏。蛋鸡场疾病的来源及其控制对策见表8-1。

①指从临床痊愈，但鸡体的某些部分仍然携带有传染性微生物的鸡只。许多疾病都是由这类健康带毒鸡传播的。

表8-1　蛋鸡场疾病的来源及其控制对策

类别	主要来源	控制对策
人员	包括饲养人员、邻居、饲料或兽药等销售人员、参观者等。主要是通过人的手、衣服和鞋粘上病原体，使用被污染的设备，饲养管理大意，人自身感染，与邻居相互走访	谢绝一切参观；所有人员在进出场时都要执行消毒制度；不同鸡舍的饲养员不得串舍；接触可疑病鸡后要及时洗手、消毒、更换鞋帽和工作服；参加断喙、转群、免疫接种等工作人员，在工作前后一定要严格消毒
健康带菌（毒）鸡	这些外表貌似健康的鸡，其体内仍然有病原菌在繁殖，并可通过呼吸道或消化道等途径向外界排毒	隔离饲养；加强消毒
恢复病鸡	有的病鸡通过治疗能够康复，但能长期带菌、排菌、污染周围环境，威胁其他鸡。常发生于多日龄组鸡群和混合品种鸡群	尽量实行全进全出制，即一场饲养同一批的鸡；确因生产需要时，要分开、分工饲养

（续）

类别	主要来源	控制对策
饲料	是最常见、易忽视、难防控的传染来源。饲料因原料、生产加工、包装袋、运输贮存等环节而发生污染。有些饲料成分可含有病原体，如肉骨粉、鱼粉中含有沙门氏菌等	加强检疫和消毒；使用植物蛋白成分，添加某些人工合成必需氨基酸的无鱼粉饲料；避免重复使用饲料包装袋
新引进雏鸡、种鸡和种蛋	垂直传播的疾病，如慢性呼吸道病、白血病、减蛋综合征等；由于蛋壳表面污染粪便、污物，病原随机进入，如马立克病病毒、大肠杆菌和沙门氏菌等	对种鸡要定期检疫，淘汰阳性种鸡。加强种鸡的饲养管理；做好种蛋的收集、消毒、贮存、孵化等管理工作
设备和器具	器械、用具可携带病原微生物和寄生虫，易被忽视，主要有断喙器、连续注射器、疫苗保温桶、运输小车等	鸡场大门口应设置消毒池，加强进出入车辆的消毒；注意各种器具的消毒
其他多种原因	包括实验室泄漏，啮齿动物、野禽、昆虫等带入，犬和猫等动物可能带有巴氏杆菌、某些寄生虫等；老鼠的排泄物会污染饲料，使鸡场不断发生沙门氏菌病	要注意灭鼠、防鸟，杀灭昆虫、甲壳虫；鸡场要及时清扫、消毒，喷洒杀虫剂以防虫害

①隔离就是指为控制传染源，防止健康鸡群继续受到传染，将假定健康鸡群与病禽、可疑感染禽分开，区别对待。

▶ 隔离①

其基本程序见图 8-2。

▶ 人员的控制

应当让所有人都知道他们是一种重要的疾病传播媒介。

许多传染病都可由人员被污染的手、鞋和衣服等直接传播或通过污染的器具等而间接传播，如新城疫、马立克病、禽霍乱、传染性支气管炎和沙门氏菌病等。为此，必须在每次进出入鸡舍前进行严格而彻底的淋浴、消毒和更衣。

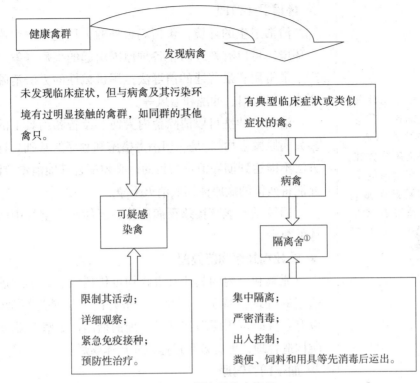

图 8-2　隔离的基本流程

▶ **全进全出制**②

其执行程序是：

1.**全群同期进场**（舍）　即当购买 1 日龄母雏或后备蛋鸡时，不论数量多少，一律集中在 1 周内全部进齐。

2.**全群同期出场**（舍）　后备蛋鸡场的鸡养到出场（或转群）日龄或蛋鸡场的蛋鸡养到淘汰日龄时，全场或全舍所有的鸡一律在 1~3 天内出场，场内各栋鸡舍或某一栋舍实现全面清空。

3.**全场**（舍）**消毒、鸡舍置闲**　鸡群全部出场后，对鸡舍及其设备进行全面彻底的清扫、冲刷和消毒。鸡舍至少在两周内不养鸡。

①应选择不易散播病原体、消毒处理方便的舍进行隔离。

②指在同一栋鸡舍或同一场同时间内只饲养同一日龄的鸡，经过一个饲养期后，又在同一天(或大致相同的时间内)全部出栏。

环境卫生管理

清洁卫生的环境，包括鸡舍外的大环境和鸡舍内的小环境，可以有效地防止各种原因引起的疾病暴发。生产中最常用和最普通的消毒法是用机械性的方法清除病原体，如清扫、冲洗和通风等。

清扫、冲洗可以清除舍内粪便、设备和用具上的大多数病原微生物[①]，是一切消毒措施和程序的基础。这些方法不能达到彻底消毒的目的，必须配合其他消毒方法，才能将残留的病原体彻底消灭干净。

通风虽不能直接杀灭病原体，但能减少空气中病原体的数量。

病死鸡和废物的处理

死鸡和舍内的其他有机物均可传播疾病，必须进行适当的处理，特别是病死鸡。最好的方法是进行焚烧，没有条件时可用深埋和腐烂处理的措施。如病死鸡处理坑构造合理，可有效和迅速地使尸体腐烂。

加强饲养管理

充足的营养和良好细致的管理，是鸡只正常健康生长和免疫系统发育的保证。

有些疾病是由于营养物质不足或不平衡导致的，有些疾病只有在发生营养物质不足、免疫力下降等条件下才发生。

几乎所有种类的维生素、钠、氯化物、硒以及氨基酸缺乏等，都可不同程度地引起鸡体免疫力下降。

减少应激刺激：应激可以降低鸡群的生产性能，增加鸡群对疾病的易感性。有些应激，如断喙、免疫注射和转群等，是由生产管理过程中必须进行的工作所造成的，是不可避免的；有些应激则完全可通过良好的日常管理而得到预防和避免。例如，空气中氨浓度过高、光照不适宜和饲养程序不当等，通过饲养员的精心工作可

①经常清除粪便、加强日常清扫和严格消毒，可防止病原体在场内和舍内的定居和蔓延扩散，降低鸡群的死亡率，充分发挥鸡的生产性能。

完全避免其发生。

消毒

消毒①是防疫工作中的一个重要环节。

鸡场的消毒根据场所不同可分为舍内消毒②、舍外（环境）消毒③和定点消毒④；根据时机不同，可分为定期消毒和随时消毒。

其他消毒工作包括：饮水管或饮水槽、食槽冲洗消毒，职工防疫服消毒。

免疫接种

免疫是防止传染病发生的重要手段。养鸡场必须根据本场疫病的发生情况认真做好各种疫病的免疫。

制订或选择最佳免疫程序：制订最佳免疫程序的目的在于用最少的人力、物力，收到最理想的免疫效果，以全面提高鸡群抵抗传染的免疫水平，达到控制和消灭相应传染病的目的。

选购合格厂家生产的优质疫苗，不用过期、失效、保存不当和标签、说明书不全的疫苗。

使用的疫苗要确保质量和免疫的剂量准确，免疫接种方法得当。

免疫前后要保护好鸡群，避免各种应激，提高免疫效果。

药物防治⑤

在正确诊断和检测的基础上，选择对症或针对某一病原体的敏感药物。

在防治效果近似的情况下，选择毒性小、副作用弱的药物更安全。

在防治效果、安全性相近的情况下，尽量选择价廉、货源广、便于保存和使用的药物。

按规定的剂量和浓度用药；按规定的疗程用药；选择最适合的投药方式。

①消毒是指用物理或化学等方法杀灭病原微生物或使其失去活性。

②室内消毒主要是指对鸡舍内的地面、墙壁、空间、房顶及屋内各种设备、物品的消毒。

③室外消毒主要是指对场院内室外环境的消毒。

④定点消毒是通常进行的消毒，包括对进入鸡场或生产区人员、车辆、物品的消毒，鸡舍用具的定期清洗、消毒等。

⑤为了预防某些动物疫病，在饲料或饮水中加入某种安全的药物进行的化学预防措施。可在一定时间使受威胁的易感动物不受疫病的危害，也是预防和控制动物传染病的有效措施之一。

▶ 健康监测

蛋鸡场的健康监测包括免疫抗体效价监测，即应用相应的监测技术，监测禽流感和新城疫等主要疫病的免疫抗体水平，了解鸡群的健康情况及疫苗免疫效果，分析免疫抗体效价变化规律，以指导科学免疫接种工作；还包括蛋鸡生长发育及生产指标的检查、投入品和环境的监测等内容。

有条件的，还要定期进行微生物监测，包括物体表面、空气、微生物污染程度，以及饮水和饲料等的监测。

▶ 疾病的诊断与防控

蛋鸡场应尽量对所有出现异常症状和死亡的蛋鸡进行临床检查、病理剖检和实验室诊断，及时进行治疗，避免疾病的扩散与蔓延，减少经济损失。

▶ 发生传染病时的应急处理措施

蛋鸡场应制定疫情处置应急预案，做好应急物品储备，定期进行应急处置技术培训和应急处置演练。在发生紧急事件时及时采取应急措施，确保蛋鸡场的生物安全和工作人员安全，最大限度地减少疫病造成的危害和损失。

（四）消毒

消毒是生物安全体系的中心内容和主要措施之一，可以防止外来病原体传入养殖场内，杀灭或清除外界环境中的病原体，切断传播途径，从而预防和控制传染病的发生、传播和蔓延。

▶ 常用消毒方法

消毒方法主要有物理消毒法、化学消毒法和生物消毒法。

1.物理消毒法

（1）阳光：阳光是天然的消毒剂，其光谱中的紫外线有较强的杀菌能力，阳光照射引起的干燥也具有杀菌作用。阳光照射几分钟到数小时，即可杀灭一般的病毒和病原菌。

（2）紫外线：一般要求在 30 分钟以上，每平方米需 1 瓦特的光能。但应注意，其杀菌作用受很多因素的影响，而且只对表面光滑的物体才有较好的消毒作用。紫外线对人体也有一定的损害，应注意防护。

（3）高温：使用高温进行烘烤或用火焰进行烧灼，是一种既简单又有效的消毒方法（表 8-2）。

表 8-2　常用的高温消毒方法

方法	用途	注意事项
煮沸消毒	各种金属物品、用具、玻璃器具、衣物等	可加入少许碱，如苏打或肥皂等，可防止金属生锈，提高沸点，增强消毒效果
蒸汽或高压蒸汽	各种金属物品、用具、玻璃器具、衣物等	
高温烘烤	各种金属物品、玻璃器具等	
火焰烧灼	粪便、垫草、污染的垃圾、价值不大的物品；病死鸡等；鸡舍地面、墙壁、鸡笼或其他金属物品等	应注意周围环境和鸡舍物品的安全

2.化学消毒法　在养鸡场最常用的消毒方法是用化学药品进行消毒。常用的化学消毒剂[①]主要有酸类、碱类、氧化剂、酚类、甲醛、醇类等。每种消毒药都有其自身的最佳应用范围和环境（表 8-3）。

用于消毒的化学药物称为化学消毒剂。按照消毒剂的作用水平，可将其分为高、中、低水平消毒剂。高水平（高效）消毒剂指可杀灭一切细菌繁殖体、病毒、真菌及其孢子等，对细菌芽孢也有一定杀灭作用，达到高水平消毒要求的制剂，包括戊二醛、过氧乙酸、二溴海因、二氧化氯和含氯消毒剂（漂白粉、次氯酸钠、次氯酸钙、二氯异氰尿酸钠、三氯异氰尿酸）等。

①理想的化学消毒剂应当是：在空气和水中性质稳定，不变质；易溶于水，使用方便；对人和动物比较安全；单位成本低；杀菌效果好，对多种病原微生物有效；无令人讨厌的或持久的气味和臭味；不会在禽肉、蛋内蓄积；对容器和纤维物品等没有破坏性和腐蚀性。

中水平（中效）消毒剂指仅可杀灭分枝杆菌、真菌、病毒及细菌繁殖体等微生物，达到消毒要求的制剂，包括含碘消毒剂（碘伏、碘酊）、醇类及其复合消毒剂、酚类消毒剂等。低水平（低效）消毒剂指仅可杀灭细菌繁殖体和亲脂病毒，达到消毒要求的制剂，包括苯扎溴铵、苯扎氯铵等季铵盐类消毒剂，醋酸氯己定、葡萄糖酸氯己定等双胍类消毒剂等。

表8-3　常见消毒剂的特性和作用

特　性	消毒剂种类							
	碱类	醛类	醇类	酚类	含氯类	碘制剂	季铵类	氧化类
杀灭无囊膜病毒	+++	+++	+++	无	无	++	无	++
杀灭有囊膜病毒	+++	+++	++	+++	+++	++	+++	++
杀灭细菌	+++	+++	+++	++	++	++	++	++
杀灭孢子	++	++	无	无	无	+	无	+
杀灭真菌	+++	+++	++	+++	++	++	++	+
存在有机物时的活性	+++	+++	++	+++	++	++	++	++
存在皂类物质时活性	有	有	有	有	有	有	无	有
残效	一般	一般	差	差	良	差	一般	差

注：+++高活性/优；++中等活性；+低活性。

3.生物消毒法　生物消毒法是利用自然界中广泛存在的微生物在氧化分解污物（如垫草、粪便等）中的有机物时，所产生的大量热能来杀死病原体。在养殖场中最常用是粪便和垃圾的堆积发酵，比较经济，消毒后可作为肥料。但只能杀灭粪便中非芽孢性病原微生物和寄生虫卵，不适用于细菌芽孢的消毒。

▶ **常用消毒程序**

1.鸡舍消毒程序

（1）杀虫灭鼠

▶蛋鸡出栏后1小时之内，鸡舍降温前立即用灭虫剂喷洒鸡舍内鸡粪及墙壁缝隙处，然后关闭鸡舍过夜。

➢清理完鸡粪后，再次向窗缝、门缝、墙缝、水泥缝、排水沟内喷洒灭虫剂。

➢在冲洗结束后，用火焰对以上缝隙处进行火焰喷烧，以杀死虫卵和幼虫。

➢蛋鸡出栏后连续 1 周投药灭鼠。

（2）冲洗鸡舍前准备工作

➢将鸡舍内围栏、料盘、饮水器和设备等移到舍外，用消毒剂进行浸泡。

➢对鸡舍内残留的鸡粪、鸡毛、灰尘等进行彻底清扫。

➢将鸡舍周围 3 米内的杂草铲除干净，然后喷洒除草剂。

➢鸡舍内断电，将料线电机、风机电机、散热片电机、配电箱用塑料纸、胶带进行密封包扎，防止冲洗过程中进水。

➢将鸡舍内灯泡卸下，灯口包扎防水。

➢将水线拆开准备冲洗。

（3）鸡舍冲洗

➢检查冲洗设备——高压冲洗机，并准备配套的水管、枪管和枪头，检查水量是否充足。

➢按照从上到下、从里到外的原则，即先屋顶、屋梁钢架，再墙壁，最后地面，力求冲洗仔细、干净，不留死角。

➢冲洗屋顶等高处时要踩着架子，每根角铁、每根钢丝绳、每根吊绳都要仔细冲洗两侧，要从一个方向直接冲洗到另一个方向。

➢冲洗风机时，要从里向外冲洗，连同风筒、防护网、头端、外墙、大门一起冲洗干净。冲洗进风口时不要向里冲。

➤冲洗篷布里面时要放开吊绳将篷布展开，从屋顶开始，从上到下冲洗，最后吊起篷布冲洗篷布外面和散水。

➤冲洗每段水线内部时要从一侧开始冲洗，干净之后再从另一侧冲洗，即两侧均要高压冲洗；冲洗水线、料线外侧时两侧均要冲洗。

➤技术员跟踪冲洗过程并随时检查冲洗质量。要求冲洗完后，所有设备、墙角、进风口、地面等处无鸡毛、无鸡粪、无灰尘、无蜘蛛网、无污染物。

➤冲洗结束后由技术小组对冲洗质量进行检查，若未通过，按小组建议整改，直至检查合格才进行下一工序。

(4) 鸡舍周围环境清理

➤将鸡舍周围残留的鸡粪、鸡毛、杂物等进行彻底清理。

➤对水帘循环水储蓄池进行清理、消毒。

(5) 鸡舍消毒

➤第一次消毒：在彻底清扫鸡舍后进行，使用2%氢氧化钠溶液对地面和墙壁进行喷洒消毒。

➤第二次消毒：在鸡舍冲洗合格之后进行，使用0.5%季铵盐类、碘制剂或农福对鸡舍环境和设备进行喷洒消毒。

➤第三次消毒：在全部设备就位进鸡之前进行，使用甲醛对鸡舍进行熏蒸消毒。

(6) 设备冲洗消毒

➤料盘、饮水器、围栏等用消毒剂浸泡消毒后，刷洗干净、晾干。

➤钢丝绳要用消毒剂擦拭消毒后，抹黄油保养。

➤不能用水冲洗设备，要用消毒液擦拭，然后熏蒸消毒。

➤料线要将内部余料清理干净，再将表面冲洗干净。

（7）水线浸泡冲洗

➤水线使用高压冲洗器冲洗后，组装起来，使用冰醋酸按照1∶100比例浸泡水线12小时，之后用清水冲洗干净。

➤在进鸡前3天对水线再次使用乙酸按1∶500比例浸泡12小时，然后使用清水冲洗干净。

➤在进鸡前2天对水线进行正常供水，然后逐个检查乳头是否出水。如不出水，则拆下进行处理，直至每个乳头都正常出水。

（8）舍外消毒

➤将鸡舍周围3米的杂草清除干净。

➤对鸡舍外环境、道路等用2%火碱进行喷洒消毒。

（9）空舍期检查

➤清洗检查：每次清洗结束后消毒前，技术员要对清洗情况进行检查验收，不合格的要返工，不能直接进行下一个环节。

➤采样检查：根据流程要求的环节进行采样并检查细菌指标。具体指标见表8-4。

➤进行所有其他必需的保养和检查维修，包括道路、房屋、供水系统和储水池、电路、消防设施等。

表8-4　鸡舍消毒效果评估标准

样本位置	建议样本数	细菌总数（个/米²）			沙门氏菌检测结果
		最佳标准	可接受量	最大可接受量	
墙壁	4	0	5	24	无
地面	4	0	30	50	无
料槽和水槽	1	0	5	24	无
产蛋箱	20	0	5	24	无
缝隙	2	0	5	24	无
排水沟	2	0	50	100	无
风扇叶	4	0	5	24	无

①需要注意：活疫苗免疫接种前后3天内不要进行带鸡消毒；配制的消毒液要一次用完；一般应在中午、下午进行，暗光条件最好；对雏鸡喷雾，药液温度要比育雏温度高3~4℃。

2.带鸡消毒程序①

（1）先清扫污物，包括鸡笼、地面、墙壁等处的鸡粪、羽毛、污垢及房顶、墙角蜘蛛网和舍内的灰尘。

（2）关闭门窗，关闭门窗，提高舍温1~2℃。冬季带鸡消毒时应将药液温度加热到室温，喷雾时舍内温度应比平时高3~5℃。

（3）常用消毒药有0.1%~0.25%过氧乙酸、0.1%~0.15%新洁尔灭、200毫克/升三氯异氰尿酸钠、0.25%~0.5%碘伏、0.5%百毒杀和0.5%农福。消毒液用量可按每立方米空间20~50毫升计算，也可按每平方米地面60~180毫升计算。最好每2~3周更换一种消毒药。

（4）消毒顺序一般按照从上至下，即先房梁、墙壁再笼架，最后地面的顺序；从后往前，即从鸡舍由里向外的顺序，如果采用纵向机械通风，前后顺序则相反，应从进风口向排风口顺着空气流动的方向消毒。

（5）喷雾消毒时，喷头向上，距鸡体上方50~60厘米。

（6）雾滴大小控制在80~120微米。消毒液要均匀喷雾在鸡只体表、笼具和地面上，以鸡羽毛微湿即可。

（7）育雏期每周消毒2次，育成期每周消毒1次，发生疫情时每天消毒1次，连续3~5天。

（8）消毒完成15分钟后，通风换气。

带鸡消毒的合格标准见表8-5。

表8-5　带鸡消毒后微生物检测标准（个/厘米² 或个/厘米³）

检测部位	评价级别			
	优	良	中	差
地面	0~100	101~500	501~1 000	1 001以上
舍内空气	0~10	11~20	21~30	31以上
料槽外	0~10	11~20	21~30	31以上
饮水器外壁	0~30	31~100	101~500	501以上

3.人员消毒程序

(1) 人员进场程序

➤在鸡场入口设置喷雾装置。喷雾消毒液可采用 0.1%新洁尔灭或 0.2%过氧乙酸。所有进入鸡场的人员都必须经过喷雾消毒。

➤所有进入生产区的人员都必须淋浴洗澡。洗澡时，必须用洗发液清洗头发，用香皂或沐浴露清洗全身，尤其注意暴露在外的脸、耳朵、手臂、手和指甲的擦洗。

➤洗澡完毕，更换有区域标识的工作服和靴子，通过更衣室出口的消毒池进入生产区。

➤洗澡消毒程序必须是单向的，杜绝从干净区（更衣室内侧）返回污染区（外侧）。

➤非生产区工作人员（场长、统计、厨师等），统一穿具有非生产区标识的工作服。工作服局限于工作时间穿着，不得穿出本场。

➤疫病流行期，非生产区工作人员从场外进入场内时，必须淋浴洗澡后，更换统一的工作服。

➤浴室地面每天先用清水冲洗干净，然后用拖把蘸取消毒液擦洗一遍，最后用清水冲洗干净。

➤更衣室墙壁，每周用消毒液擦洗一次，然后用清水冲洗干净。

(2) 人员出场程序

➤离开生产区时，所有人员需穿靴子经过浴室门口的消毒池，在浴室内淋浴洗澡，更换自己的衣服后离场。

➤不得穿工作服离开生产区。

➤工作服和私人服装必须分开存放，避免交叉污染。

(3) 人员进鸡舍程序

➤鸡舍门口设脚踏消毒池，水深 2~3 厘米。池内不要放草帘或麻袋。

➤脚踏盆内消毒液每天至少更换一次。

> 进入鸡舍的所有人员，必须脚踏鸡舍门前的消毒盆，手经过清洗消毒后方可进入。

> 一般情况下不准从鸡舍侧门进入鸡舍。特殊情况必须从侧门进入鸡舍的，必须穿刷洗干净的雨靴，脚踩消毒盆，手经过清洗消毒后，方可进入鸡舍。

（4）人员出鸡舍程序

> 所有离开鸡舍的人员，出鸡舍前应清理掉鞋子上的灰尘杂物，然后脚踏消毒盆出去。

> 发生疫情时，人员不许从鸡舍侧门出入。必须更换舍外靴子后，脚踏鸡舍门前的消毒盆，手经过清洗消毒后方可出去。

4.车辆消毒程序

（1）车辆进场程序

> 消毒池①用2%~3%氢氧化钠溶液或其他消毒剂，夏季每天更换一次消毒液，冬季2~3天更换一次。如遇雨天、来人多等情况，应及时更换消毒液，确保消毒液有效。

> 场区道路应硬化，两旁设排水沟，沟底硬化，有一定坡度，排水方向从清洁区流向污染区。

> 场区内净道、污道分开，鸡雏车和饲料车走净道，鸡毛车、出粪车和死鸡处理走污道。

> 所有进入场内的车辆，必须先在场区门口指定位置对车轮、车体进行冲洗消毒。

> 进场车辆的驾驶人员在生产区不得下车。

> 如果有特殊情况需下车，驾驶员应进行喷雾消毒，然后穿上一次性工作服、一次性靴子和帽子后才能下车进入生产区，但不能进入鸡舍。

> 发生疫情时，所有非生产车辆禁止入场，如送菜的车辆或其他运送小物品的车辆，应停在大门口外面，物品由非生产人员运送入场。

①鸡场大门口应设立车辆消毒池，宽2米，长4米，水深5厘米以上。

（2）车辆出场程序

➤所有出场的车辆，必须进行喷雾消毒后，方可离场。

➤发生疫情时，必须对所有出场的车辆的车轮、车体进行冲洗消毒。

➤如驾驶员在场内下车，在出场之前，换掉一次性鞋子和一次性工作服并将其留在场内，然后经过消毒池后出鸡场。

5.物品消毒程序

（1）物品进出场消毒程序

➤所有进入场区的物品，必须用消毒剂进行喷雾或浸泡消毒。不能通过喷雾或浸泡消毒的物品，要通过紫外灯箱消毒后才能带进鸡场。

➤注射器、针头、玻璃瓶等用具，经高温灭菌后才能进入鸡舍内使用。

➤正常情况下，出场的任何物品都要清理干净。

➤发生疫情时，所有出场物品必须消毒后方可出场。

➤药物、饲料等的消毒：对于不能喷雾消毒的药物、饲料等物料的表面采用密闭熏蒸消毒。密闭消毒 3~8 小时以上。物料使用前除去外包装。

➤医疗器械消毒：使用过的各种器械，如注射器、针头等先用 0.5%碘伏浸泡刷洗后，再放入戊二醛溶液浸泡 12 小时以上，取出后用洁净水冲洗晾干备用。也可直接进行高压灭菌处理。

➤活疫苗空瓶处理：每次使用后的活疫苗空瓶应集中放入有盖塑料桶或塑料袋中进行高压灭菌处理。

（2）物品进出鸡舍消毒程序

➤进入鸡舍的物品，必须进行喷雾或消毒液浸泡。

➤发生疫情时，与进鸡舍的物品同样操作。

➤免疫完成后，疫苗箱内外表面、防疫器械表面和多余疫苗的疫苗瓶表面，用酒精擦拭消毒后方可出鸡舍。

6.饮水系统清洗消毒程序

（1）分析水质：分析结垢的矿物质含量（钙、镁和锰）。如果钙、镁、锰含量高，必须把除垢剂或酸化剂纳入清洗消毒程序。

（2）选择清洗消毒剂：选择能有效地溶解水线中的生物膜或黏液的清洗消毒剂。最佳产品是35%双氧水溶液。在使用高浓度清洗消毒剂之前，应确保排气管工作正常，以便能释放管线中积聚的气体。

（3）配置清洗消毒液：为了取得最佳效果，请按照消毒剂标签上建议的上限浓度使用。可在大水箱内配制清洗消毒液，不经过加药器、直接灌注水线。灌注长30米、直径20毫米的水线，需要30~38升的清洗消毒溶液。

（4）清洗消毒水线：水线末端应设有排水口，以便在完全清洗后开启排水口彻底排出清洗消毒液。

（5）水线消毒程序

➤打开水线，彻底排出管线中的水。

➤将消毒液灌入水线。

➤观察从排水口流出的溶液是否具有消毒液的特征，如带有泡沫。

➤一旦水线充满清洗消毒液，关闭排水口阀门；将消毒液保留在管线内24小时以上。

➤保留一段时间后，冲洗水线。冲洗用水应含有消毒药，浓度与鸡只日常饮水中的浓度相同。可在1升水中加入30克5%漂白粉，制成浓缩消毒液，然后再按每升水加入7.5克的比例，稀释浓缩液，即可制成含氯3~5毫克/升的冲洗水。

➤水线经清洗消毒和冲洗后，流入的水源必须是新鲜、且经加氯处理（离水源最远处的浓度为3~5毫克/升）。如果使用氧化还原电位计检查，读数至少应为650。

➢在空舍期间，从水井到鸡舍的管线也应彻底清洗消毒。最好不要用舍外管线中的水冲洗舍内的管线。请把水管连接到加药器的插管上，反冲舍外的管线。

（6）去除水垢：水线清洗消毒后，可用除垢剂或酸化剂产品去除其中的水垢。请遵循制造商的建议，常使用柠檬酸作为除垢剂。

（7）使用柠檬酸去除水垢的程序

➢取柠檬酸制成 110 克 / 升浓缩液。按照每升水 7.5 克的比例，稀释浓缩液。用稀释液灌注水线，并将稀释液在水线中保留 24 小时。要达到最佳除垢效果，pH 必须低于 5。

➢排空水线。用漂白粉（5%）配制 60~90 克 / 升的浓缩液，然后稀释成每升水 7.5 克的消毒液。用消毒液灌注水线，并保留 4 小时。

➢用洁净水冲刷水线（应在水中添加常规饮水消毒浓度的消毒剂），直至水线中的氯浓度降到 5 毫克 / 升以下。

（8）保持水线清洁：水线经清洗消毒后，保持水线洁净至关重要。应制定良好的日常消毒规程。理想的水线消毒规程应包含加入消毒剂和酸化剂。该程序需要两个加药器，因为在配制浓缩液时，酸和漂白粉不能混合在一起。如果只有一个加药器，应在饮水中加入每升含有 40 克 5%漂白粉的浓缩液，然后按每升水 7.5 克稀释。最终目标是，使鸡舍最远端的饮水中的氯浓度稳定保持在 3~5 毫克 / 升。

7.环境消毒程序

➢生产区内道路、鸡舍周围、场区周围及场内污水池、排粪坑、下水道要定期消毒。

➢一般应采用 3%氢氧化钠溶液，朝地面喷洒。

➢消毒液的使用量应保证 30 分钟内不干。

➢消毒要全面彻底，不留死角，尤其是风机周围应重点消毒。

➢用氢氧化钠溶液喷洒时不要喷在屋顶、料塔等易被腐蚀的地方。

➢消毒完后，应用清水将机器内的消毒液冲刷干净。

➢场区环境消毒应每周1次，春、秋、冬三季在白天进行，夏季在7：00以前或18：00以后进行。发生疫情时，应每天消毒1次。

➢对操作间、舍门口周围、风口、风机百叶窗及周围应使用1：500百毒杀，每天消毒一次。

➢办公室、宿舍、厨房、冰箱等必须每周消毒一次。

➢卫生间、食堂餐厅等每周必须消毒2次。疫情暴发期间每天必须消毒1次。

➢将每天或定期清除出来的鸡粪、死鸡等经由污道运至专门的污物处理区。每次工作结束后，必须消毒。

注意事项与消毒记录

1.消毒注意事项

➢消毒时，应首先清除消毒对象表面的有机物。

➢消毒液浓度要适当，温度和湿度要适宜，消毒方法要正确，消毒时间要保证。

➢不同消毒药品不能混合使用。

➢消毒剂要轮换使用。

➢稀释消毒药时使用杂质较少的深井水、自来水或白开水，现用现配，一次用完。

➢按疫病流行情况掌握消毒次数，疫病流行时加大消毒频度。

2.消毒记录

每次消毒后，应立即做好相关记录。记录应包括消毒日期、消毒场所、消毒剂名称、消毒浓度、消毒方法、消毒人员签字等内容。

（五）免疫接种

使用疫苗进行免疫接种是提高动物机体免疫力、预防动物疫病发生和流行的关键措施之一。动物接种疫苗后可以获得针对某种传染病的特异抵抗力，避免感染和发病。但是，采取哪一种免疫方法，应当根据疫苗的种类、性质以及养殖环境的实际情况来决定。

▶ 常用疫苗种类和贮存方法

1.**常用疫苗**　蛋鸡养殖主要免疫的疾病有禽流感（H5、H7、H9）疫苗、新城疫疫苗、马立克病疫苗、传染性法氏囊病疫苗、传染性支气管炎（H120、H52、油苗）疫苗、鸡痘疫苗、传染性喉气管炎疫苗、鸡传染性鼻炎疫苗等。

（1）禽流感疫苗：主要包括重组禽流感病毒（H5+H7）二价灭活疫苗（H5N1 Re-8 株 +H7N9 H7-Re1 株）、禽流感（H9 亚型）灭活疫苗（SS 株）。

（2）新城疫疫苗：分灭活苗和活苗。活苗主要有Ⅰ系、Ⅱ系（B1 株）、Ⅲ系（F 系）、Ⅳ系（LaSota 株）和克隆-30 等。Ⅰ系为中等毒力疫苗，对雏鸡的毒力较强，多用于 2 月龄以上鸡或紧急预防接种。Ⅱ系、Ⅲ系、Ⅳ系、克隆 -30 为弱毒疫苗，其中克隆 -30、Ⅳ系的效果较好。灭活苗多为油佐剂苗，效力可靠且免疫期长。

（3）马立克病疫苗：有两种类型的弱毒疫苗，一种为马立克病细胞结合性的活毒疫苗，又称冰冻疫苗，如 SB1 苗、814 苗，保存条件要求严格，需液氮保存；另一种为病毒脱离细胞的火鸡疱疹病毒（HVT）疫苗，又称冻干疫苗，可以冻干，保存较容易，可用于种鸡或蛋鸡的日常免疫，但不能用作紧急预防接种。

（4）传染性法氏囊病疫苗：可分为弱毒苗和灭活苗

两类，弱毒疫苗按其毒力大小又可分为三种，即高毒型（如 MS、BV 株）、中毒型（如 Cu-1、BJ836、B2 和 B87 株）和低毒型（如 D78、PBG98、LKT 和 K 株）。灭活苗具有不受母源抗体干扰、无免疫抑制风险等优点，主要用于种鸡。中等毒力活疫苗效力稍好，主要用于有母源抗体的雏鸡，以及法氏囊病流行严重的地区。低毒力灭活苗主要用于无母源抗体的雏鸡。

（5）传染性支气管炎疫苗：有弱毒疫苗和灭活疫苗两种。目前使用最广泛的弱毒疫苗是 H52 和 H120 株弱毒疫苗，两者均为马萨诸型。此外，还有其他血清型，如康涅狄格。H120 毒力比较温和，对各种日龄的鸡均安全有效，主要用于幼龄雏鸡；H52 毒力稍强，一般用于 21 日龄以上鸡。灭活疫苗用于 30 日龄以内的雏鸡 0.3 毫升 / 只，成年鸡 0.5 毫升 / 只。

（6）鸡痘疫苗：有两类，一类是由鸽痘病毒制成的，另一类是由鸡痘弱毒病毒制成的。鸽痘弱毒苗是一种异源疫苗，适用于各种年龄的鸡，对 1 日龄雏鸡也没有不良反应，但免疫力稍差，一般免疫期为 3~4 个月。鸡痘弱毒苗适用于 20 日龄的鸡，用于雏鸡接种可能会引起严重的反应，免疫期 5 个月左右。

（7）传染性喉气管炎疫苗：含传染性喉气管炎病毒至少 $102.7\ EID_{50}/$ 羽份（鸡胚源苗）或 $102.0\ EID_{50}/$ 羽份或 $102.5\ TCID_{50}/$ 羽份（组织培养苗）。这种弱毒疫苗具有免疫期长、免疫效果好、使用方便等优点，但存在散毒的风险。一般采用点眼或滴鼻方式进行免疫接种，采用饮水免疫方式接种则完全无效，用喷雾方式接种可能会产生副反应。

（8）鸡传染性鼻炎油苗：一般为鸡传染性鼻炎 A、C 二价灭活疫苗。含副鸡嗜血杆菌（A 型、C-Hpg-8 株），灭活前的细菌含量至少为 50 亿 / 毫升。胸部或颈背皮下注射：42 日龄以下鸡，每只 0.25 毫升；42 日龄以上鸡，每只 0.5 毫升。

2.疫苗贮存方法 疫苗种类不同，要求的保存条件也不一样。一定要仔细阅读疫苗使用说明书或标签，严格按照要求保存疫苗。

（1）贮存设备：根据不同疫苗品种的贮存要求，选择相应的贮存设备，如低温冰柜、医用冰箱、医用冷藏柜、液氮罐等。

（2）贮存温度：不同疫苗要求不同的贮存温度。

（3）活疫苗均应低温保存：国产冻干活疫苗一般应在 –20℃以下保存，进口冻干活疫苗一般应在 2~8℃保存。细胞结合型马立克病疫苗则应在液氮中保存。灭活疫苗在冷藏室 2~8℃保存，切勿冻结，不要暴晒。

3.疫苗贮存管理规范

➢疫苗应低温保存和运输，但应注意不同种类的疫苗所需的最佳温度不同。

➢所有疫苗必需按照说明书要求的温度条件进行保存、运输。

➢每台冰箱内应放 2 支以上的水银温度计，每天至少检查 2 次温度。

➢每台冰箱外贴一份温度记录表和疫苗存放记录表，由保管人员适时填写。

➢冰箱内应备有足够的冰袋，以保证停电时温度不至升高到 12℃以上。

➢疫苗应有专人保管，并造册登记，以免错乱。

➢不同品种、不同厂家、不同批次、不同有效期的疫苗要分开存放。

➢对容易混淆的疫苗，必须用记号笔在瓶上或包装盒上做明显标记字样。

➢每月清点整理一次冰箱。

➢疫苗存放过程中发现过期或失效的疫苗，应及时焚毁。

➤疫苗贮存过程中应避免高温和阳光直射，在夏季天气炎热时尤其重要。

➤电冰箱或冷藏柜内结霜（或冰）太厚时，应及时除霜，使冰箱达到确定的冷藏温度。

➤尽可能减少打开冰箱门的次数，尤其是天气炎热时更应注意。

➤存放疫苗的专用冰箱，禁止贮存食物及其他药品。

➤稀释液可常温保存，但禁止结冰、阳光暴晒或温度过高。

➤ 免疫接种前的准备

1.免疫物品的准备

（1）疫苗和稀释液：按照免疫计划，准备所需疫苗和稀释液。检查核对并记录疫苗的名称、生产商、批准文号、生产批号、有效期和失效期等信息。检查疫苗瓶的外观，凡发现疫苗瓶破裂、瓶盖松动、失真空、超过有效期或标签不完整、色泽改变等情况，一律不得使用。

不带专用稀释液的疫苗，可选用蒸馏水、无离子水或生理盐水作为稀释液。

（2）免疫接种的器械：不同种类的注射器、针头、镊子、刺种针、点眼（滴鼻）滴管、饮水器、玻璃棒、量筒、容量瓶、喷雾器、镊子、煮沸消毒器、高压灭菌器、搪瓷盘、疫苗冷藏箱等。

（3）免疫接种器械的清洗与消毒程序

冲洗：将注射器、针头、点眼滴管等用清水冲洗干净。

玻璃注射器：将注射器针管、针芯分开，用纱布包好。

金属注射器：拧松活塞调节螺丝，用纱布包好。

针头：成排插在多层纱布的夹层中。

将用灭菌纱布包好的注射器、针头放入高压灭菌器中，121℃高压灭菌15分钟；或煮沸消毒，放钢精锅或铝锅内，加水淹没物品2厘米以上，煮沸30分钟，待冷却后放入灭菌器皿中备用。

灭菌后的器械若1周内不用，下次使用前应重新消毒灭菌。

严禁使用化学药品对免疫接种器械进行消毒。

➢消毒药品：70%酒精、2%~5%碘酊、来苏儿或新洁尔灭溶液、肥皂等。

➢防护药品：防护服、胶靴、橡胶手套、口罩、工作帽和护目镜等。

➢其他物品：免疫记录表、脱脂棉、纱布、冰块等。

2.人员消毒和防护 免疫人员要穿戴防护服、胶靴、橡胶手套、口罩、工作帽。手指甲要剪短，双手要用肥皂水、消毒液洗净，再用70%酒精消毒。按照相关洗澡消毒程序进入鸡舍。

3.检查待免疫接种鸡群的健康状况 接种前要了解待免疫蛋鸡群的健康状况。检查鸡群精神、食欲，有无临床症状等。怀疑有传染病或鸡群健康状况不佳时应暂缓接种，并进行详细记录，以备以后补免接种。

4.疫苗的预温和稀释

（1）疫苗的预温：使用前，从冰箱中取出疫苗，置于室温（15~25℃），以平衡疫苗温度。

（2）冻干疫苗的稀释

➢按疫苗使用说明书规定的稀释方法、稀释倍数和稀释剂稀释疫苗。

➢稀释前先除去疫苗瓶和稀释液瓶口的火漆或石蜡。

➢用酒精棉球消毒瓶塞。

➢用注射器抽取稀释液，注入疫苗瓶中，振荡，使其完全溶解。

➢全部抽出溶解的疫苗，注入疫苗稀释瓶中，然后再抽取稀释液，一般冲洗 2~3 次；注入疫苗瓶中，补充稀释液至规定剂量即可。

➢在计算和称量稀释液用量时，应细心和准确。

➢稀释过程应避光、避尘和无菌操作，尤其是注射用疫苗应严格无菌操作。

➢稀释好的疫苗应尽快用完，尚未使用的疫苗应放在冰箱或冷藏包中冷藏。

➢对于液氮保存的马立克病疫苗的稀释更应小心，应严格遵照生产厂家提供的操作程序操作。

（3）吸取疫苗

➢轻轻振摇稀释好的疫苗，使其混合均匀。

➢用 70% 酒精棉球消毒疫苗瓶瓶塞。

➢将注射器针头刺入疫苗瓶，抽取疫苗。

➢排除针管中的空气，排气时用棉球包裹针头，以防疫苗溢出，污染环境。

➢使用连续注射器时，把注射器软管连接的长针插至疫苗瓶底即可，同时插入另一针头供通气用。

▶ 免疫接种的方法

每种疫苗都有其最佳接种途径，弱毒疫苗应尽量模仿自然感染途径接种，灭活疫苗均应皮下或肌内注射接种。家禽接种的途径主要有饮水、滴鼻点眼、刺种、皮下注射和肌内注射等。

1.滴鼻点眼法（图 8-3）

（1）适用范围：适用于一些预防呼吸道疾病的疫苗，如新城疫Ⅱ系（B1 株）、Ⅲ系（F 株）、Ⅳ系（LaSota 株）、克隆 -30 株疫苗，传染性支气管炎疫苗（H120、H52、Ma5、28/86 等），传染性喉气管炎疫苗等。常用于雏鸡的基础免疫。

（2）操作程序

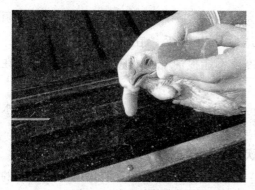

图 8-3 点眼接种疫苗

➤稀释液的用量应尽量准确，最好根据自己所用的滴管或针头试滴，确定每毫升滴数，然后再计算实际使用疫苗稀释液的用量。通常一滴约 0.05 毫升，每只鸡 2 滴，约需使用 0.1 毫升。

➤按上述方法稀释疫苗。

➤将疫苗倒入滴瓶内，将滴头安在瓶上，轻轻摇动。

➤免疫人员把鸡头水平放在免疫者的身体前侧，一只手握住鸡体，用拇指和食指夹住其头部，翻转头部，准备滴眼。

➤另一只手持滴管将疫苗滴入眼、鼻各 1 滴，操作顺序为先点眼后滴鼻，待疫苗进入眼、鼻后，将鸡放开。

➤滴管滴嘴与鸡体不能直接接触，离鸡眼或鼻孔的距离为 0.5~1 厘米。

➤操作要迅速，要防止漏滴和鸡甩头。

➤一手只能抓一只鸡，不能一手同时抓几只鸡。

➤20 日龄以下雏鸡，免疫人员可一人固定；20 日龄以上鸡，需两人配合完成，一人保定鸡体，另一人固定鸡头进行免疫。

（3）注意事项

➤应注意做好已接种和未接种鸡之间的隔离。

➤为减少应激，最好在晚上接种，如天气阴凉也可在白天适当关闭门窗后，在稍暗的光线下进行。

➤疫苗不能提前配制，应现配现用，并且在 1 小时内用完。

➤应对每只鸡进行免疫，确保产生的抗体水平整齐一致。

2.饮水免疫法

（1）适用范围：适用于对消化道有侵蚀性的弱毒疫苗，如传染性法氏囊病弱毒苗、传染性支气管炎弱毒苗、新城疫弱毒苗等。

（2）操作准备

➤前 7 天：根据免疫程序，确定具体接种日期、安排人员、布置工作。

➤前 6 天：查看鸡群吃料、呼吸症状、粪便等。

➤前 5~4 天：用消毒剂在夜间消毒水线；如果饮水中长期使用酸化剂，则无需消毒水线。

➤前 3 天：检查并维修加药器、饮水乳头等相关设备。

➤前 2 天：喂维生素 C，连用 2 天（种鸡必须，蛋鸡视情况选用），同时调试好加药器，并且记录 1 小时各加药器的吸水量（精确）。

➤前 1 天：喂维生素 C 后再次清洗水线加药器。准备好免疫用具：疫苗、稳定剂、吸药用桶（每栋 1 个，另需 1 个换药时用）、4 个接排污水用提桶、4 个滴口用小瓶。种鸡场还需调好开灯时钟（如果多栋同时进行，每栋舍的开灯相差 15 分钟）。

（3）操作步骤

➤准备好免疫接种相关器材，要求所有与疫苗接触的物品（水线、水、桶等）要干净、无污染，且绝对不含消毒剂、洗涤剂等化学品。

➤免疫前 30 分钟称量好清水若干升（一般为 3 小时

实际用水量的总和），按 0.1%~3%加入脱脂乳或山梨糖醇等疫苗稳定剂。

➢配制疫苗前应再次核对并确认疫苗标识无误（名称、头份、有效期等）。

➢鸡舍开灯前 15 分钟，开始按免疫剂量配若干头份疫苗，混匀。

➢配制疫苗时应将疫苗瓶浸入水中开启瓶盖。

➢该舍疫苗配好后立即派人到水线末端排水，排水 10 分钟即停止排水；同时用加药器吸取配制的疫苗液，等待开灯让鸡群正常饮用。

➢盖好盛装排出水的桶，并推出鸡舍。

➢再按以上步骤进行另一个鸡舍的免疫：分取稳定剂，按鸡只羽份配制好疫苗，排水 10 分钟，开灯饮用。

➢开灯后 15 分钟从吸药桶中取疫苗水 1 小瓶（滴瓶）带入鸡舍，给蛋箱中的鸡滴口 5 滴，将地面上的鸡抱到乳头下喝水。

➢技术员应注意观察各舍鸡疫苗水饮用情况，待第一桶疫苗水快饮完时（约 50 分钟）配制第二桶，第二桶快饮完时配制第三桶（方法同上），每舍共饮 3 次疫苗，每次 1 羽份 / 只。

➢保证每只鸡都饮到含疫苗的水，饮完疫苗水后，再供给正常饮水。

➢种鸡饮水免疫一般应开灯喂料时进行，蛋鸡于早上 8：30—9：00 吃料高峰时进行。

（4）注意事项

➢特别要注意配制好疫苗的水要与尚未配疫苗的水分开，不能出错。

➢饮用疫苗后要观察鸡群（产蛋率、死淘率、吃料快慢、症状等）。

➢用不含消毒剂的水将配疫苗用的桶清洗干净。

➢稀释疫苗不能使用金属容器，稀释疫苗的饮水不能用自来水。

➢饮水器数量要充足，以保证所有鸡能在短时间内饮到足够的疫苗。

3.喷雾免疫

（1）适用范围：适用于一些预防呼吸道疾病的弱毒活疫苗，如新城疫Ⅱ系（B1株）、Ⅲ系（F株）、Ⅳ系（LaSota株）、克隆-30株疫苗，传染性支气管炎弱毒苗（H120、H52、Ma5、28/86等）等。

（2）操作程序

➢准备专用喷雾设备。

➢免疫前应检查并调整舍内温度和湿度，温度16~25℃为宜，相对湿度70%左右为宜。

➢计算疫苗剂量，应在1羽份的基础上增加1/3倍量。

➢使用蒸馏水或去离子水，用量为每1 000只鸡250~500毫升。

➢关闭鸡舍所有门窗，停止使用所有通风设备。

➢疫苗配制好后，立即喷雾。

➢晚上喷雾免疫时，应关灯（用手电筒照明）进行，或者将光线变暗或摇起卷帘。

➢喷雾免疫时应喷到所有的地方，喷雾器距鸡40厘米高。

➢严格控制雾滴的大小，雏鸡雾滴直径为20微米，成年鸡为10微米。

➢喷雾免疫完后，使用蒸馏水冲洗喷雾器2次，每次5~10分钟。

➢喷雾免疫后开灯一段时间，促进鸡呼吸，以使鸡吸进疫苗。

➤喷雾免疫 10~15 分钟后，再启动排风设备。

（3）注意事项

➤清洗喷雾器的蒸馏水中应无消毒剂。

➤喷雾人员应戴防毒面具或眼镜。

➤菌苗喷雾免疫前后 7 天不能使用抗生素。

4.刺种法

（1）适用范围：适用于鸡痘弱毒疫苗的免疫。

（2）操作程序

➤按疫苗使用说明书对鸡痘疫苗进行稀释。

➤对成年鸡，应由两人配合完成。抓鸡人员一手将鸡的双脚固定，另一手轻轻展开鸡的翅膀，拇指拨开羽毛，暴露出三角区；免疫人员用特制的疫苗刺种针蘸取疫苗，垂直刺入翅翼内侧无血管处。

➤对于雏鸡，可由一人完成。左手抓住鸡的一只翅膀，右手持刺种针插入疫苗瓶中，蘸取稀释的疫苗液，在翅膀内侧无血管处刺针。

➤接种部位：鸡翅膀内侧三角区无血管处。

➤拔出刺种针，稍停片刻，待疫苗被吸收后，将鸡轻轻放开。

➤再将刺针插入疫苗瓶中，蘸取疫苗，准备下次刺种。

➤每次刺种前，都要将刺针在疫苗瓶中蘸一下，并保证每次刺针都蘸上足量的疫苗。

➤经常检查疫苗瓶中疫苗液的深度，以便及时添加。

➤一般刺种后 7~10 天鸡刺种部位会出现轻微红肿、结痂，14~21 天痂块脱落。这是正常的疫苗反应，无此反应说明免疫失败，应重新刺种。

（3）注意事项

➤要经常摇动疫苗瓶，使疫苗混匀。

➤稀释疫苗时，须使疫苗完全溶解，稀释好的疫苗要在 1 小时内用完。

➤刺种部位应在鸡翅翼膜内侧中央，而不能在其他部位，防止伤及肌肉、关节、血管。

➤勿将疫苗溅出或触及接种区以外的其他部位。

➤刺种时应保证刺种部位无羽毛，防止药液吸附在羽毛上，造成剂量不足。

➤刺种针的针槽内须充满药液。

5.皮下注射法

（1）适用范围：适用于各种灭活疫苗和弱毒活苗的免疫接种。

（2）操作程序

➤注射灭活疫苗之前，应提前 30~60 分钟将灭活苗从冰箱内取出，置于室温下进行回温。

➤操作时，先使鸡头朝前腹朝下，用一只手的食指与拇指提起鸡头颈部背侧皮肤并向上提起。

➤另一只手持注射器由前向后从皮肤隆起处刺入皮下，注入疫苗。

➤颈部皮下注射部位宜在颈背部后 1/3 处。

（3）注意事项

➤免疫过程中应经常检查疫苗使用剂量是否准确，并检查疫苗使用方法是否正确。

➤免疫操作过程中，应经常摇动疫苗瓶。

➤注意不能将针头丢在鸡舍内。

6.肌内注射法

（1）适用范围：适用于各种灭活疫苗和弱毒活苗的免疫接种（图8-4）。

（2）操作程序①

➤注射灭活疫苗之前，应提前 30~60 分钟将灭活苗从冰箱内取出，置于室温下进行回温。

➤选用胸部肌内注射时，一般应将疫苗注射到胸骨

①注意事项：使用连续注射器注射时，应经常核对注射器刻度容量和实际容量之间的误差，以免与实际注射量偏差太大；紧急接种时，应先注射健康群，再接种假定健康群，最后接种发病群。

外侧的表面肌肉内。注意进针方向应与鸡体保持45°倾斜向前进针，以避免刺穿体腔或刺伤肝脏、心脏等。对体型较小的鸡尤其要注意。

➤腿部肌内注射的部位通常选在无血管处的外侧腓肠肌。进针方向应与腿部平行，顺着腿骨方向并保持与腿部30°~45°进针，将疫苗注射到腿部外侧腓肠肌的浅部肌肉内。

➤疫苗的注射量应适当，一般以每只0.2~1毫升为宜。

➤针头插入的深度为0.5~1厘米，日龄较大的鸡为1~2厘米。

➤在将疫苗液推入后，应慢慢拔出针头，以免疫苗漏出。

➤在注射过程中，应边注射边摇动疫苗瓶，力求疫苗均匀。

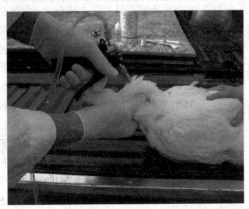

图8-4 注射疫苗

➤ 免疫程序的制定

可用于蛋鸡的疫苗种类繁多，免疫程序也多种多样。没有一个通用的免疫程序可适用于全世界各地或所有不同的情况。在制定免疫程序时，应重点考虑以下几方面的因素：

➤本地区流行的主要疾病。

➤本场的发病史及目前仍有威胁的主要疫病。

➤鸡的用途及饲养期。

➤鸡的品种和日龄。

➤鸡群健康状况。

➤所用疫苗毒（菌）株的血清型、亚型或株。

➤疫苗的生产厂家。

➤疫苗的免疫剂量和接种途径。

➤不同疫苗之间的干扰和接种时间。

➤某些疫苗的联合使用。

➤血清学监测结果。

➤➤ **建议的免疫程序**（表 8-6）

表 8-6　建议的蛋鸡疫苗免疫程序

序号	日龄	项目	毒株型	剂量	方法
1	1	马立克＋法氏囊	威力克/立克法＋冻克灵	1 头份	颈部皮下注射
2	1	新支二联	N79＋H120	2 头份	喷雾
3	2	传支	LDT-3	1.5 头份	喷雾
4	15	新支流	Lasota 株＋M41＋LG1 株	0.3 毫升	皮下注射
5	21	新支二联	VGGA＋H120	1 头份	点眼
6	25	鸡痘	M-92 株	1 头份	刺种
7	28	禽流感 H5＋H7	H5N1 Re-8＋H7N9 H7-Re	0.3 毫升	皮下注射
8	35	鸡支原体	MG＋MS	0.3 毫升	皮下注射
9	55	禽流感 H9	H9（ss）	0.5 毫升	皮下注射
10	60	禽流感 H5＋H7	H5N1 Re-8＋H7N9 H7-Re	0.5 毫升	皮下注射
11	60	新支二联	VGGA＋H120	2 头份	喷雾
12	105	新支二联	VGGA＋H120	2 头份	喷雾
13	105	禽流感 H9	H9（ss）	0.5 毫升	皮下注射
14		新支减	ND＋IB＋EDS	0.5 毫升	皮下注射
15	110	脑脊髓炎	AE	0.5 毫升	皮下注射
16	115	鸡痘	M-92 株	1 头份	刺种
17	120	禽流感 H5＋H7	H5N1 Re-8＋H7N9 H7-Re	0.5 毫升	皮下注射
每 2～3 个月进行 1 次新支二联喷雾免疫					
根据抗体情况进行 H9 和 H5 的免疫					

（六）药物预防与治疗

蛋鸡养殖场选用药物必须符合《中华人民共和国兽药典》《中华人民共和国兽药规范》《兽药质量标准》《进口兽药质量标准》和《兽用生物制品质量标准》的有关规定。

➤ 选择药物的一般原则

➤选购药物前，应对鸡病进行准确诊断。

➤根据兽医的建议，到质量有保证、信誉好的兽药店购买药品，并注意每种药品包装上的批准文号、生产厂址、生产日期或保质期，以及使用说明书。

➤要了解药品的主要成分及含量，以便掌握对症用药和适量用药，尤其是许多厂家生产的同一类药品，常冠以不同的商品名称，容易造成误导。

➤ 药物的使用方法

➤药物的使用一般有饮水、拌料和注射等方法。

➤饮水给药是最好的途径，但在用药前2~4小时应停止给水。药物的稀释水量应以保证所有鸡只均能在短时间内饮到并饮完加药水为好。

➤不溶或难溶于水或苦味的药物可用拌料给药，但必须混合均匀，以免造成一些鸡吃不到药而无效、一些鸡药物过量中毒。拌料可采用逐步稀释法。

➤注射给药时，应注意用具和注射部位的消毒，注射部位要准。

➤ 鸡常用药物

1.**青霉素类**　包括青霉素钠、青霉素钾、氨苄西林类、阿莫西林类等。

★与四环素类、头孢菌素类、大环内酯类、氯霉素类、庆大霉素配伍相互拮抗或疗效相抵或产生副作用，应分别使用、间隔给药。

★与维生素 C、罗红霉素、磺胺类、氨茶碱、高锰酸钾、盐酸氯丙嗪、B 族维生素、过氧化氢配伍沉淀、分解、失效。

2.头孢菌素类 包括先锋霉素Ⅳ、头孢唑林钠、头孢替唑、头孢匹林、头孢噻肟、头孢曲松等。

★与氨基糖苷类、喹诺酮类配伍疗效、毒性增强。

★与青霉素类、洁霉素类、四环素类、磺胺类配伍相互拮抗或疗效相抵或产生副作用，应分别使用、间隔给药。

★与维生素 C、B 族维生素、磺胺类、罗红霉素、氨茶碱、氟苯尼考、甲砜霉素、盐酸强力霉素配伍沉淀、分解、失效。

★与强利尿药、含钙制剂配伍会增加毒副作用。

3.氨基糖苷类 包括卡那霉素、阿米卡星、核糖霉素、庆大霉素、大观霉素、新霉素、链霉素、安普霉素等。

★大多数本类药物与大多数抗生素联用时，会增加毒性或降低疗效。

★与青霉素类、头孢菌素类、洁霉素类配伍时，疗效增强。

★与碱性药物，如碳酸氢钠、氨茶碱等配伍时，疗效增强但毒性也同时增强。

★卡那霉素、庆大霉素与其他抗菌药物不可同时使用。

4.大环内酯药物 包括红霉素、罗红霉素、硫氰酸红霉素、吉他霉素、北里霉素、泰乐菌素、替米考星、乙酰螺旋霉素、阿奇霉素等。

★与洁霉素类、麦迪素霉、螺旋霉素、阿司匹林配伍时，降低疗效。

★与青霉素类、无机盐类、四环素类配伍时，沉淀、降低疗效。

★与碱性物质配伍时，增强稳定性、增强疗效。

★与酸性物质配伍时，不稳定、易分解失效。

5.氯霉素类　包括甲砜霉素、氟苯尼考等。

★与喹诺酮类、磺胺类、呋喃类配伍时，毒性增强。

★与青霉素类、大环内酯类、四环素类、多黏菌素类配伍时有拮抗作用，抵消疗效。

▶ 用药注意事项

➢兽药批准文号每5年更换一次，批准文号过期的兽药已不能生产销售，购药时应注意。

➢使用原粉药物，既要用量准确，又要混合均匀，否则轻则无效，或使细菌抗药性产生速度加快，重则引起中毒。

➢未作配伍试验前，不应随意配伍，更不能加大剂量，应以厂家推荐使用剂量或兽医师指导剂量为准。

➢磺胺类药物及其抗菌增效剂，直接影响鸡肠道微生物对维生素 A 与 B 族维生素的合成。长期应用会导致鸡体贫血和出血，并造成肾脏损害；同时磺胺类药物与鸡体内碳酸酐酶结合，降低其活性，使鸡体碳酸盐的形成与分泌减少，致使母鸡产软壳蛋或薄壳蛋。

➢金霉素混合饲料浓度必须在 0.05%以下，且连用不能超过 7 天，否则会造成产蛋量和蛋的品质下降。

➢14 周龄以上的育成鸡和产蛋鸡禁用呋喃类药物，否则会因毒性反应导致产蛋率下降。

➢产蛋鸡应禁用莫能菌素、尼卡巴嗪、越霉素 A、马杜拉霉素、盐霉素等抗球虫药以及氨茶碱、病毒灵、硫酸黏杆菌素、新生霉素、北里霉素、维吉尼霉素等药物。

蛋鸡药物保健方案（表 8-7）

表 8-7　建议的蛋鸡药物保健方案（参考）

日龄	药物名称及用药方式	主要作用	备注
1	速补＋15％葡萄糖饮水；0.01％高锰酸钾（水呈粉红色）饮水	恢复体力，预防应激脱水，预防大肠杆菌和沙门氏菌	饮水保证 3 小时以上
2～7	电解多维饮水；恩诺沙星拌料（100 毫克/千克）	预防大肠杆菌、沙门氏菌	电解多维饮水至 15 日龄
8～10	黄芪多糖＋维生素 K_3 饮水	增强免疫力，减少断喙出血、应激	连用 3～5 天
12～15	泰乐菌素饮水（400 毫克/千克）；电解多维饮水	预防慢性呼吸道病	连用 3～5 天
28～30	保肝护肾药	解除前期用药对机体肝、肾的损害	连用 3 天
35～38	百毒杀＋电解多维饮水驱瘟止痢散拌料	预防病毒病和肠毒综合征	连用 3 天
60	左旋咪唑拌料（25 毫克/千克体重）	驱虫	用一次
75～80	环丙沙星饮水（50 毫克/千克）；速补＋黄芪多糖饮水	预防呼吸道病，防止转群应激增强免疫力	连用 5 天
90～93	驱瘟止痢散拌料	预防水样腹泻	连用 4 天
105	丙硫苯咪唑拌料（30 毫克/千克体重）	驱虫	用一次
115～120	黄芪多糖＋速补饮水	净化肠道 提高鸡群整齐度，预防细菌病和应激反应	连用 3 天
130～140	阿莫西林饮水（100 毫克/千克）；速补＋黄芪多糖饮水	预防输卵管疾病，提高鸡群整齐度，预防细菌病和应激反应	连用 4 天

注：以后每个月用阿莫西林饮水，预防输卵管炎；用驱瘟止痢散拌料，预防消化道和呼吸道病；并每月用保肝护肾药饮水 3 天。

（七）健康监测

蛋鸡养殖场应通过随机监测、非随机监测、主动监测、被动监测等方式，采用记录检查、临床检查、病理学检查和实验室检测等观察或检测方法，连续系统地收集鸡群疫病的发生、流行、分布及相关因素等动态分布信息，经过分析，预警鸡群健康事件发生的概率，把握疫病的发生发展趋势，提出并采取适宜的干预措施。

▶ **鸡群健康监测的基本内容**

1.生产状况监测　对生长发育及生产指标的检查和记录，是鸡群管理中最重要和最基础的部分，对于及时了解鸡群的生长发育、生产、健康和免疫力水平等，可提供准确而科学的基础信息。生产记录的内容一般应包括：

（1）雏鸡来源情况：包括进雏日期、进雏数量、雏鸡来源。

（2）日常生产记录：包括日期、日龄、进雏数量、死亡数、存栏数、温度、喂料量、鸡群健康状况、体重、产蛋量（包括畸形蛋类别和数量）等。

（3）消毒记录：包括消毒剂名称、用法、用量、消毒时间。

（4）免疫接种记录：包括疫苗、剂量、免疫途径、疫苗生产厂家、疫苗批号、操作人等。

（5）用药记录：包括药物名称、剂量、途径、生产厂家、生产批号等。

2.投入品监测　应定期检测饮水和饲料中的有害物质和微生物污染，如黄曲霉毒素、沙门氏菌等；定期检测饲料营养成分是否合理，如钙磷比例、蛋白质、氨基酸等。

（1）配合饲料和浓缩饲料的监测

▶新接收的饲料原料和各个批次生产的饲料产品，在进场后均应进行检查，并保留样品，样品应保留至该批产品保质期满后 3 个月或蛋鸡出栏后 3 个月。

➤留样应设标签，载明饲料品种、生产厂商、生产日期、批次、接收日期等事项，并建立档案由专人负责保管。

➤采购的蛋鸡配合饲料、浓缩饲料和预混料，应使用已取得饲料生产许可证和饲料生产企业审查登记证的企业所生产的产品。

➤饲料标签应符合《饲料标签》（GB 10648—2013）的要求。

➤在保证产品质量的前提下，生产厂可根据工艺、设备、配方、原料等的变化情况，自行确定出厂检验的批量。

➤感官要求：色泽一致，无发酵霉变、结块及异味、异嗅。

➤产品成分分析保证值应符合饲料标签中所规定的含量。

➤有害物质及微生物允许量应符合饲料卫生标准（GB 13078—2001）的要求。

➤不得使用含有违禁药物的蛋鸡配合饲料、浓缩饲料和添加剂预混料。

（2）饲料添加剂的监测

➤新接收的饲料添加剂，在进场后均应进行检查，并保留样品，样品应保留至该批产品保质期满后 3 个月或蛋鸡出栏后 3 个月。

➤留样应设标签，载明品种、生产厂商、生产日期、批次、接收日期等事项，并建立档案由专人负责保管。

➤饲料中使用的饲料添加剂产品应是取得饲料添加剂产品生产许可证的正规企业生产的、具有产品批准文号的产品。

➢饲料添加剂产品的使用应遵照产品标签所规定的用法、用量使用。

➢感官要求：应具有该品种应有的色、嗅、味和形态特征，无发霉、变质、异味及异嗅。

➢有害物质及微生物允许量应符合饲料卫生标准（GB 13078—2001）的要求。

➢饲料中使用的营养性饲料添加剂和一般性饲料添加剂产品应是《允许使用的饲料添加剂品种目录》（农业部公告第 105 号）所规定的品种。

➢药物饲料添加剂的使用应按照《饲料药物添加剂使用规范》（农业部公告第 168 号）执行。

（3）饮用水的监测程序

➢每 3 个月或每 2 批鸡做一次水质检测。

➢同时应将采集的饮用水样品，送实验室进行细菌学检测，重点监测细菌总数、大肠杆菌以及沙门氏菌。

➢每月清理一次水塔和输水管道。

➢每天清理一次饮水器和水槽。

➢水质应符合畜禽饮用水水质（无公害食品　畜禽饮用水水质，NY 5027—2008）标准的要求，总大肠菌群数应小于 10 个 /100 毫升（最大可能数法）。

3.环境监测　采用常规的细菌学检测方法，可以正确评价鸡舍的消毒效果、环境污染状况、舍内空气质量、雏鸡绒毛和肠道带菌状况等卫生指标，同时还可准确地揭示某些病原体的污染程度。

（1）洁净鸡舍消毒效果监测程序

➢物品准备：工作服、工作鞋、帽子、2 个塑料鞋套、棉拭子、含 50 毫升缓冲蛋白胨水培养基的灭菌试管或样品袋、记号笔、防毒面罩等。

➤用无菌棉拭子擦拭鸡舍的各个不同部位，每个部位3~5份。监测部位包括墙壁、风扇、水槽（或饮水器）及料槽（或料桶）、产蛋箱、门内侧、栖架等所有放置在舍内的物品。

➤将棉拭子放在无菌袋中，送实验室进行细菌培养。

➤离开鸡舍前，将采集样品时所穿塑料鞋套脱下，装入1个样品袋中，加入100毫升缓冲蛋白胨水，送实验室37℃培养24小时。

➤消毒效果不符合要求的，应重新进行消毒。具体消毒效果评估标准见表5-4。

➤只有达到消毒效果的鸡舍，方可引入鸡雏。

（2）蛋鸡养殖场环境微生物监测程序：蛋鸡养殖场应当对舍内外环境、饮水、饲料等进行微生物监测，监测内容包括细菌总数、大肠菌数、霉菌总数和沙门氏菌等（表8-8）。

表8-8　微生物监测采样点、监测频率和监测内容

检测项目	采样点	监测频率	检测内容
鸡舍内环境	料槽、饮水器外壁、地面、墙壁	1次/月	细菌总数
鸡舍外环境	鸡舍外墙壁，进风口、出风口地面，道路	1次/月	细菌总数
车辆、人员和物品	车辆轮胎、车身、人员衣服、鞋帽、蛋托等	1次/月	细菌总数
饮水	水源、饮水乳头	1次/月	细菌总数、大肠菌数
饲料	饲料原料、配合料	1次/月	细菌总数、霉菌总数、沙门氏菌

4.临床和病理学监测

（1）临床监测方法

➢鸡群分布是否均匀，有无拥挤和扎堆现象。

➢采食和饮水情况。

➢粪便状态。

➢羽毛情况。

➢精神状态和运动情况等。

➢呼吸系统观察包括呼吸频率、呼吸状态、呼吸音和鼻漏等。

➢消化系统观察包括口腔黏膜、嗉囊、泄殖腔、排粪及粪便情况等。

➢运动情况观察包括有无共济失调、角弓反张以及骨骼和腿部发育等。

（2）病理学监测方法：正常情况下，每周应对每栋鸡舍病死鸡只进行剖检，检查其有无异常变化，病变的形态、大小和颜色等，特别是肝脏、肺脏、脾脏、胃肠道、气囊、心脏和生殖泌尿系统等。

5.血清学监测 主要是免疫抗体效价监测，即采用标准方法检测禽流感和新城疫等主要疫病的免疫抗体水平，了解鸡群健康情况及疫苗免疫效果，分析免疫抗体效价变化规律，以科学指导免疫接种工作。

日常生产中，采用的抗体监测方法有红细胞凝集抑制试验（HI）、琼脂扩散试验（AGP）、酶联免疫吸附试验（ELLSA）等。

（1）红细胞凝集抑制试验（HI）

➢应用范围：用于新城疫、禽流感、产蛋下降综合征的免疫抗体监测和疾病的辅助诊断。

➢免疫抗体合格标准（表8-9）

表 8-9　新城疫、禽流感免疫抗体的合格标准

疫病名称	抗体检测方法与标准	个体抗体水平合格标准	群体免疫合格标准	抗体滴度均值范围
新城疫	血凝抑制（HI）试验（新城疫防治技术规范）	抗体效价≥1：32为免疫合格	合格个体数量占群体总数的80%以上	1：（128～1024）
禽流感（H5）	血凝抑制（HI）试验（高致病性禽流感防治技术规范）	弱毒疫苗免疫后，抗体转阳≥50%为合格；灭活苗免疫后HI效价≥1：16为合格	合格个体数量占群体总数的80%以上	1：（64～256）（灭活苗免疫）

（2）琼脂扩散试验（AGP）

➤应用范围：常用于鸡传染性法氏囊病（IBD）的抗体监测和辅助诊断。

➤免疫抗体合格标准：被检血清孔与抗原孔之间形成致密沉淀线者，或者阳性血清的沉淀线向毗邻的被检血清孔内侧弯者，此被检孔血清判为阳性。被检血清孔与抗原孔之间不形成沉淀线，此被检血清判为阴性。

（3）酶联免疫吸附试验（ELISA）：ELISA是一种可以快速检测大量样品的方法，且每一份稀释的样品可以用于检测不同病原的抗体，因此被越来越多地用于鸡群疾病的检测。

ELISA检测鸡病包括新城疫、禽流感、传染性支气管炎、传染性喉气管炎、禽脑脊髓炎、淋巴白血病和网状内皮组织增生症等。

6.病原学与分子生物学监测

（1）病原分离培养和鉴定：即用人工培养的方法将病原体从病料中分离出来。细菌、真菌和支原体等可选用适当的人工培养基，病毒培养一般可选用禽胚或组织

培养等方法进行，之后可用形态学、培养特性、生物化学、动物接种及免疫学等试验方法做出鉴定。

（2）分子生物学检测技术：常用的主要有聚合酶链式反应（PCR）、反转录－聚合酶链式反应（RT-PCR）、荧光 RT-PCR 等。

▶ 鸡群的健康监测程序

1. 监测程序的制定原则

▶1 日龄监测，掌握雏鸡母源抗体水平，确定免疫时机。

▶免疫当天监测，掌握免疫前鸡的抗体水平，便于确认免疫效果。

▶活苗免疫后 2 周、灭活苗免疫后 3~4 周，监测抗体水平，掌握免疫效果。

▶种鸡产蛋期每月监测 1 次抗体水平，掌握抗体的消长规律，便于确定最佳免疫时机。

▶鸡群发病当日及发病后 2 周监测，对比抗体水平变化情况，可作为疾病诊断的参考。

2. 健康监测程序（表 8-10）

表 8-10　蛋鸡监测方案

| 周龄 | 免疫抗体检测 | | | | | 病原学监测 | |
	血清样品数（份）	新城疫	传染性支气管炎	传染性法氏囊病	H9、H7 和 H5 亚型禽流感	样品数量（份）	新城疫病毒和禽流感病毒
11 周龄							
18 周龄							
25 周龄	每次至少 30 份	血凝抑制试验（HI）	酶联免疫吸附试验（ELISA）	琼脂扩散试验（AGP）	血凝抑制试验（HI）	每次至少 10 份	RT-PCR 或荧光 RT-PCT
35 周龄							
45 周龄							
55 周龄							

3.监测注意事项

➤按照以上规定的时间采样并及时送至相关实验室进行检测。

➤采集的血样应具代表性，采样点分布均匀。

➤对检测结果要及时进行分析，评估免疫接种效果和鸡群健康状况。

➤不同群公鸡作补充混群时，需提前两周对禽流感和新城疫进行血清学检查，确认没有感染方可混群。

➤病原学检测样品应采集泄殖腔／咽喉双份拭子样品，或病死鸡组织样品。

▶ 样品采集与保存方法

1.样品采集的基本原则

➤采集病死动物有病变的器官组织。

➤采集样品的大小要满足诊断检测的需要，并留有余地，以备复检使用。

➤监测免疫效果时，一般以蛋鸡免疫接种后 14 天为宜。

➤对病料的采集应根据所怀疑疾病的类型和病变特征来确定。

➤一般应在症状最典型时采取病变最明显的组织和器官。

➤供病原学检测的样品，需无菌操作采样，以"早、准、冷、快、足、护"为基本原则。

➤供病原学检测的样品，送检数量一般成年鸡 3~5 只或雏鸡 6~10 只。

➤需要进行血清学检测的，至少应采集 30 份样品。

2.病变组织器官的采集方法
采取病料时，应根据发病情况或对疾病的初步诊断印象，有选择地采取相应病变最严重的脏器或最典型的病变内容物。如分不清病的性质或种类时，可全面采取病料。

（1）病理组织学检测样品

➢必须保持样品新鲜。

➢采样时，应在病灶及邻近正常组织的交界部位取组织块。

➢若同一组织有不同的病变，应同时各取一块。

➢组织块切忌挤压、刮抹和水洗，应尽快送实验室检测。

（2）病原分离组织样品

➢病料应新鲜，无污染。

➢用于细菌分离样品的采集：首先以烧红的刀片烧烙组织表面，在烧烙部位刺一个小孔，用灭菌后的铂金耳深入孔内，取少量组织作涂片镜检或划线接种于适宜的培养基上。

➢用于病毒检测样品的采集：必须用无菌技术采集，可用一套已消毒的器械切取所需器官组织块，每取一个组织块，用一个火焰消毒剪镊等取样器械；组织块应分别放入灭菌容器内并立即密封，贴上标签，注明日期、组织名称。

3.血液样品的采集及血清分离方法

（1）翅静脉（肱静脉）采血方法

➢助手一手抓住鸡翅膀，一手抓住鸡腿，使鸡呈侧卧姿势。

➢术者左手拉住上面鸡翅膀，暴露静脉，拔去翅膀肱骨区的腹面少许羽毛，这样即可在肱二头肌和肱三头肌间的深窝里见到翅静脉（肱静脉）。

➢用70%酒精或其他无色消毒液进行擦拭消毒。

➢一人操作时，可先将鸡两翅向背部提起，然后用左手紧紧地将鸡的两翅抓在一起。

➢右手持装有5号针头的注射器呈30°进针，针头由翼根向翅膀方向沿静脉平行刺入血管内，即可抽血。

注射针应向血流的相反方向刺入。

➤应注意的是抽血时应缓慢，以防血管因急剧失血而干瘪，同时进针时切不可穿透血管壁以免形成血肿。

（2）成年鸡心脏采血方法

➤助手抓住鸡两翅及两腿，一手将鸡的两翅抓住，另一手将鸡腿伸直，最好平放于平台或桌面上。

➤将鸡只右侧卧保定，使胸骨嵴向上，用手指把嗉囊及其内容物压离，露出胸前口。

➤在触及心搏动明显处，或胸骨嵴前端至背部下凹处连线的 1/2 处消毒。

➤将针头沿锁骨俯角刺入，顺着体中线方向水平穿行，直至进入心脏。

➤针头角度约为 45°，与对侧的肩关节呈正中方向，垂直或稍向前方刺入 2~3 厘米。

➤回抽见有回血时，即把针芯向外拉使血液流入采血针。

➤侧面穿刺时必须遵守一个总的规则，即应先在胸骨前端想象一条垂直线，使其与胸骨嵴构成直角，然后沿着这条想象的线进行触诊，此时可感觉到心跳，插入针头至适当深度。

➤采用仰卧保定采血时，将胸骨朝上，用手指压离嗉囊，露出胸前口，用装有长针头的注射器，将针头沿其锁骨俯角刺入，顺着体中线方向水平穿行，直到刺入心脏。

➤注意：应首先确定心脏部位，切忌将针头刺入肺脏；应顺着心脏的跳动频率抽取血液，切忌抽血过快。

（3）鸡的跖静脉采血

➤助手将鸡体侧卧或背卧保定，并将鸡腿伸直。

➤术者用酒精棉球消毒鸡小腿内侧，使血管外露。在跖骨沟之间，将注射器针头对准跖静脉血管向心方向平行进针刺入。

➤如有回血，则表示已插入血管，然后抽取所需的血量。

➤刺入点宜选在脚上覆盖鳞片之间的空隙，避免在鳞片上强行进针，防止鳞片屑堵塞针头。

➤有些鸡的血管不易怒张，消毒后仍不显血管位置，此时可在靠拓骨边沿并与其平行处进针，也可抽到血液。

➤如冬天寒冷，尤其当鸡处于较为安静状态时，血液回流较慢，采血前最好沿血管方向来回按摩，促进血流加速，便于采血。

➤鸡的体温较高，血凝速度较快，因此在采血前注射器最好预先盛有抗凝剂，防止中途发生凝固。

➤抽完血后，用干棉球止血。

➤若个别鸡只用干棉球不能达到止血目的，此时可用纱布条结扎针口处，稍候一会再松开即可止血。

➤如果要在 24 小时内每间隔 1~2 小时采集血液，一般无需每次穿刺，只要在原采血处用酒精棉球揩拭周围残留的血迹和原针口结痂，血液往往就会外溢，及时用干棉球擦，血液便在原处聚集成珠，可直接用采血针吸取。

➤有时虽无渗出血液（要视两次采血间隔时间而定），间隔时间越短、结痂不坚硬容易引起出血，亦可在消毒后用干棉球剥脱结痂，血液亦可流出；即使没有出血，可在原针口处进针，这样不致因采血次数多而过多地损伤组织。

（4）颈静脉采血法

➤这种方法常用于雏鸡。较大的鸡采血时需要一人辅助保定。

➤用左手拇指和中指夹住雏鸡颈上部近靠头的位置，此时雏鸡的背部贴在手心上，爪向外；用无名指抵住鸡颈中部；小拇指自然地托扶住雏鸡的身体；大拇指的位置在颈下部压住右侧颈静脉血管的向心端，放置血管滑动。

➤用右手取消毒棉对雏鸡右侧颈静脉进行擦拭消毒，即可看到明显可见的颈静脉。

➤右手持4号～5号针头的注射器，用大拇指和食指夹住注射器的管芯头部，将注射器沿颈静脉平行方向从颈静脉中部刺入血管，然后用中指或无名指缓慢拉动注射器管筒芯部，将血液徐徐抽入注射器内。

➤抽完血液后，在刺入处放酒精棉球压迫止血。

（5）血清的分离

➤将采集的血液密封于容器内（勿加抗凝剂），在室温下或37℃温箱中斜置1~2小时，使血液凝固收缩。也可以3 000转/分离心10~15分钟。

➤新鲜血样在刚采出后，不能立即放入冰箱。

➤待血清析出后，用注射器吸取血清，或用灭菌玻璃棒将血块剔出，将血清转移至干净的离心管中。

➤然后将血清置4℃冰箱保存数小时或过夜。

4.样品的保存方法

（1）病理组织样品的保存

➤通常用10%福尔马林固定保存。冬季为防止冰冻可用90%酒精固定保存。

➤神经系统组织需固定于10%中性福尔马林溶液中。

➤在运送前可将预先用福尔马林固定过的病料置于含有30%~50%甘油的10%福尔马林溶液中。

（2）病原学检测样品的保存

➤用棉拭子蘸取的鼻液、脓汁、粪便等病料，投入灭菌试管内，立即密封管口，包装送检。

➤实质器官在短时间内（夏季不超过20小时，冬季不超过2天）能送检的，可将病料的容器放在装有冰块的保温瓶内送检。

➤细菌学检测样品短时间不能送到的，应置于灭菌流动石蜡或灭菌的 30%甘油生理盐水中保存；病毒学监测样品应置于 50%灭菌甘油生理盐水中保存。

(3) 血清学样品的保存

➤采出的血液，冬季应放置室内防止血清冻结，夏季应放置阴凉之处并迅速送往实验室。

➤若在 48 小时内不能送检，则需加入硫柳汞（最终浓度为 0.01%），或按比例每毫升血清加入 1~2 滴 5%石炭酸生理盐水溶液，以防腐败。

➤运送时使试管保持直立状态，避免振动。

（八）发生疫病时的应急措施

即使严格执行防疫制度、消毒隔离措施以及完整的免疫程序等，有时也会有疾病暴发。通过采取迅速而准确的控制措施，可以将疾病暴发所造成的损失降到最低限度。

密切观察，及时发现

疾病的发生都是具有一定前兆的，因此在日常饲养管理过程中，只要仔细分析饲料消耗量、饮水量、产蛋量，密切观察鸡的羽毛、呼吸、粪便等，都可以及早发现异常情况。

检查管理，分析原因

多数疾病都是由管理问题造成的，通过仔细调查可以发现。为此，在发生疾病后，应首先仔细检查鸡群的全部管理措施。检查饲养密度，围栏、鸡笼是否有尖锐的铁丝突出，料桶和饮水器的数量，疾病的症状如何，是否有明显的腹泻、咳嗽、打喷嚏和神经症状等，产蛋率如何，饲料消耗量多少，发病前后有什么差异和不同之处。

根据病鸡死亡的特点和舍内的情况，可能会发现问题，这一点比病理剖检和实验室检测可能更为重要。

及时送检，正确诊断

发现疾病，尽快确诊疾病的病因。未确诊疾病就采取治疗措施多半没有什么效果，而且花费较大。进行认真的剖检，采集任何可能有诊断价值的病料送交有关实验室，或邀请禽病专家进行会诊。同时要注意收集鸡群的发病历史资料，并认真填写病历，这对疾病的迅速确诊很有帮助。在送检病料的同时，附上准确而完整的病历资料对疾病的实验室确诊极为重要。实际上，很多有经验的兽医专家有时可根据病历卡片上填写的临床症状和暴发特点，做出假定性诊断。

迅速隔离，防止传播

对濒临死亡的鸡只，要迅速拣出，并做适当的处理，焚烧或深埋。对尚未发病的鸡群，应立即采取强制性的隔离措施和严格消毒，防止易感鸡受到传染。

立即消毒，避免扩散

对鸡场内禽舍、场地以及所有运载工具、饮水用具等必须进行严格彻底的消毒。

处理死鸡，严防传播

对所有病死禽、被扑杀禽及其禽类产品（包括禽肉、蛋、精液、羽、绒、内脏、骨、血等）按照《畜禽病害肉尸及其产品无害化处理规程》执行；对于禽类排泄物和被污染或可能被污染的垫料、饲料等物品均需进行无害化处理。

禽类尸体需要运送时，应使用防漏容器，须有明显标志。

加强管理，妥善护理

在对疾病进行诊断的同时，要采取一些必要措施。纠正发现的管理错误，如过度拥挤、饮水器太脏和通风不良等。

紧急接种，科学免疫

对怀疑可能是传染性疾病的，应当用疫苗进行紧急免疫接种，这样可以有效地预防疾病的发生，控制其进一步蔓延和扩散。

合理用药，及时治疗

应当在饲料或饮水中添加广谱抗生素，进行及时合理的治疗、预防和控制。最好在饮水中添加，因为多数病鸡虽然不采食，但仍然可饮水。

重大疫病，立即报告

发现疑似高致病性禽流感和新城疫等重大动物疫病，畜主应立即限制动物移动，对疑似患病动物进行隔离，并及时向当地动物防疫监督机构报告。当地动物防疫监督机构要及时派员到现场进行调查核实、采集样品，开展实验室诊断。

九、蛋鸡场的生产经营管理

目标
- 了解蛋鸡场的组织与管理
- 了解如何制定生产经营计划
- 掌握生产记录方法
- 了解蛋鸡场的生产成本核算方法
- 掌握蛋鸡场的利润指标和盈亏平衡点分析
- 掌握如何分析数据，解决问题

蛋鸡场经营管理①的主要任务是充分调动场内人员的生产积极性，最大限度地发挥鸡群的生产潜力，提高产品产量和质量，降低生产成本，最终使企业获得利润。

（一）蛋鸡场的组织与管理

为了保障鸡场的生产正常而有秩序地进行，必须建立一个精干的组织机构（图9-1）和一套科学、合理、健全的规章制度。

▶ 确定组织机构，明确职责分工

1. 场长②的职责

（1）提高指标，控制生产成本，监督、审核、指导各生产主管的工作。

➤负责日常经营管理工作，保证生产工作安全顺利进行。

➤督导各部门的日常生产活动，定期召开有关会议，发现问题、分析原因，采取有效措施，确保正常运转。

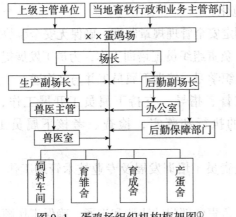

图 9-1　蛋鸡场组织机构框架图①

①虽然各鸡场的规模大小不一，经营方向不同，但组织机构的模式基本相似。

➤贯彻执行成本控制目标，确保在提高指标、保证质量的前提下不断降低生产成本。

➤做好监督工作，处理重大突发事件。

(2) 制定政策和制度，建立健全内部管理体系，确保生产计划顺利完成。

➤执行全面管理循环体系，即计划、执行、监督与完善。

➤负责组织指标分析，制订可行性计划并确保计划完成。

➤编制中长期发展规划，审定年度生产综合计划，提出季度计划指标目标和中心工作方案。

➤制订计划及工作标准，完善内部管理制度。

➤召集内部会议，部署及分解工作任务，跟踪落实和反馈。

➤传达和执行上级指令，检查、总结、汇报工作成果，并提出改进方案和工作建议。

➤制定周、月、季、年指标计划，并确保实施和实现。

➤建立质量管理体系，确保各部门和各类人员职责、权限规范化。

➤制定安全管理规章制度，确保无安全事故发生。

(3) 负责组织员工培训工作，为员工发展提供平台。

➤组织学习，培训下属员工并与之沟通。

➤监督、指导、支持下属员工开展工作，监督各项制度的执行和落实，检查、考核下属员工的工作绩效。

➤负责员工培训发展及专业技术管理工作，提出培训需求。

(4) 负责各部门的协调和沟通，确保工作顺利进行。

➤协调内外部、上下级的关系，负责人员调动。

➤负责内部各部门的工作协调和沟通。

2.车间主任①的职责

(1) 负责基层生产工作，提高指标，控制生产成本，监督、审核、指导基层员工的工作。

➤负责车间日常管理工作，保证生产工作安全顺利进行。

➤负责指标分析，制订可行性计划，并确保计划完成。

➤督导车间日常生产活动，定期召开会议，发现问题、分析原因，采取有效措施，确保生产正常运转。

➤贯彻、执行成本控制目标，确保在提高指标、保证质量的前提下不断降低生产成本。

➤负责所辖部门的工作监督，发现问题及时汇报。

➤深入生产车间查看各工序操作、生产记录的真实性。

(2) 制定内部制度，建设和运行内部各项管理体系，确保生产计划顺利完成。

➤执行全面管理循环体系，即计划、执行、监督与完善，保证工作的有效性。

①车间主任一般应具备大学专科以上学历；年龄在 40 岁以下，具有一年以上相关工作经验；具有较强的分析能力和生产管理能力；沟通协调能力强；专业知识强，有一定的计划执行能力；熟悉国家的法律法规和地方政策规章；熟练操作办公软件。

➤召集内部会议，部署及分解工作任务，跟踪落实和反馈。

➤传达和执行上级指令，检查、总结、汇报工作成果。

➤确保实施和实现内部周、月、季、年指标计划。

➤负责所辖区域制度的执行、落实。

(3) 负责组织员工培训工作，为员工发展提供平台。

➤负责协调生产人员的培养，加强与员工的沟通。

➤监督、指导、支持下属员工开展工作，监督各项标准、制度的执行和落实。

➤检查、考核下属员工的工作绩效。

➤做好员工的管理与激励，使员工有成就感。

3.兽医主管①的职责

(1) 监督、审核、指导下属员工的工作。

➤负责全场的防疫工作。

➤负责化验室日常工作（解剖化验、抗体检测、药敏试验、投药控制）。

➤执行全面管理循环体系，即计划、执行、监督与完善。

➤制订各种疾病防控方案。

➤协助车间主任做好疾病防治决策。

➤负责免疫程序的制订。

➤负责试验的设计和实施，做好试验数据的统计与分析。

➤负责药品、疫苗、器械的购入、保养与维护。

(2) 执行内部工作制度，确保工作计划顺利完成。

➤负责所辖区域制度的执行、落实与完善。

➤部署及分解内部工作任务，跟踪落实和反馈。

➤生产中严格按照相关制度操作。

①兽医主管一般应具有畜牧兽医专业大专以上学历；年龄在50岁以下，具有3年以上相关工作经验；一线管理工作经验、化验室工作2年以上，具有2年以上相关专业管理经验；具有一定的分析能力和管理能力；较强的协调能力；专业知识强，较强的创新能力，出色的分析能力。

>传达和执行上级指令，检查、总结、汇报工作成果。

（3）负责下属员工的培训和培养工作，为员工的发展提供平台。

>加强与化验员的沟通。

>监督、指导、支持下属员工开展工作，监督部门各项标准、制度的执行和落实。

>检查、考核下属员工的工作绩效。

>负责全场员工的防疫和免疫操作培训工作。

4.统计员①的职责

（1）负责生产指标、成本、费用的统计分析，报表、计划总结的收集。

>负责生产周报、月报的统计分析。

>每周每批报栏指标的更新。

>生产成本的统计分析、转发、上报、存档。

>负责每月收集试验报告，做好月、季度、半年、年工作总结。

>负责生产指标的总结、比较和存档。

（2）负责生产的日常管理工作。

>熟悉全场生产情况，发现问题及时汇报上级部门。

>协助生产场长做好生产安排工作。

>负责检查结果的公布与核实。

5.采购员②的职责

（1）执行原料采购制度，确保生产的顺利进行。

>负责各种原料的供应，保证供应及时，符合生产要求。

>建立稳定的供应网络体系。

>严格执行价格报告制度、采购原料申报制度。

>及时调整原料来源，确保来源稳定、原料多样

①统计员一般应具有畜牧兽医专业大专以上学历；年龄在40岁以下，具有一定相关工作经验；具有一定的分析能力、管理能力和协调能力。

②采购员一般应具备动物营养或畜牧专业专科以上学历；年龄在40岁以下，具有十年以上相关岗位工作经验；具有一定的管理能力和计划执行能力；较强的沟通能力、协调能力；成本及费用预算能力强。熟悉采购业务；熟练操作基本办公软件。

化。

（2）负责原料的采购，编制采购计划。

➢根据已审批采购计划或上级下达采购通知执行采购。

➢协助仓库管理员做好入库工作，办理入库手续。

➢根据采购申请表编制采购计划。

➢办理采购审批手续。

➢控制采购费用和成本。

（3）进行原料质量跟踪。

➢及时了解原料使用情况，将质量问题向供应商反应。

➢负责采购资料的收集、整理、管理和使用。

➢做好物资台账及协助财务部报账工作。

➢及时向上级汇报原料采购、使用及管理情况。

（4）联系淘汰鸡及价格。

6.化验员①的职责

（1）保证各类试验按时完成。

➢负责每周全场新城疫抗体效价的监测。

➢负责禽流感 H5 和 H9 抗体效价的监测。

➢根据鸡只死亡及加药情况定期做药敏试验。

➢每天剖检各栋的死淘鸡只，做好记录，有异常情况立即上报。

➢负责疫苗的保存。

（2）负责仪器的维护、保养、校准和检定，及时填写使用记录。

➢负责对检测所用仪器、化验设备进行维护保养。

➢负责填写化验记录、免疫记录。

➢负责收集死淘数量的记录。

➢负责免疫器械的清洗、消毒、保存。

➢负责各区死鸡的回收和处理。

①化验员一般应具备畜牧兽医专业大专以上学历；年龄在 40 岁以下，具有十年以上相关岗位工作经验；具有一定的独立操作能力；掌握化验室基本试验操作，包括抗体监测、死淘鸡剖检及免疫器械准备。

➤负责加药量的计算。

7.栋长[1]的职责

（1）负责所属栋别的生产管理，确保计划顺利完成。

➤听从车间主任（或副主任）的安排，组织好本栋的生产，按时、保质、保量完成生产任务。

➤负责本栋的工具设备、产品等物品的完好率。

➤负责本班组的安全，包括设备安全、人身安全。

➤负责本栋的生产与环境卫生、栋内外的生产卫生安排。

➤冬天做好保温，夏天做好降温工作。

➤生产中出现的异常情况立即上报。

（2）其他。

➤负责本栋生产报表的填写，准确齐全，并按时上交。

➤配合做好样品采集工作。

➤负责新员工的培训工作。

➤搞好本栋人际关系，创建和谐的工作氛围。

8.饲养员[2]的职责

➤按照标准流程操作，保证生产任务的完成。

➤服从栋长的安排，配合做好生产工作。

➤按时、保质、保量完成栋长安排的任务。

➤负责安全工作，包括设备安全、人身安全。

➤负责本栋内外的环境卫生。

➤生产中出现的异常情况立即上报。

➤上级布置的其他临时性工作按时完成。

➤ 建立管理制度，规范技术操作

根据本场的实际情况，制订并严格执行各项规章制度。

[1]栋长一般应具备畜牧兽医大专以上或高中以上学历；年龄在40岁以下，具有十年以上相关岗位工作经验；具有一定的沟通能力和协调能力；反应敏捷、责任心强，执行力强。

[2]饲养员一般应具备初中以上学历；年龄在40岁以下，具有十年以上相关岗位工作经验；一定的沟通能力和执行力，责任心强。

1.兽药和饲料的采购规范①

➤根据需求向饲料厂按养殖阶段、品种等要求进行原料采购、加工生产，配送到对应的鸡舍。

➤兽药由兽医技术人员申报，经场长审核后，安排专人、定点、定量、定品牌，按申报要求到通过GSP认证的兽药经销公司采购。

➤兽药、饲料添加剂的供应商（厂），必须经过资质审核、登记，符合条件者才能取得一对一供应资格。

➤采购的饲料、兽药，由分管生产场长核查品名、规格、有效期、注意事项等质量指标。

➤兽医技术人员要及时向场长报告外界疫情动态，杜绝从疫区采购饲料原料和生产物品。

2.兽医卫生安全总则②

➤蛋鸡场门口设立值班室、洗手池、消毒更衣室、淋浴室、行人和车辆消毒池、消毒通道等安全警戒设施，并配备相应的管理人员，由兽医技术员和后勤场长双重管理。

➤蛋鸡场设立兽医室、蛋鸡养殖区、育雏区、育成区、污物处理区、员工生活区、办公区等，各区相对隔离。

➤兽医技术人员负责鸡场日常兽医工作的具体实施。

➤生产副场长和场长对兽医技术员进行双重监督考核。

➤生活区的垃圾具有防护措施，及时清理，保持清洁。

➤养殖用具每天清洗一次，保持干净。

➤发现疫病时，要做到养殖用具、食料槽、饮水槽专用，并进行消毒，做好发病食料槽、饮水槽的有效隔离。

➤病死鸡当天烧毁或深埋，用过的药品外包装等统一放置并定期销毁。

➤定期对养殖场进行消毒。

①鸡场采购和使用兽药、饲料采购必须遵守国务院《兽药管理条例》和《饲料和饲料添加剂管理条例》等法规的规定，不得采购、添加、使用国家明令禁止的兽药和饲料。所有药品、饲料采购必须遵循"农业部公告第176号《禁止在饲料和动物饮水中使用的药物品种目录》""农业部公告第193号《食品动物禁用的兽药及其他化合物清单》"，严格把好采购、验收关，杜绝国家命令禁止的兽药、饲料添加剂进（混）入。

②蛋鸡场根据"传染源—传播途径—易感动物"三者的关系，从"杜绝传染源，切断传播途径，做好防疫保健"三方面，建立有效的生物安全体系。

➤建立疫情等级警告制度。场大门口、关键位置设置红、绿、黄警告牌。在疫病平稳期，为绿色警告，适度控制人员车辆进出；疫情活动期为黄色警告，严格控制人员、车辆进出，员工不得离场，分管副场长和兽医技术员值班负责指挥；疫情暴发期为红色警告，场长和兽医技术员值班指挥，禁止一切人员、车辆进出场区，物品进出在大门口交接转运进场。

3.人员管理制度

➤鸡场人员必须保持好个人卫生，勤洗澡、勤更衣，上班必须穿工作服，进入鸡舍应洗手、穿工作服、戴工作帽，工作服应保持清洁，定期消毒。

➤饲养员必须住场，不得随便外出，不准乱串鸡舍。

➤鸡场人员家中不得养禽，也不得到其他鸡场走动，更不得将非生产人员、非生产物品等擅自带入生产区。

➤严格控制外来人员到鸡场参观。绿色警戒期间，需经场长或兽医技术员许可，在场门口履行消毒、更衣程序后进入；黄色、红色警戒期间，一律谢绝参观。有特殊需要，只许可在大门口值班室会见处理业务。

➤外来人员如果获准进入，必须通过消毒更衣室，经"踩、洗、照、换"四步消毒程序，合格后进入场区。

➤严格监控兽药、饲料销售人员、流动兽医、其他鸡场人员、参观人员等入场。

➤从外鸡场应聘来本场工作的人员，保证在非疫区休息1周以上，并在远离本场的地方彻底洗澡、更衣，方可上岗工作。

➤场内不准喝酒、不准打架斗殴，一经发现，严肃处理，直至开除。

➤保持养殖场环境卫生，不许乱扔死鸡、生活垃圾，应采取措施，死鸡要深埋或焚毁，生活垃圾要选好地址统一堆放，定期销毁。

4.兽药、饲料的管理和使用规范①

➢药品仓库实行专仓专用、专人专管。陈列药品的货柜或货厨应保持清洁和干燥。地面必须保持整洁，非相关人员不得进入。

➢仓库内不得堆放其他杂物，特别是易燃易爆物品。

➢饲料、药品必须按其特性要求，分类存放，置于阴凉、干燥、通风或低温的环境中，注意防霉变、防鼠害、防过期。

➢搬运、装卸药品时应轻拿轻放，严格按照药品外包装标志要求堆放和采取措施。

➢对购入药品进行质量验收，包括药品外观性质检查、外包装及标识的检查，主要内容有品名、规格、主要成分、批准文号、生产日期、有效期等。

➢消毒剂的使用由兽医技术员根据消毒对象、消毒要求安排品种、计算用量、配制浓度。

➢用药实行处方管理制度，处方内容包括用药名称、剂量、使用方法、使用频率、用药目的，处方需经过兽医技术员签字审核，确保不使用禁用药和不明成分的药物，领药者凭用药处方领药使用。

➢药品出库应填写药品领用记录，记录内容包括药品的品名、剂量、规格、有效期、生产厂商、供货单位、购进数量、购货日期。

➢兽医技术员在临床使用时，发现有食品安全隐患或过期、变质的药品、饲料等投入品，必须拒绝使用，并及时报告，进行退货或销毁处理。

➢严格执行停药期规定，做好停药工作。

➢疫苗、消毒药品和治疗药品用后的废弃物不得随意丢弃、出售，必须收集、分类、打包后转运到垃圾场处理，消毒后焚烧或深埋处理。

5.鸡舍内外环境的卫生管理制度

① 《兽用处方药和非处方药管理办法》（农业部令第2号）规定，国家对兽药实行分类管理，根据兽药的安全性和使用风险程度，将兽药分为兽用处方药和非处方药。兽用处方药是指凭兽医处方笺方可购买和使用的兽药。兽用非处方药是指不需要兽医处方笺即可自行购买并按照说明书使用的兽药。

（1）场内道路的卫生要求

➢场内污道和净道，要严格分开，防止交叉感染。

➢人员、进入车辆走净道，出去车辆、粪污走污道。

➢保持道路干净整洁，无杂草、无粪污、无垃圾、无污染物及杂物。

➢净道、污道必须按划定的区域，由责任部门按卫生要求经常清扫，及时绿化、美化、清除杂草，并选用高效、低毒、广谱的消毒药品消毒。

（2）鸡舍内外的环境卫生要求

➢鸡舍外部的地面、道路硬化或绿化处理，禁止砍伐、破坏周围的林木、花草。

➢及时清除鸡舍内外的垃圾、杂草，防止病原滋生，保持幽静、清新、自然隔离的养殖环境。

➢保证排污沟、排洪渠通畅，无沉淀及其他杂物阻碍，化粪池、储粪场定期清理转运，每月消毒2~3次，做到消灭传染源、无臭味、无蚊蝇滋生。

➢坚持每天早晚2次清扫，保持舍内整洁干燥，无粪污滞留、无蜘蛛网、无垃圾及其他杂物滞留。

➢鸡舍内外以及鸡舍走道、窗户、鸡笼、饮水线等处无不相干物品、生产垃圾堆放，无卫生死角。

➢鸡舍屋顶、门窗完整，窗户加装防护网，经常进行防鸟、灭鼠、灭蝇、灭害工作，防止飞鸟、昆虫、野猫、犬、鼠等进入鸡舍。

➢根据外界气温开闭门窗或风机，保持合适的舍温，保持舍内无较大刺激性气味。

➢鸡舍的养殖工具、用具和养殖设备必须固定，各舍间不得串用混用。

➢饲料、物品按品种摆放整齐，防止出现鼠咬、霉变、散落现象。

6.消毒工作制度

➢鸡场消毒药①的选择：碘制剂—双链季铵盐—氯制剂—氢氧化钠溶液等交替使用，一般舍外用 2%～3%氢氧化钠溶液，每 10～15 天对鸡舍外的环境大消毒一次，每周最少一次带鸡消毒，如有疫情增加消毒次数、药品用量和消毒区域，彻底认真消毒，不留死角。

➢消毒顺序是首先彻底清扫干净，后用高压水流冲洗，最后喷洒消毒剂。

➢消毒药品由鸡场兽医技术员根据要求亲自配制，由当班饲养员配合执行。

➢消毒效果由兽医技术员督察，由场长进行考核。

7.鸡场隔离控制制度

（1）鸡舍隔离控制要点

➢每批鸡转群或淘汰出栏后，鸡舍应空置 4 周以上，并进行彻底的清洗、消毒、干燥，确保彻底杀灭病原体后才能引进下一批鸡。

➢鸡舍产生的污水、垃圾要做无害化处理。

➢鸡粪要在 3 天内清理出场区。

➢鸡舍用具必须相对固定，各舍间不得相互窜用。

➢鸡舍窗户加装玻璃和窗纱，空、洞处加装钢网，杜绝飞鸟、昆虫、蚊蝇、猫、犬、鼠等动物进入鸡舍。

（2）引种隔离控制要点

➢引入雏鸡必须保证来自非疫区的标准化种鸡场。

➢育雏舍在进鸡前，必须严格清洗、消毒。

➢育雏人员要专人专舍，避免与不同生产区饲养员的互相接触。

➢进入育雏舍前要更衣换鞋，养殖工具要专用，雏鸡的粪污、垃圾要特别消毒后才能进入临时储粪场。

➢杜绝发生鸡疫病疫区的人、鸡、饲料和物品进入鸡场。

（3）病鸡隔离控制要点

①消毒剂也属于兽药管理的范畴，因此消毒剂的生产、经营、采购和使用也应符合国家有关规定。

①该标准规定了病害动物和病害动物产品的销毁、无害化处理的技术要求。适用于国家规定的染疫动物及其产品、病死毒死或者死因不明的动物尸体、经检验对人畜健康有危害的动物和病害动物产品、国家规定的其他应该进行生物安全处理的动物和动物产品。

生物安全处理是指通过焚烧、化制、掩埋或其他物理、化学、生物学等方法将病害动物尸体和病害动物产品或附属物进行处理，以彻底消灭其所携带的病原体。达到消除病害因素，保障人畜健康安全的目的。

②标准操作规程（SOP），也称为作业指导书，是指为进行某项活动所规定的途径。明确每个环节转换过程中各项因素的要求，即由谁做、做什么、做到什么程序、达到什么要求，如何控制、形成什么记录和报告；其文字应简练、明确和易懂。

➤一发现患病鸡，立即进行隔离诊治或处理。禁止在鸡舍较近的地方解剖病鸡。

➤与病鸡接触过的用具等物品必须认真消毒或焚烧处理。

➤死鸡必须做好记录，并进行无害化处理。

（4）物品隔离处理要点

➤使用后的医疗垃圾不得随意丢弃，必须集中、分类、打包、消毒，做到安全无害化处理。

➤场内严禁饲养其他动物，更不许从场外携带鲜、活动物产品（猪肉、鸡等）进入场区。

（5）无害化处理场管理要点

➤无害化处理场配置各类消毒设备、兽医工作台、扑杀间、无害化处理池、污水污物处理设施设备等。

➤对需要无害化处理的病死鸡、污染的粪污、用具及物品，按"病害动物和病害动物产品生物安全处理规程（GB 16548—2006）①"的规定，由兽医技术员负责进行处理。

➤兽医技术员具体负责病害动物和动物产品的消毒和处理的记录。

▶ 制订技术操作规程②

技术操作规程是蛋鸡生产中按照科学原理制订的日常作业技术规范。蛋鸡场饲养管理中的各项技术措施，均要通过技术操作规程加以贯彻。技术操作规程按不同的生产部门、生产周期和鸡群的不同饲养阶段制订，如育雏技术操作规程、育成技术操作规程与产蛋期技术操作规程等。

蛋鸡场应根据本场实际情况，经过认真研究、讨论、分析，制订出系统全面、条文要求简明具体、切合实际的技术操作规程，并结合实际情况做必要的修改。一般应制定如下作业指导书。

➤蛋鸡舍工作时间安排作业指导书。

➤鸡舍准备作业指导书。

➤进鸡作业指导书。

➤育雏技术作业指导书。

➤育成技术作业指导书。

➤蛋鸡饲养技术作业指导书。

➤饲料使用作业指导书。

➤鸡舍光照操作作业指导书。

➤鸡舍温湿度与通风控制作业指导书。

➤蛋鸡舍供水系统管理作业指导书。

➤蛋鸡舍水帘降温系统管理作业指导书。

➤蛋品作业指导书。

➤蛋鸡舍卫生管理作业指导书。

➤消毒作业指导书。

➤喷雾免疫作业指导书。

➤饮水免疫作业指导书。

➤免疫注射作业指导书。

➤ 制订工作日程表

禽舍每日从早到晚按时划分，规定出每项具体操作内容，使每日的饲养管理工作按部就班准时完成。

蛋鸡产蛋期工作时间表（示例）

6:00	开灯。
8:00	检查水线及各设备运行情况；观察鸡群，处理异常鸡只，记录温度。
8:30	第一次喂料、匀料。
10:00	第一次捡蛋。
11:30	调群；第一次刮粪；打扫鸡舍卫生。
12:00	午餐。
14:00	第二次喂料、匀料，记录温度。
15:30	第二次捡蛋。
16:30	察看鸡群状况，进行设备维护。
17:00	第二次刮粪。

17:30	清洗过滤器；打扫鸡舍卫生，检查鸡舍运行状况，做好生产记录。
18:00	晚餐。
19:00	第三次喂料，检查鸡舍设备运行情况和鸡群健康状况。
22:00	熄灯。

(二) 蛋鸡场的生产经营计划①

养鸡场的经营决策，就是对养鸡场的建场方针、奋斗目标以及实现这一目标所采取的重大措施做出选择与决定。决策的正确与否，对养鸡场的生存与发展、经济效果等有决定性的意义。

▶ 年度生产计划②

年度生产计划是蛋鸡场全年生产任务的具体安排。制订生产计划，可根据场内拥有的设备和鸡舍面积，市场预测的需求情况以及鸡场过去的生产情况进行。内容包括饲养鸡的品种，数量和各项生产指标，以及场内所需的劳动力、饲料品种和数量，年内预期的经济指标及商品蛋的预计产量。

制定生产计划必须以生产工艺流程为依据。生产流程因企业生产的产品不同而异。蛋鸡场的生产流程一般是育雏（舍）→育成（舍）→蛋鸡（舍），总体流程一般为料库→鸡群舍→产品库。

▶ 鸡群周转计划③

主要内容包括计划期初各鸡群的数量，计划期内各群成活的雏鸡数量、淘汰鸡和产蛋鸡数、计划期末各鸡群应达到的数量等指标。鸡群周转计划的基本要求是使生产过程连续、均衡、协调，以提高人力、物力、财力的利用效果。

①计划是管理的首要职能，是实际生产经营活动的出发点和归宿。制订计划就是规定标准和确定目标，而标准和目标要通过一定的指标及表式来表现，这就是计划表。

②蛋鸡场的年度生产计划是整个鸡场年度计划的核心和生产经营活动的基本依据，集中反映了计划年度内蛋鸡场的生产组织水平和技术水平。年度生产计划应该制定出组织生产的最佳方案，规定先进可靠的生产技术指标和消耗定额及有效的组织技术措施，以便有计划地安排生产，减少盲目性。

③鸡群周转计划是蛋鸡场全年生产活动的总体安排，反映鸡场在计划期内各鸡群数的增减变化情况，是合理编制产品计划、饲料计划和财务计划，组织全年生产的依据。

制订鸡群更新周转计划时，要首先确定鸡群的饲养期。蛋鸡饲养期一般划分为：雏鸡 0～6 周龄，后备鸡 7～20 周龄，产蛋鸡 21～72 周龄。编制鸡群周转计划应以计划年度年初的鸡群状况为基础，按照工艺设计规定的生产流程的要求，本着经济合理的原则，做好鸡群周转过程中时间和鸡群数量之间的衔接安排。合理规定育雏期、育成期的成活率、合格率、淘汰率及产蛋鸡的月存活率，规定各饲养期转群或淘汰日龄；确定各饲养期满转出（或淘汰）后的空舍时间（即清粪、设备拆装维修、清洗消毒所需时间）；确定进雏、育成鸡转出转入，产蛋鸡淘汰转入的批数、只数及时间。

编制时应考虑鸡舍、设备、人力，不同种鸡的生理特性、死淘率、淘汰时间以及以后各鸡舍转入的鸡数和日期，并保证各群鸡的数量增减和周转能完成规定的生产任务。

➤ 鸡蛋产量计划[①]

蛋鸡场的生产计划主要是确定月产量和年总产量，其编制应与鸡群周转计划相衔接。一般应根据周转计划和每月平均饲养的产蛋鸡数及产蛋率，计划出各月的产蛋数，最后汇总成全部的产蛋计划。

计算各栋产蛋鸡月产蛋量时，应根据目前的生产水平，确定各栋鸡群的月平均饲养量，并规定出产蛋鸡自标准开产日龄（140 日龄）算起的月龄产蛋率和月龄蛋重，以年初各栋产蛋鸡实际存栏数、产蛋鸡各月的平均饲养量为基础，按一定存活率（在周转计划中已经确定）进行计算。由于鸡群周转过程所处时点状况的差别，其计算可分别采用下列两种不同的方法。

产蛋鸡群自月初到月末，全月饲养：

$$栋月平均饲养只数 = \frac{该栋月初只数 \times （1+月存活率）}{2}$$

① 蛋鸡场的主产品是鸡蛋，副产品是淘汰鸡和鸡粪。淘汰鸡计划在鸡群周转计划中已经得到反映。鸡粪产量可由饲料消耗计划提供资料加以确定。由于鲜蛋生产一般不在商品蛋鸡场设库贮存，鸡蛋产出要及时销售，因此鸡蛋的销售量与生产量在计划期内差数很小，只要扣除一定损耗即是商品量，所以不必单独做销售计划。

鸡的产蛋性能受品种、饲料质量、疫病和外界环境等多种因素的影响，但可通过认真查阅过去积累的资料并进行分析，结合本场的饲养管理条件，制订出较为切合实际的产量计划。

产蛋鸡群在计划月内饲养不足一个月（新转入或淘汰）：

$$栋月平均饲养只数=\frac{栋月某日初始只数\times(1+月存活率)\times该栋该月饲养天数}{2\times月日历天数}$$

运用上述公式时，月存活率应根据实际饲养天数的多少适当提高。

栋月产蛋量的计算，应根据栋月平均饲养量、计划确定的月龄产蛋率、月龄蛋重和月日历天数进行计算。

栋月产蛋量（千克）= 栋月平均饲养只数 × 月日历天数×月龄产蛋率×月龄蛋重

必须注意，月龄产蛋率是产蛋鸡自 140 日龄开产算起，每月按 30 天计算，并非自然月序和天数。这种计算产蛋量的方法，存在自然月序与产蛋月序不吻合的矛盾，在计算中需灵活处理。

▶ 饲料供应和消耗计划[①]

蛋鸡场饲料消耗计划应根据鸡群周转计划和产蛋计划，分群分月计算各群各月饲料消耗量，汇总成月耗料量和年总耗料量，并根据产蛋计划同期产量计算产蛋鸡料蛋比和全群料蛋比。计算方法如下：

某鸡群月耗料量（千克）= 该鸡群月平均只数×月日历天数×该鸡群平均日耗定额

$$某期（月、年）产蛋鸡料蛋比=\frac{该期产蛋鸡总耗料量}{该期鸡蛋总产量}$$

$$某期（月、年）全群料蛋比=\frac{该期全群总耗料量}{该期鸡蛋总产量}$$

根据鸡场生产记录及生产技术水平，确定各类鸡群每只每月饲料消耗定额。

计算每月饲料消耗量时，不仅要有一定的库存量，还应考虑品种、日龄、饲料来源、饲养方案等因素。

①饲料是蛋鸡生产的物质基础，也是蛋鸡场生产总支出中占比例最大的部分，可占 60%～80%。因此，蛋鸡场周密的饲料供应计划是提高蛋鸡生产性能、降低饲养成本、增加经济收入的一项措施。

（三）蛋鸡场的生产记录

生产记录反映了鸡群的实际生产动态和日常活动的各种情况，目的是便于分析鸡场生产经营活动情况，帮助管理者改善生产，并有效地运用鸡场资源，增加生产和提高工作效率。

▶ **蛋鸡生产管理的主要记录表**

日常管理中的生产记录主要有入舍鸡数、存栏数、死亡数、产蛋量、耗料量、体重、蛋重、舍温、防疫和用药情况等，见表9-1至表9-3。

表9-1 育雏期日常管理记录表

鸡舍编号：		入舍日期：　年　月　日			入舍数量：			负责人：	
周龄	日龄	日期	存栏情况			饲养管理情况			免疫与药物使用情况		备注
			死亡数	淘汰数	存栏数	耗料量（千克）	称重情况	鸡群状况	免疫接种（种类、剂量、用法）	用药情况（成分、用法）	
第×周											
第×周小计											

表9-2 育成期日常管理记录表

鸡舍编号：		入舍日期：　年　月　日			入舍数量：			负责人：	
周龄	日龄	日期	存栏情况			饲养管理情况			免疫与药物使用情况		备注
			死亡数	淘汰数	存栏数	耗料量（千克）	称重情况	鸡群状况	免疫接种（种类、剂量、用法）	用药情况（成分、用法）	
第×周											
第×周小计											

表9-3　产蛋期日常管理记录表

鸡舍编号：		入舍日期：　年　月　日			入舍数量：			负责人：		
周龄	日龄	日期	存栏情况			饲养管理情况				免疫与药物使用情况		备注
			死亡数	淘汰数	存栏数	耗料量（千克）	产蛋总数	蛋重（千克）	破蛋数	鸡群状况	免疫接种	用药情况	
第×周												
第×周小计												

①育雏阶段主要统计育雏成活率、体重均匀度、耗料量、体尺生长情况等；育成阶段主要统计育成成活率、体重均匀度、体尺生长情况、耗料量等；产蛋阶段主要统计存活率、料蛋比、耗料量、产蛋重（率）、产蛋量以及淘汰鸡体重等数据。

②产蛋量是蛋鸡重要的数量性状之一，且受到鸡本身生理、遗传因素、营养条件、环境条件等影响。

③入舍蛋鸡产蛋量是国际上采用的综合性产蛋量性能指标，国内也广泛采用。它能反映种蛋鸡素质、健康情况、营养、管理与经营水平。

④按蛋鸡饲养日数统计：不少单位沿用这类统计方法，但这种计算方法不能反映出死亡率因素。

▶ 蛋鸡生产管理的主要经济指标

蛋鸡养殖过程中，需要记录和统计的指标有很多，主要包括饲养管理情况，体尺生长、饲料消耗、增重、产蛋量和蛋重方面的生产数据，以及蛋品质方面的指标①。

1.成活率　为了分析生产过程中各阶段存在的问题，应该按照育雏期、育成期和产蛋期等不同饲养阶段，分舍分批计算成活率。

$$成活率（\%）=\frac{期末存栏鸡只数}{入舍鸡只数}×100\%$$

2.产蛋量②　有两种计算方法，即按入舍蛋鸡数统计或按蛋鸡饲养日数统计，一般采用入舍蛋鸡产蛋量。

$$入舍蛋鸡产蛋量（枚）③=\frac{统计期内的总产蛋量（枚）}{入舍蛋鸡数}$$

$$蛋鸡饲养日产蛋量（枚）④=\frac{统计期内的总产蛋量（枚）}{平均饲养蛋鸡只数}$$

$$=\frac{统计期内的总产蛋量（枚）}{统计期内累加饲养只数\Big/统计期日数}$$

说明：产蛋量常有500日龄产蛋量和年产蛋量等指

标。500 日龄产蛋量是指从蛋鸡出壳之日起至 500 日龄止，平均每一只蛋鸡的产蛋量；而年产蛋量仅说明蛋鸡在一年内产蛋的数量，不说明培育期的长短。

实际工作中，一般可以产蛋周龄或产蛋月次为时间单位，先由（期初鸡数＋期末鸡数）÷2，求出平均每日存栏蛋鸡数（近似值），再将总产蛋个数÷存栏蛋鸡数，得此期间每只蛋鸡的平均产蛋量。

3.产蛋率　产蛋数量占存栏蛋鸡的百分比，是产蛋量的相对值，一般采用饲养日产蛋率，也可采用入舍蛋鸡数产蛋率。

$$饲养日产蛋率(\%)=\frac{统计期内的总产蛋量（枚）}{统计期内实际饲养蛋鸡只数累加数}\times100\%$$

$$入舍蛋鸡数产蛋率(\%)=\frac{统计期内的总产蛋量（枚）}{入舍蛋鸡数\times统计日数}\times100\%$$

4.蛋重[1]　一般从 300 日龄开始计算，以克为单位，个体记录者须连续称取 3 个以上的蛋，求平均值；群体记录时，则连续称取 3 天总产蛋量（克），求平均值；大型鸡场按日产蛋量的 5%进行蛋重称量，求出平均值。某个品种的蛋重通常以 300 日龄时连测 3 日的平均蛋重为代表。

5.采食量[2]　通过全群采食饲料的数量，计算每只鸡的平均采食量（克/日）。

$$平均采食量(克/日)=\frac{统计期内全群的采食饲料量（千克）}{统计期内实际饲养的鸡只数累加数}\times1000$$

也可通过每天实际需要的能量，计算采食量。蛋鸡每天实际需要的能量可以按照以下公式估算：

$$千焦/（只·日）=W（140-2T）+2E+5\Delta W$$

其中，W 是蛋鸡当时的体重（千克）；T 为平均环境温度（℃）；E 为鸡只平均每天的产蛋量（克）；ΔW 为平均增重。

①家禽的产蛋性能不仅取决于产蛋数，还取决于蛋重的大小。因此，蛋重也是衡量家禽产蛋能力的一个重要指标。

②白壳蛋鸡每日耗料量为 105～110 克（产蛋期每只蛋鸡饲料消耗量为 42 千克）；褐壳蛋鸡的日耗料量为 115～125 克（产蛋期每只蛋鸡饲料消耗总量为 45 千克）。

①饲料转化率的计算方法之一。一枚鸡蛋所需要的饲料量是恒定的，在恒定的维持需要量下，产蛋愈多，饲料转化率愈高。重型蛋鸡的维持营养需要较高，产蛋效率比体重轻的蛋鸡差。

②蛋的破损率对蛋鸡场的经济收入影响甚大。蛋破损率与饲料营养、笼底或产蛋箱底状况以及是否经常拣蛋等有关。

③指母鸡达到性成熟，开始产第一个蛋的日龄。开产日龄是一个遗传性状，可通过选择加以改进，是生产性能测定的重要指标之一。

有两种计算方法，一种是个体记录，按产蛋的平均日数计算，即从初生雏孵出起，到产第一个蛋的天数。多用于育种。

另一种是按全群产蛋率达50%时计算该鸡群的开产日龄。这种方法可以衡量鸡群的早熟程度和饲养管理水平。多用于生产场。

④体重是鸡群性能发挥良好的基础，是观反映鸡群发育状况。如果鸡群体重达标整齐，骨骼发育良好，并且能够与性成熟同步，则鸡群开产整齐，产蛋高峰高，产蛋高峰期维持时间长。

$$蛋鸡的采食量（克） = \frac{每天实际需要的能量[兆焦/（只·日）] \times 1000}{饲料的代谢能（兆焦/千克）}$$

6.每只蛋鸡用料量（克）的估算方法

10日龄前的用料量：约为日龄＋2（克）；20～50日龄的用料量：约为与日龄相等（克）；51～150日龄的用料量：约为50＋（日龄－50）÷2（克）；150日龄以上育成鸡的用料量，一般稳定到100克以上，产蛋高峰期蛋鸡每日用料量约120克。

7.料蛋比①

饲料采食总量（千克）与产蛋总量（千克）之比，即每生产1千克鸡蛋蛋鸡所消耗的饲料总量，也称为饲料报酬率。一般采用全程料蛋比。

$$料蛋比 = \frac{蛋鸡全程的饲料消耗量（千克）}{产蛋总量（千克）}$$

8.破蛋率②

破蛋数占产蛋总数量的百分比。

$$破蛋率（\%） = \frac{统计期间的破蛋数（个）}{统计期间的产蛋总量（个）} \times 100\%$$

9.开产日龄③

商品蛋鸡通常按日产蛋率达到50%的日龄计算；也可按照日产蛋率达到15%或5%的日龄计算，但必须注明。通过限制饲喂和控制光照等措施，适当早熟、早开产的鸡较开产迟的鸡可以多产蛋；但太早开产，生产效果反而不好。

10.体重和均匀度④

育成期间鸡每周末应称重一次，称重鸡只的比例是该批鸡的5%，一般不少于50只。称重一般采用多点随机方式抽取，称重时间应保持一致，以天气凉爽的早晨鸡群空腹时最好，并应注意各栋舍和各层笼鸡只的代表性；应逐只称重，做好记录，求出平均体重、标准差和变异系数。

鸡群的均匀度是指群体中体重在平均体重±10%范围内的鸡所占的百分比。每周称重后与该品种鸡的标准体重进行对照，如果有80%的鸡在标准体重±10%的范围内，即均匀度大于80%，为发育正常。均匀度在80%~85%为较好，达到90%以上为佳。如果超过标准体重则应采取相应的限饲方法，控制体重；如果达不到标准体重，则应加强饲养管理。

11.蛋的品质指标①　包括蛋形指数、蛋壳强度和感官指标等。

12.蛋形指数②　鸡蛋的正常蛋形指数在 1.30 ~ 1.39，标准的蛋形指数为 1.35。

13.蛋壳强度③　蛋壳强度取决于蛋形和蛋壳厚度，关系到蛋的保存与蛋的破损率。可用蛋壳强度测定仪测定，一般鸡蛋的蛋壳强度为 3 500 ~ 4 000 克 / 厘米 ^{2}。

14.蛋的相对密度④　新鲜鸡蛋的相对密度约为 1.08克 / 厘米 ^{3}。相对密度在 1.080 以上的蛋为新鲜蛋，在 1.060~1.080 的为次鲜蛋，1.050~1.060 以上为陈次蛋，1.050 以下为变质腐败蛋。

15.哈氏单位⑤　哈氏单位愈高，则蛋白稠度愈大，蛋就越新鲜，蛋白品质愈好。一般新鲜蛋的哈氏单位为75 ~ 80。

16.蛋黄色泽　正常的新鲜蛋黄颜色为暗黄色或暗红色。色泽愈浓，品质愈好。用罗氏比色法测定蛋黄色泽等级。

（四）蛋鸡场的生产成本核算

蛋鸡场提高经济效益的核心是加强成本核算。只有了解产品的成本，才能算出蛋鸡场盈亏和效益高低。

蛋鸡场生产一般实行分群核算，以群作为成本核算对象，分别设置畜（禽）生产明细账，分步结算生产成本。鸡群按照雏鸡（1 ~ 42 日龄）、育成鸡（43 ~ 140 日龄）、产蛋鸡（141 日龄至淘汰）进行分

①家禽蛋的品质是现代养禽业中很重要的性状，测定蛋品质时，数量应不少于50枚，要求蛋越新鲜越好。

②蛋形指数是指蛋的纵径与横径之比。

③蛋壳强度又称抗压力，指蛋壳耐压力的大小。表示蛋壳单位面积上可承受的最大冲击力，超过此值则使蛋壳破裂。

④蛋的相对密度反映蛋壳厚度，还可表明蛋的新鲜程度。

⑤哈氏单位也叫哈夫单位，是表示蛋的新鲜度和蛋白质量的指标。

群核算，育成鸡群与雏鸡群不能分开的，可以合并进行核算①。

▶ 生产成本开支的范围

➤蛋鸡生产过程中，实际消耗的饲料、辅助材料、疫病防治药品、燃料动力等实际成本。

➤固定资产的折旧费、修理费、租赁费以及按流动资产管理的鸡只摊销费。

➤低值易耗品摊销。

➤按国家规定列入成本费用的职工工资和按规定比例提取的职工福利费、工会经费等。

➤蛋鸡生产过程中发生的制造费用和按受益原则应分摊的辅助生产成本。

▶ 成本项目

蛋鸡生产成本应设置以下成本项目，以反映蛋鸡生产费用的用途和成本构成。

直接工资：指直接从事蛋鸡生产人员的工资、奖金、津贴、补贴。

职工福利费：指按直接从事蛋鸡生产人员的工资总额提取的职工福利费。

饲料费：指用于鸡群饲养过程中的自产和外购的各种动植物饲料、矿物饲料、维生素、微量元素、氨基酸等。

疫病防治费：指用于鸡群疫病防治的外购疫苗、药品、消毒剂及治疗费、检测费。

燃料动力费：指直接用于鸡群生产过程的外购燃料动力费和由辅助生产部门分配的动力费用及交纳的水电资源费。

固定资产折旧费：指鸡舍、专用机械设备按规定提取的基本折旧费，租赁上述固定资产的租赁费等。

蛋鸡成本摊销：指产蛋鸡群价值分期摊销额。

① 一般分为两部分，即雏鸡、育成鸡饲养阶段和产蛋鸡饲养阶段，对两个阶段分别进行成本核算。产蛋鸡群的全部饲养费用为鸡蛋生产成本，雏鸡和育成鸡群主要核算生长量的饲养日龄成本。

死鸡损失费：指在产蛋鸡群饲养过程中，鸡只死亡或淘汰所形成的损失。

固定资产修理费：指鸡舍、专用机械设备日常修理费及大修理费。

其他直接费用：指除上述项目以外能直接判明成本对象的各种费用。

制造费用：指分配计入的由各生产单位发生的各项间接费用。

➤ 雏鸡、育成鸡饲养成本核算[①]

把每月的饲养费用和其原自身价值结合起来，通过"幼畜及育肥畜"账户所属"雏鸡"和"育成鸡"两个二级账户进行核算，雏鸡、成鸡群合并饲养的，可设"雏成鸡"账户。

月内发生的饲养费用，先在"畜禽生产成本"中"雏鸡""育成鸡"或"雏成鸡"等二级账户进行归集，月末转入"幼畜及育肥畜"账户，计入雏鸡及育成鸡本身价值，并计算其生产成本。

$$\frac{\text{雏鸡育成鸡}}{\text{日只成本}} = \frac{\text{育雏育成期内生产费用总和} - \text{副产品价值}}{\text{期内饲养日数}}$$

$$= \frac{\begin{array}{c}\text{期初存笼鸡价值} + \text{本期转入（购入} + \text{调入）鸡价值}\\ + \text{本期饲养费用} - \text{死亡或零淘出售的鸡只收入和鸡类收入}\end{array}}{\begin{array}{c}\text{期初存笼鸡饲养日} + \text{本期发生的饲养日}\\ + \text{本期转入鸡的饲养日（不包括期内死亡和淘汰鸡的}\\ \text{饲养日）} - \text{本期离群（转出、调出、出售）鸡的饲养日}\end{array}}$$

对于期内死亡或零星淘汰出售的鸡只，注销其只数和饲养日。死亡和零星淘汰鸡的全部饲养费用由存活鸡只负担。期末"幼畜及育肥畜"账户的账面余额为存笼鸡的实际价值。

➤ 产蛋鸡及产品成本的计算

育成鸡饲养到 140 日龄，转入产蛋鸡群。为归集蛋鸡生产费用并计算其成本，在"畜禽生产成本"账户下

① 雏鸡、育成鸡的主产品是生长量，副产品是鸡粪。

雏鸡和育成鸡饲养期（即 140 日龄前）属于成年鸡的培育阶段。

成本计算对象是按只或日龄计算的生长成本和只成本。

设"产蛋鸡饲养"二级账户。

每月向产品分配的产畜禽摊销费,在"预提费用"账户下设"产畜禽摊销"二级账户中进行核算,每月提取的产畜禽摊销费,应根据产蛋鸡群月初价值和月摊销率进行计算。

年末"产畜禽摊销"账户余额一般应占产蛋鸡群价值余额的 32% ~ 34%。

根据蛋鸡生产和淘汰鸡生产经营情况,月摊销率可按 6% 计算,产蛋生产期定为 11 个月。

每月根据"畜禽生产成本 – 产蛋鸡饲养"账户汇集的产蛋鸡生产费用、产量及饲养日资料,进行产品成本、饲养成本的计算。

$$鸡蛋单位成本 = \frac{当月产蛋鸡全部饲养费用成本 - 副产品价值}{当月总产蛋量}(枚或千克)$$

$$饲养月成本 = \frac{当月产蛋鸡全部饲养费用}{当月产蛋鸡群全部饲养日}$$

当产蛋鸡产蛋期满进行淘汰出售时,根据当月产蛋鸡只平均成本注销原值和已提取的摊销费,并将其残值转入"产成品 – 淘汰鸡"账户,注销原值。

$$产蛋鸡月平均只成本 = \frac{期初存笼价值 + 本期转入(购、调入)鸡价值}{期初存笼鸡只数 + 本期转入(购、调入)鸡只数}$$

(五) 蛋鸡场的利润指标和盈亏平衡点分析

▶ 蛋鸡场的利润计算方法

1.产值利润及产值利润率[①]

$$产值利润率 = \frac{利润总额}{产品产值} \times 100\%$$

2.销售利润和销售利润率

①产值利润是产品产值减去可变成本和固定成本后的余额。产值利润率是一定时期内总利润额与产品产值之比。

销售利润 = 销售收入 − 生产成本 − 销售费用 − 税金

$$销售利润率 = \frac{产品销售利润}{产品销售收入} \times 100\%$$

3.营业利润及营业利润率[①]

营业利润 = 销售利润 − 推销费用[②] − 推销管理费用

$$营业利润率 = \frac{营业利润}{产品销售收入} \times 100\%$$

4.经营利润及经营利润率

经营利润 = 营业利润 + 全营业外损益[③]

$$经营利润率 = \frac{经营利润}{产品销售收入} \times 100\%$$

$$资金周转率（年）[④] = \frac{年销售总额}{年流动资金总额} \times 100\%$$

资金利润率 = 资金周转率 × 销售利润率

▶ 蛋鸡场的盈亏平衡点分析

鸡场经营者在了解把握成本控制的基本途径后，还应知道在鸡蛋和饲料价格多变的市场经济条件下，自己饲养的鸡现时的产蛋率是盈余还是亏损，市场鸡蛋价格多少时本鸡场才不亏损。要想知道这些，通过盈亏平衡点分析[⑤]就能得出正确答案。

1.鸡蛋生产的成本临界点[⑥]　要想知道在市场蛋价多少时才不亏损，也就是掌握生产 1 千克鸡蛋的成本应控制在怎样的水平才不亏本，可根据以下公式计算：

$$鸡蛋生产成本临界点 = \frac{日耗料量 \times 饲料价格}{饲料费占总费用的百分比 \times 日产蛋量}$$

2.临界产蛋率分析　要想知道本鸡场现时的产蛋率是盈余还是亏损，通过此分析方法即可得到答案，所谓临界产蛋率也就是能够盈利的最低产蛋率。其计算公式为：

$$临界产蛋率 = \frac{日耗料量}{饲料费占总费用的百分比 \times 市场鸡料价格比 \times 平均蛋重}$$

① 营业利润反映了生产与流通合计所得的利润。

② 推销费用包括接待费、推销人员工资及旅差费，广告宣传费等。

③ 营业外损益指与企业的生产活动没有直接联系的各种收入或支出。如罚金、由于汇率变化影响的收入或支出、企业内事故损失、积压物资削价损失、呆账损失等。

④ 资金在周转中获得利润，周转越快、次数越多，企业获利就越多。资金周转的衡量指标是一定时期内流动资金周转率。

⑤ 盈亏平衡点分析是一种动态分析，又是一种确定性分析，适合于分析短期问题。

⑥ 生产成本盈亏临界点又叫保本点，它是根据收入和支出相等为保本生产的原理而确定的，这一临界点就是养鸡场赢利还是亏损的分界线。

$$市场鸡料价格比 = \frac{市场鸡蛋单价}{市场饲料单价}$$

从以上公式可以看出，影响临界产蛋率的主要因素是饲料占该鸡场总费用的百分比、鸡日耗饲料量、产蛋数量及鸡蛋和饲料当时的市场价格比。临界产蛋率以低为好。

在实际生产中，临界产蛋率和生产成本临界点也是淘汰鸡群的重要依据。鸡蛋价格和饲料价格主要受市场规律影响，养殖场很难左右，而产蛋率、平均蛋重却与蛋鸡场的饲养管理水平密切相关。

(六) 认真分析数据，及时发现并解决问题

蛋鸡养殖场应通过收集、处理和分析生产数据和信息，达到提高生产和经济收益的目的。通过对生产记录的统计分析①，经营者能够及时发现饲养管理和经营方面存在的问题，找出原因，采取措施，保证生产经营的顺利进行，提高生产效率和经济效益。

> ▶ **需要收集的信息和数据**

主要包括生产数据，水、料消耗量，鸡群健康状况，经济指标等。

1.死淘率②

$$周死淘率 (\%) = \frac{当周死淘鸡只数}{入舍鸡数} \times 100\%$$

$$累计死淘率 (\%) = \frac{累计的死淘鸡数}{1日龄雏鸡入舍数量} \times 100\%$$

从开产到产蛋高峰期间的死淘率一般较高，接近产蛋结束的鸡群死淘率也较高（能量耗尽的蛋鸡）。每月的死淘率不应超过1%，如果周死淘率超过0.5%，则说明鸡群出现了问题。特别是连续几周出现死淘率异常情况时，

①生产统计就是对整个生产经营过程中各个环节的基本数据进行统计，是生产经营过程的全面记载和总结，可以使生产经营者随时掌握本场的实际经营情况，是了解生产、指导生产的重要资料，也是进行经济核算、评价员工劳动效率、实行奖罚的重要依据。

②死淘率的一般标准，白壳蛋鸡，每4周累计死淘率0.7%~0.8%，64周累计死淘率9%~10%；褐壳蛋鸡，每4周累计死淘率0.5%~0.6%，64周累计死淘率6.5%~9%。

一定要检查鸡群健康状况是否异常和饲养管理是否有误。

2.产量[①]　主要指标包括蛋鸡饲养日只数、产蛋率（%）、每只蛋鸡累计产蛋数、每只蛋鸡累计产蛋量等。

产蛋开始时，产蛋率每周成倍增加（如 8%→16%→32%→64%），直至达到高峰。高峰之后，产蛋率以每周 4%以上的速度降低，因此要多加注意。蛋重每周都增加，从最开始的 48 克到 30 周龄时的 60 克，最后达到 65～70 克。

每周的波动范围为 0.5 克。40 周龄时鸡蛋的重量可以作为衡量整个鸡蛋生产期平均鸡蛋重的指标。环境温度太高会对蛋重产生不良影响。因为入舍蛋鸡产蛋量包括死淘率的影响，所以与蛋鸡饲养日产蛋量相比，入舍蛋鸡产蛋量是一个更好的指标。

3.饲料转化率[②]　料蛋比代表蛋鸡的饲料利用效率，一般为（1.90～2.50）：1。

$$料蛋比 = \frac{一定时段内所有饲料消耗量}{同期内收集鸡蛋的总重量}$$

$$\begin{matrix}每只蛋鸡每日\\饲料消耗量（克）\end{matrix} = \frac{每日饲料总量（千克）}{饲养日蛋鸡只数} \times 1000$$

$$\begin{matrix}每枚鸡蛋消耗的\\饲料量（克/枚）\end{matrix} = \frac{一定时段内饲料总消耗量（克）}{同期收集的鸡蛋总数量（枚）}$$

由于难以测量饲料消耗量的变化，因此一般每次最少要连续 3 周测量饲料消耗量。见蛋后，饲料消耗量将持续增加，直到产蛋高峰。此后，饲料消耗量保持稳定。在产蛋期最后的 1/4 时段，可以有意识地限制饲料供应量，但要警惕饲料消耗量的下降。

4.开产母鸡体重　影响蛋重的一个最重要因素是母鸡达到性成熟时的体重。体重是影响整个产蛋期蛋重的重要因素。

①白壳蛋鸡，64 周产蛋数 280～330 枚；平均饲养日产蛋率 75%～80%，蛋重 60～62 克；褐壳蛋鸡，64 周产蛋数 275～325 枚；平均饲养日产蛋率 71%～79%，蛋重 62～64 克。高峰产蛋率，开产后 5～10 周达到产蛋高峰的 92%～95%；产蛋 10 个月后，产蛋率维持在 70%左右；每年每个产蛋期，每只蛋鸡的产蛋量为 18～19 千克。

②饲料转化率也称为饲料利用率，是指饲料转化为产蛋总重的效率。在蛋鸡生产中称为料蛋比，为某一年龄段饲料消耗量与产蛋总重之比。由于饲料成本占养禽生产总成本的 60%～70%，因此饲料转化率与养鸡生产的经济效益密切相关。

在产蛋期喂同一种日粮，对 18 周龄体重小的母鸡来说，整个产蛋期的体重始终较轻，而且蛋重也明显地小。因此，要在产蛋后期控制蛋重，应尽早降低日粮的蛋白质水平，以限制蛋鸡体重的增长。

体重是也饲料消耗的指示性指标，体重应该持续增长。产蛋高峰前体重增长较快，产蛋高峰过后体重增长速度放缓，但鸡的体重永远不应该下降。生长曲线的重要性高于体重增加的绝对值。

➤ 绘制产蛋曲线图[①]

产蛋曲线图是蛋鸡养殖场非常重要的一个辅助工具，因为产蛋曲线提供了全面的重要技术指标，如产蛋率、平均蛋重、死淘率等。

蛋鸡在性成熟后产蛋量的增加是极为迅速的，产蛋率在 10%～80%时，每天产蛋率增加 2%～3%；在 80%～90%时，每天产蛋率增加 1%～1.5%；在 90%～97%时，每天产蛋率增加 0.3%～0.5%。开产 5～6 周后逐渐达到产蛋高峰，高峰出现的早晚随饲养管理条件而定。在育成期内限饲效果越好，高峰出现愈早。育成期限制光照的鸡群，产蛋高峰出现早于不限制光照的鸡群。

产蛋曲线的绘制方法：

➤准备好蛋鸡场所饲养品种的产蛋性能指标。

➤收集蛋鸡场各周的产蛋记录。

➤准备好坐标纸及绘图工具。

➤在坐标纸上将该品种的产蛋率指标对应周龄连成曲线，绘制成标准曲线。

➤在同一坐标纸上，将蛋鸡场的产蛋率及对应周龄连成曲线，即为该鸡群的产蛋曲线。

➤对两条曲线进行比较、分析，观察该场鸡群实际性能水平，查找原因，分析各阶段的饲养管理状况，总结经验。

[①]以每周产蛋百分率为纵坐标，以周龄为横坐标绘制的产蛋量变化曲线图。产蛋曲线可直观地反映鸡群的产蛋能力和变化情况。家禽育种公司推出的配套系种鸡和商品代均绘制有标准产蛋曲线图，显示该鸡种达到 5%、50%产蛋率、出现产蛋高峰期的周龄和维持时间等的正常指标。管理人员可利用鸡群实际生产所绘制的产蛋曲线与该鸡种的标准产蛋曲线相比较，以指导生产。

➤每周数据采集、处理后，要立即更新产蛋曲线。

当养殖场填入每周有关数据后，可以非常清晰地看到本养殖场的生产成绩与标准的差异。

出现的问题及原因分析

一群蛋鸡若在产蛋过程中由于疾病或其他应激因素，致使产蛋不能保持正常水平而迅速下降，即产蛋曲线出现波折，常需几天或几周方能恢复"正常"。如应激发生在鸡群处于产蛋量上升阶段的前 5~6 周时，影响将极为严重，鸡群可能不会达到标准产蛋高峰，"损失"的蛋再也补不回来。鸡群在恢复后均匀度变差，同时在产蛋量开始下降之前产蛋曲线变为"弧形"，产蛋量不能够达到应有水平。

如果鸡群达到高峰后，因应激导致产蛋量下降，即在产蛋下降阶段出现波折，年产蛋量受到的影响没有产蛋上升阶段出现波折时那样严重。

推迟产蛋：影响因素有疫病；蛋鸡发育不良或发育迟缓，育成期管理不良整齐度差，光照时间减少，饲料质量差或饲料利用率低等。

死淘率高：影响因素有断喙不良造成啄肛相残，饲养密度过高，疫病，鸡舍条件不佳（过于干燥、光照过强）等。

饲料消耗量大：影响因素有饲料质量差，送料设备质量差造成浪费，日粮不平衡，不适当的饲料贮存方法，营养缺乏等。

次品蛋（软壳蛋、薄壳蛋及畸形蛋）过多：影响因素有饲料中钙含量不足或钙源质量差、温度过高、垫料和产蛋箱管理不良、疫病等。

提高蛋鸡场经济效益的方法

1.制定合理计划，加强全面经营管理

➤制定计划：根据经济发展和市场变化，结合本场

实际制定切实可行的各种生产计划、防疫计划、饲料消耗计划、成本核算收支计划等。

➤提高质量，降低残损，合理利用副产品。应多方采取措施，减少鸡蛋等产品的破损率，提高合格率及销售率。

➤对鸡粪等副产品进行合理加工，充分利用。

➤建立各项制度规程：如饲养人员工作制度、操作制度、操作规程、卫生消毒制度、财务管理制度等。

➤制定周密的进雏和出栏计划，如期周转鸡群，使鸡舍不闲置。鸡舍饲养量不足同样要支付折旧等费用，无形中增加了成本。

2.饲养优良的高产鸡群

➤饲养优良的高产品种，在同样的鸡群数量和饲养管理条件下，能使产品产量大幅度提高，从而降低饲料开支，提高经济效益。

➤在选择优良品种时，要根据当地的气候条件、本场的饲养条件选择抗病能力强、饲料利用率高的优质品种。

➤在购买鸡苗时，要从正规的大型种鸡场采购，不可贪图便宜。

3.降低饲料成本①

➤在饲料生产中要尽量选择营养丰富、价格低廉、进货渠道方便的原料，并且要根据蛋鸡所处的不同生理阶段，合理配制日粮。

➤大规模养殖场可以自己配制全价料，不但可以保证质量，还可以降低成本。

➤对饲料进行合理的加工后，可以提高饲料的利用率。

4.减少饲料浪费②

➤合理调整日粮：对于8~12周龄超出标准体重的鸡，应控制采食量；对性成熟期产蛋率达5%的鸡，则要

①蛋鸡场的饲料成本占总成本的60%~70%，有的甚至更高，所以降低饲料成本是提高蛋鸡养殖经济效益的关键。

②饲料浪费是蛋鸡养殖中普遍存在的问题，在生产中减少饲料浪费，可以减少经济损失，从而提高经济效益。

断料不断水饲养 1 周。

➤加强饲料的贮存管理工作，以避免饲料发生霉变、受到污染，减少不必要的损失。

➤适时断喙，避免饲料浪费：雏鸡一般在 6～9 日龄断喙，12～16 周龄修喙，不仅能有效地减少饲料浪费，而且能防止鸡啄癖的发生。

➤应根据鸡日龄的大小选择适当的料槽并随时调整高度：料槽以底尖、肚大、口小为好，放置高度以上沿与鸡背等高或高出鸡背 2 厘米为宜，使鸡既能吃到饲料，又不因挑食而将饲料弄到槽外。

➤调整饲喂方法，改变饲养方式：应遵循少喂勤添、定时定量、分次饲喂、食后槽内不剩料的原则。一次加料量以不超过料槽（桶）深度的 1/3 为宜。

➤淘汰病残鸡或低产鸡：对站不起来、跛腿、歪嘴、眼睛失明等病残鸡或公鸡应及时淘汰，产蛋前要先淘汰特别瘦弱的鸡和病残鸡，产蛋高峰期淘汰不产蛋的鸡，产蛋中期淘汰产蛋率低的鸡。

5.加强饲养管理

➤优质雏鸡是保证蛋鸡高产的基础。雏鸡最初几天对温度的要求较高，随着雏鸡不断生长发育，以后每周减少 2℃，直到 21℃为止。对光照的要求最初每天要保证 24 小时光照，以使雏鸡能充分采食饲料，以后每周减少 2 小时，直到 12 小时为止。要注意保持育雏舍内的环境卫生，注意通风换气。

➤育成期饲养管理的关键是提高群体均匀度，使其开产时间一致，并可维持较长的产蛋高峰期。育成期要采取措施将体重控制在标准范围内，使均匀度保持在80%以上。

➤生产中应尽量避免发生更换饲料、高温或低温、通风不良、光照突变、疫苗接种、人员往来、车辆噪声等应激因素的发生。

➤如果体重达到标准，则在 18 周龄或 20 周龄开始每周将光照时间延长 1 小时，直至增加到 15～17 小时；如果到 20 周龄体重仍不达标，则要推迟 1 周补充光照，并在这一阶段加强营养，使其体重达标。

6.加强疫病防控

➤加强疾病控制工作，可以提高鸡群的健康度，提高生产性能，降低死亡率，从而提高蛋鸡养殖的经济效益。

➤实行全封闭式管理，严格控制外来人员进入生产区。

➤做好病死鸡的无害化处理工作，以及粪污的处理。

➤定期对鸡舍进行全面消毒和带鸡消毒。

➤要加强蛋鸡的免疫接种工作，根据当地以及本场疫病流行情况，合理制订免疫程序，并严格按照计划执行。

十、鸡场废弃物的无害化处理与资源化利用

目标
- 了解蛋鸡场的主要污染源
- 了解废弃物处理利用的主要原则
- 了解源头减排的主要方法
- 掌握肥料化利用的方法
- 掌握废水的达标排放方法
- 掌握病死鸡的安全处理方法
- 了解蛋鸡场恶臭的控制方法

（一）蛋鸡场的主要污染源[①]

蛋鸡养殖场有多种废弃物，其中蛋鸡粪便、病死鸡、冲洗鸡舍的污水是蛋鸡场最主要的三种废弃物。蛋鸡粪便产量一般与蛋鸡饲料用量相当，占废弃物的比重最高。此外，还有蛋鸡养殖场的废饲料、羽毛以及饲料、兽药和疫苗的包装物等。

固废物

主要有粪便、废饲料、散落的羽毛、蛋壳、消毒器具以及病死鸡等。

➢每只成年产蛋鸡平均每天产粪103克。

➢每天清扫鸡舍等易污染处，主要为废饲料、散落的羽毛等。

➢消毒器具、病鸡、死鸡等产生量相对较少。

①污染源即环境污染物的发生源，污染物的来源。任何物质(能量)以不适当的浓度、数量、速率、形态和途径进入环境系统，并对环境系统产生污染或破坏的物质(能量)，均为环境污染物，或称污染物，也称污染物因子。按属性可分为天然污染源和人为污染源。天然污染源分为生物污染源(鼠、蚊、蝇等)和非生物污染源(火山、地震、泥石流等)。人为污染源分为生产性污染源(工业、农业、交通、科研)和生活污染源(住宅、学校、医院、商业)。

▶ 废气

蛋鸡场的废气主要为恶臭气体。鸡粪中含有大量的碳水化合物和含氮化合物，在厌氧条件下可产生大量的氨、硫化氢、甲烷、有机酸、乙烯醇、硫酸二甲硫醚等有臭味的有害气体。如果粪便清理和处理不当，其浓度会成倍增加。

▷恶臭及有害气体会使空气中甲烷、硫化氢、氨气、二氧化碳等有害成分增加，导致空气中氧含量相对下降，污浊度升高，轻则降低空气质量，产生异味，妨碍人鸡健康，重则引起疾病。

▷氨浓度偏高，易造成鸡只呼吸道黏膜上皮损害或麻痹，易使病原微生物侵入，引发呼吸道疾病和其他传染病；同时使鸡只养分摄取不足，血红蛋白与红细胞减少，出现贫血。

▷硫化氢是一种无色、易挥发、易溶于水的强刺激性气体，浓度超标易引起结膜炎、流泪、鼻炎、气管炎等。

▶ 废水

主要为地面和鸡舍冲洗用水以及车辆、人员、服装、器具等的洗涤消毒废水。

冲洗鸡舍产生的污水：清扫和冲洗是降低污染程度、改善卫生环境最基本、也是最有效的方法，因此必须对地面、鸡舍经常进行定期的清扫和冲洗作业。根据蛋鸡场污染程度，每周或每月彻底清扫、清洗一次；转群或出栏后的鸡舍要全面清扫、冲洗。冲洗一般使用清水，尘垢多时可使用毛刷或金属刷子边刷边洗，污染严重时使用消毒液冲洗。对污染特别严重或沾有油污的物品还需要多次反复冲洗。

淋浴消毒产生的污水：服装和器具的消毒及员工淋浴等用水量较大，饲料、产品运输车、外来人员等进入饲养区时需进行消毒冲洗。

蛋鸡场废水主要污染因子为SS[①]。

①指污水中悬浮物浓度，其全名英文缩写应该为 MLSS。其他污染因子还有化学需氧量（COD），五日生化需氧量（BOD₅），酸碱性（pH），色度，加上 MLSS 就是常见污水中的五大污染指标。

排放的生活污水。

（二）蛋鸡场废弃物处理利用的主要原则

蛋鸡养殖业产生的废弃物多为有机质且治理难度大，因此必须实施清洁生产，遵循"以地定禽、种养结合"的基本原则，在生产过程中有效控制污染。其主要原则包括：

▶ 减量化原则

采取改善饲料配方、使用添加剂、清粪工艺和设备、严格管理等综合措施减少污染物的产生，实施源头治理。

▶ 无害化原则

根据当地自然、经济和社会条件设计处理工艺和设施；宜以生物处理为主；处理结果应达到后续利用或向环境排放的要求或标准；尽量减少设备投资，降低能耗和运行费用。

▶ 资源化原则

应尽量实施资源多级转化和利用，力争做到清洁生产和零排放，创建生态养鸡场，实现养殖业可持续发展。

（三）源头减排

▶ 先进的饲养方式和科学的管理模式

蛋鸡饲养过程也是污染物产生的过程，污染物产生量很大程度上取决于鸡场的饲养和管理方式。改进鸡场饲养和管理方式是减少污染物产生量、降低后续污染处理难度、提高综合利用价值的关键。

➤在冲洗鸡舍时，尽量节水，减少污水的处理量。

➤在鸡舍设计上，尽量采用笼养方式，做好雨污分流设施。

➤大型蛋鸡养殖企业为解决夏季粪便含水率高的问

题，可采用全自动（全封闭）蛋鸡养殖设施。采用不同养殖设施的效果、经营特点、适合或采用的条件均不同，而且粪便管理方式、管理效果也有很大差异。采用全自动蛋鸡饲养设施可大大改善蛋鸡粪便的管理，由于舍内温度和气流控制较理想，加上每一层笼下设有粪便输送带，粪便可定期（及时）全自动化输送到舍外（图10-1）。这种粪便比较干，可直接包装运输，基本上解决了夏季粪便高含水率的问题。

图 10-1　粪便输送带

▶ 优化饲料配方

日粮蛋白质中氨基酸平衡是影响蛋白质利用率的主要因素，饲喂日粮中的氨基酸组成应与动物所需的氨基酸相适应，即达到"理想蛋白质"状态。这时蛋白质的利用率最高，氮排出量最少。在准确估测家禽氨基酸需要量和各种饲料氨基酸消化率的基础上，添加人工合成氨基酸，保持氨基酸平衡，既可保证家禽正常生产性能，又可以减少氮的排出。

优化饲料配方，减少饲料中氮、磷含量，提高磷等矿物质和蛋白质的消化率，从而改善禽粪污中营养物质含量比例，使其在综合利用中更符合作物生长的需要。

▶ 合理调制日粮，提高饲料利用率

粒径大小适中的颗粒料，因增加了饲料与消化道的接触面积和适口性，可提高鸡的消化率。饲料经膨化处理和颗粒化处理能使随粪便排出的干物质减少1/3。

微量元素是动物生长必不可少的营养素之一，某些微量元素高剂量时具有一些特殊生理作用，但饲料中过量添加，会导致粪便内的金属离子含量越来越多，污染环境。使用氨基酸微量元素螯合物添加剂易吸收、效价高、添加量少、金属离子排出量少，是一种理想的微量元素添加形式。

减少饲料中含硫矿物质如硫酸铜和硫酸铁的使用，可降低含硫臭气。

▶ 使用物理吸附与抑制方法，开发利用防臭剂

利用沸石、丝兰提取物、木炭、活性炭、绿矾、煤渣、生石灰等具有吸附作用的物质吸附空气中的有害气体。可在饲料中加入各种防臭剂，如丝兰属植物提取物、天然沸石等添加。防臭剂可使禽排泄物中氨的浓度降低34%，硫化物降低50%；在垫料中混入硫黄，使垫料的pH小于7.0，可抑制粪便中的氨气产生和散发，降低鸡舍空气中氨气含量。

▶ 益生素

很多有益微生物可在肠道内建立优势菌群，抑制有害菌群的定植，改善肠道微生物区系平衡，使增殖的有益菌产生各种消化酶如蛋白酶、脂肪酶、淀粉酶、纤维素酶等，从而提高饲料蛋白质利用率和机体抗病能力，达到防控消化道疾病和促进生长的双重作用，减少粪便中氮的排出量，降低空气中有害气体含量。

▶ 酶制剂

饲料中尤其是植物性饲料中含有许多抗营养因子，如植酸、单宁、胰蛋白酶抑制因子等。在饲料中添加酶

制剂，通过补充动物体消化酶分泌的不足或增加动物体内不存在的酶，能有效降低饲料中的抗营养因子，促进营养物质的消化吸收，提高饲料利用率，并可使粪便和氮排出量减少 20%。

（四）肥料化利用

➤ 直接晾晒烘干

主要工艺过程是将鸡粪人工直接摊开晾晒，晒干后压碎直接包装作为产品出售。

1.自然干燥法 小型鸡场多用此法。将鸡粪单独或混入适量米糠或麦麸，摊晒在水泥地面上，利用阳光晒干。晒干后装入塑料袋，存放于干燥处待用。

2.塑料大棚自然干燥法 塑料大棚长 45 米、宽 4.5 米，将鸡粪运入大棚内，平铺于水泥等地面上；棚内设有两条铁轨，上面装有可移动的带有风扇的干燥搅拌机，可来回工作，当鸡粪干燥好时就会停止工作。此法不怕风吹雨淋、节能。其工艺流程是鸡粪直接通过高温、热化、灭菌、烘干，最后生产出含水量 13% 左右的干鸡粪，作为产品直接销售。

3.鸡粪烘干 优点是生产量大、速度快，并且产品的质量稳定，水分含量低。缺点是设备投资大，利用率不高；生产过程产生的尾气污染大气环境；生产过程中能耗高；有时产品只是表面干燥，浸水后仍有臭味和二次发酵，如图 10-2 所示。

➤ 堆肥

堆肥是指在人工控制下，在一定的水分、碳氮比和通风条件下通过微生物的发酵作用，将废弃有机物转变为肥料的过程。通过堆肥化过程，有机物由不稳定状态转变为稳定的腐殖质物质，其堆肥产品不含病原菌、不

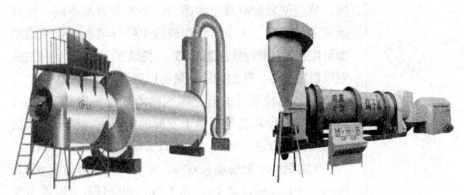

图 10-2　鸡粪烘干机

含杂草种子，而且无臭无蝇，可以安全处理和保存，是一种良好的土壤改良剂和有机肥料。

　　堆肥过程中的主要影响因素包括通风、温度、填充料的选择、堆料含水率、适宜的碳氮比（C/N）和 pH。研究指出当 pH 低于 6 时会严重降低微生物的呼吸作用，抑制堆肥反应的进行。采用强制通风与机械翻堆相结合的通风方式有利于水溶性碳的分解和固相 C/N 的降低，加快堆肥腐熟，因此堆肥过程中要严格控制好各个堆肥因素，使堆肥条件达到最佳，加快腐熟。

　　条垛式堆肥和槽式堆肥是当前蛋鸡粪便处理最常用的 2 种发酵工艺。条垛式堆肥的堆体主要由翻抛机的尺寸决定，其堆体底部宽通常在 1.2～2.0 米，堆高在 50～80 厘米，长度不限（与厂房有关）。槽式堆肥的槽宽通常在 4.0～6.0 米，槽深为 1.0～1.2 米，堆体高度 80 厘米左右，长度 50 米以上。

　　1.辅料及回填料　鸡粪便含水率为 80%，秸秆含水率为 10%，鸡粪便经堆肥后含水率可降至 30%。堆肥的初始物料水分调到 60% 左右为最佳。可计算出回填料用量为鸡粪便的 33%，可根据当地情况选择辅料种类。

　　2.菌剂　随着季节的不同及微生物菌剂使用时间的长

短，鸡粪便发酵时微生物菌剂的添加量有所不同：刚开始使用菌剂时，为了尽快形成微生物环境，建议菌剂添加量控制为发酵物料总量的0.5%，持续3个月以上，待发酵效果稳定之后，菌剂的添加量可以逐渐降低到0.2%~0.3%；夏季发酵比较容易进行，菌剂的添加量可以适当减少；冬季外界温度环境等不利于发酵的情况下，微生物菌剂的添加量可以适当增加，具体以实际情况为准。

3.**堆肥** 堆肥场地长60m、宽10m，发酵温度60℃。堆垛尺寸长40m、宽4m、高1.2m。鸡粪便在夏秋季节发酵时间控制在20天左右，冬春季节为25天左右。经上述发酵过程，鸡粪便已基本腐熟。然后清出发酵槽，在仓库内堆置10天左右完成后熟。这样鸡粪便无害化处理全过程结束。

4.**翻抛** 可用翻抛机或人工翻料。翻抛机由带有翻铲的旋转滚筒、行走装置和提升装置等组成。旋转滚筒由液压马达带动，翻动发酵物料，在向后抛撒发酵物料的过程中，起到疏松通气、散发水气、粉碎、搅拌等作用，促进物料发酵腐熟、干燥。具体翻抛机的规格可在发酵槽规格定了之后进行确定。

新堆积的混合物料用翻抛机进行翻抛，使之混合均匀，前7天每天翻抛一次，每次2小时；后8天每两天翻抛一次，每次2小时。

5.**鸡粪便腐熟度评价指标** 一是物理性指标，熟腐的鸡粪便，其颜色为棕褐色，基本没有臭味，物料温度接近气温，松散度好；二是化学性指标，即含水率在30%以下，氮磷钾总养分、有机质含量（以实际鸡粪便的质量为准），pH7.5~8.0，粪大肠菌群数≤100个/克，寄生虫卵死亡率在95%~100%。凡达到上述指标的都属于发酵完善。

▶ 高温好氧堆肥方法

鸡粪高温好氧发酵过程由一级发酵和二级发酵两个

阶段组成，按工艺类型通常可分为一次性发酵和二次性发酵。其主要工艺流程如图 10-3 所示。

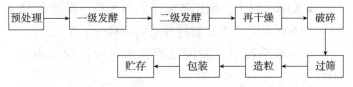

图 10-3　鸡粪的高温好氧堆肥工艺流程

预处理和后处理过程中的分选物，应尽量回收利用，必须去除玻璃、金属、石头等非堆肥物、杂物并进行妥善处理。

1.鸡粪应经预处理调整水分和碳氮比，并符合下列要求

➢堆肥粪便的起始含水率应为 40% ~ 60%。

➢碳氮比应为（20 ~ 30）：1。可通过添加植物秸秆、稻壳、锯末等物料进行调节，必要时需添加菌剂和酶制剂，以促进发酵过程的正常进行。

➢堆肥粪便的 pH 应控制在 6.5 ~ 8.5。

2.好氧发酵过程应满足以下要求　堆肥时间应根据碳氮比、湿度、天气条件、堆肥运行管理类型及废物和添加剂种类确定；采用一次性发酵工艺的发酵周期不宜少于 30 天，采用二次性发酵工艺的一级发酵和二级发酵时间均不宜少于 10 天。

3.一级发酵阶段应符合下列要求

➢可适时采用翻堆方式通风，调节堆肥物料的氧气浓度和温度。

➢静态发酵自然通风时，物料堆置高度宜为 1.2 ~ 1.5 米；当设有机械通风装置时，物料堆置高度可为 2.6 ~ 3.0 米；间歇动态发酵的物料堆置高度可达 5 米。

➢静态发酵机械通风时，通常采用非连续通风方式；间歇动态发酵可参考静态工艺并按照生产实际条件确定通风量，以保证发酵在最适宜条件下进行。

> 氧气浓度不宜低于10%。

> 发酵过程中，堆层各测试点温度均应保持在55~65℃，不宜大于75℃，且持续时间不得少于5天。

> 一般情况下，发酵过程含水率应控制在40%~60%。

根据一级发酵半成品情况，调整并控制二级发酵阶段各主要技术参数，物料含水率宜控制在35%~45%；发酵结束时，应符合下列要求。

> 碳氮比不大于20∶1。

> 含水率宜为20%~35%。

> 堆肥应符合无害化卫生要求的规定。

> 耗氧速率趋于稳定。

> 腐熟度应大于等于Ⅳ级。

4.堆肥制品应符合下列要求

> 堆肥产品存放时含水率应不高于30%，袋装堆肥含水率应不高于20%。

> 堆肥产品的含盐量应在1%~2%。

> 成品堆肥外观应为茶褐色或黑褐色、无恶臭、质地松散，具有泥土气味。

▶▶ 鸡粪的黑水虻处理方法

鸡粪的黑水虻处理方法是指将鸡粪经过预处理后，在适当的环境条件下，经过黑水虻吞食过腹处理，生成高蛋白昆虫和有机肥料的过程。其工艺流程如图10-4所示。

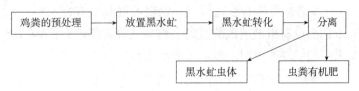

图10-4　鸡粪的环境昆虫处理流程

1.鸡粪的预处理 主要是调节鸡粪的含水量至 70%左右，新鲜的鸡粪处理效果最好，同时添加辅料如麦麸、菌渣、牛粪等。

2.鸡粪转化处理 将黑水虻虫卵孵化后用麦麸饲养至 3 龄幼虫，然后加入处理好的鸡粪进行转化，每 24 小时投加一次食料。整个处理过程中环境温度要求 15~32℃，28~30℃最佳，盒内食料温度为 30~32℃、环境相对湿度不低于 60%、盘内湿度不大于 80%，处理时间 8~12 天。在适宜温度范围内处理速度较快，温度过高或过低处理速度降低，鸡粪的黑水虻处理厂房见图 10-5。

图 10-5 鸡粪的黑水虻处理厂房

3.虫体和虫粪的分离 黑水虻与食料残余的分离可通过两种方法进行：其一，自然迁出，黑水虻预蛹阶段有迁出食料的习性，因此在饲养容器中设计若干有通道的出口，通道倾斜角度小于 15°，黑水虻在夜晚时即能通过倾斜的通道自行迁出饲养盒，在通道出口放置容器收集即能得到分离得十分干净的预蛹；其二，筛分，黑水虻取食后期食物残余已经相当干燥，因此可以根据饲料颗粒大小选择适宜的筛目，通过分离过大和过小的食物块，也能得到含有少量杂质的黑水虻预蛹。

4.产品的处理应用 处理后的产品虫体可直接用于观赏鱼、鸡、鸭等动物的养殖，也可作为蛋白源添加于饲料。虫粪经过发酵后可用作有机肥。

5.注意事项 黑水虻虽然抗逆性强，但不适宜的环境条件也会严重影响黑水虻（图10-6）的发育和存活，因此需要尽可能避免粗放管理和饲养环节的疏忽，需要注意以下事项。

温湿度。黑水虻幼虫（图10-7）对温湿度非常敏感，温度过低会导致取食量下降、发育缓慢；温度过高则幼虫停止取食，出现逃离行为。湿度过高的危害最大，除可诱发病害外，黏湿的食料因为透气性差会导致多数幼虫死亡，而过于干燥则会影响幼虫的取食效率。

透气性。黑水虻虽然在水中淹没数天不致死亡，但良好的透气性对于黑水虻的养殖环境仍然是非常重要的，在透气性不良、环境温度过高的情况下，会发生黑水虻幼虫集体逃离现象。

黑水虻幼虫富含抗菌肽，但在高温高湿及饲料成分过于单一的情况下，容易患软腐病。防止方法是保持饲养环境的通风透气，并在饲料中添加适量的植物材料（瓜果蔬菜类）。黑水虻成虫与幼虫饲养室应有防护措施，防止鸟类等天敌偷食。

图10-6 黑水虻成虫

图10-7 黑水虻幼虫

（五）蛋鸡场废水的达标排放

养鸡场的污水主要来自鸡舍冲洗用水，其排放量非常大。据测定，每只成年产蛋鸡平均每天产粪 103 克，需冲洗水 300 克。因此，污水的处理相当重要。

蛋鸡场废水处理前必须强化预处理，包括格栅、沉砂池、调节池、固液分离系统、初沉池等（图 10-8）。粪水混合前应先清除鸡粪中的羽毛。

蛋鸡场废水应经格栅拦截去除水中较大的杂物后进入调节池，粪水搅拌均匀后进入计量池，由泵定时定量将混合液送进厌氧反应器。

厌氧反应器内的温度一般控制在 35℃左右（通常在计量池内设有加热系统）。计量池和厌氧反应器内设有温度传感器，用于对温度的调节。产生的沼气经脱硫、脱水净化后进入贮气柜，作为生产或生活用能源。沼渣根据实际情况定期排出，经进一步固液分离并干化后，作为有机肥使用。沼液作为液态有机肥或鱼饲料使用。

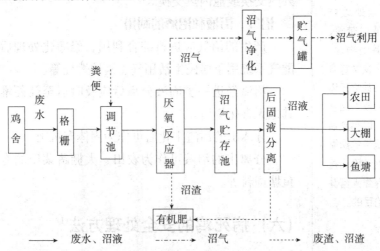

图 10-8　废水综合利用处理工艺基本流程

▶ **沉砂池**

采用达标排放工艺的，应在调节池前设置沉砂池，可考虑沉砂池与格栅合建。

采用废水、沼液粪渣、沼渣沼气综合利用工艺的，应在调节池后设置沉砂池。

▶ **调节池**

调节池的容量应不小于最大日处理量的50%。

调节池应设置去除浮渣装置。

调节池应设水下搅拌混合装置，防止发生沉淀。

▶ **厌氧生物处理**

厌氧生物处理单元通常由厌氧反应器、沼气收集与处置系统（净化系统、贮气罐、输配气管等）、沼渣处置系统组成。

厌氧反应器宜设置加热保温措施，如外保温、蒸汽直接加热、外热交换或池内热交换。

采用常温发酵的厌氧反应器，池内液体温度不宜低于15℃。当温度较低时，宜采用蒸汽直接加热，蒸汽通入点宜在集水池（或计量池）内，也可采用厌氧反应器外热交换或池内热交换。

▶ **沼气、沼液和沼渣的利用**

产生的沼气应进行综合利用，经净化处理后通过输配气系统用于居民生活用气、锅炉燃烧等。

沼渣经进一步固液分离后应及时运至粪便堆肥场或其他无害化场所。

分离出的沼渣干化后可作为固体有机肥。

分离出的沼液可作为农田、大棚蔬菜田的有机肥或鱼塘饲料等。

（六）病死鸡的安全处理方法①

病鸡死鸡属于危险固体废弃物，必须及时妥善处理，

①安全处理技术：指通过焚毁、化制或其他物理、化学、生物学等方法将病害动物尸体和病害动物产品进行处理，以彻底消灭其所携带的病原体，达到消除病害因素，保障人畜健康安全的目的。

防止造成二次污染。严禁随意丢弃，严禁出售或作为饲料再利用。

病死鸡的无害化处理，应按照《病害动物、病害动物产品生物安全处理规程》（GB 16548—2006），通过用焚毁、化制、掩埋或其他物理、化学、生物学等方法进行处理，以彻底消除病害因素。

▶ 销毁

适用于确认为高致病性禽流感、新城疫等染疫动物以及其他严重危害人畜健康的病害动物及其产品；病死、毒死或不明死因动物的尸体；经检测对人畜有毒有害的、需销毁的病害动物及病害动物产品；国家规定的其他应该销毁的动物和动物产品。

1.焚烧法　焚烧法是一种高温热处理技术，即以一定的过剩空气量与被处理的有机废物在焚烧炉内进行氧化燃烧反应。废物中的有害有毒物质在高温下氧化、热解而被破坏，是一种可同时实现无害化、减量化、资源化的处理技术。是目前世界上应用广泛成熟的一种热处理技术，优点是可达到完全无害，但焚烧过程容易造成空气污染，而且价格昂贵。

（1）焚烧炉：技术装备主要是焚烧炉＋尾气处理设备。病害动物焚烧炉主要由炉本体、二次燃烧室、主燃烧系统、二次燃烧系统、供风系统、烟道、引风装置、温度控制系统、储油罐及供油管路等部分组成；尾气处理设备有干法尾气处理和湿法尾气处理两种排放设备。

焚烧炉的建造和运行成本较高，在不具备焚烧炉的情况下，建议使用焚毁坑进行处理。

（2）焚毁坑：焚毁坑应远离公共场所、居民住宅区、村庄、动物饲养和屠宰场所、建筑物、易燃物品，地下不能有自来水管、燃气管道，周围要有足够的防火带，并且要处于主导风向的下方。

（3）十字坑法：按十字形挖两条沟，沟长2.6米、宽0.6米、深0.5米，在两坑交叉处的坑底堆放干草或木柴，坑沿横放数条粗湿木棍，将尸体放在架上，在尸体周围及上面再放些木柴，然后倒些柴油，从下面点火，直到尸体碳化为止。

（4）单坑法：挖一条长2.5米、宽1.5米、深0.7米的坑，将取出的土堆在坑沿的两侧。坑内用木柴架满，坑沿横架数条粗湿木棍，将尸体放在架上，然后焚毁。

（5）双层坑法：挖一条长、宽各2米、深0.75米的大沟，在沟的底部再挖一长2米、宽1米、深0.75米的小沟，在小沟沟底铺以干草和木柴，两端各留出18~20厘米的空隙，以便吸入空气，在小沟沟沿横架数条粗湿木棍，将尸体放在架上，然后焚毁。

（6）注意事项

➤使用焚毁法处理必须注意防火安全。

➤焚毁结束后，掩埋燃烧后的灰烬，并对地表环境进行喷洒消毒。

➤填土高于地面，场地及周围消毒，设立警示牌。

➤蛋鸡场设置的焚毁炉地点应远离生活区及鸡场，并位于其下风向。

➤焚毁产生的烟气应采用有效的净化措施，防止烟尘、一氧化碳、恶臭等对周围大气环境的污染。

2.深埋法 深埋法操作简易、经济，是处理病死鸡常用的方法。

（1）要求

➤掩埋地应远离学校、公共场所、居民住宅区、村庄、动物饲养和屠宰场所、饮用水源地、河流等地区。

➤蛋鸡场一般应至少设置2个以上安全填埋井。

➤填埋井应为混凝土结构，深度大于2米，直径1米，并在井底铺上2~5厘米生石灰或其他固体消毒剂，井口加盖密封。

➢掩埋前应对需掩埋的病死鸡尸体实施焚毁处理。

➢进行填埋时，在每次投入病死鸡尸体后，应覆盖一层厚度大于10厘米的熟石灰。所堆积的尸体距离坑口1.5米处时，先用40厘米厚的土层覆盖尸体，再铺上2~5厘米生石灰，不能直接覆盖在尸体上因为在潮湿的条件下熟石灰会减缓或阻止尸体的分解。

➢每次填埋后，应使用有效消毒药对周围环境和用具进行喷洒消毒。填满后，必须用黏土填埋后压实并封口。

➢掩埋场应标识清楚，并得到适当保护。

➢应对掩埋场地进行必要的检查，以便在发现渗漏或其他问题时及时采取相应措施。

（2）注意事项

➢本方法适用于地下水位低的地区使用，但不适合在地下水位高的地区使用，以防造成地下水污染。

➢深埋处理地点主要选在生产区下风向的偏僻处。

➤ 化制

把动物尸体或废弃物在高温高压灭菌处理的基础上，再进一步处理的过程，如化制为肥料、肉骨粉、工业用油、胶等。化制分干化和湿化，适用于一般动物疫病的染疫动物及其产品的无害化处理。

1.干化　将废弃物放入干化制机内，热蒸汽不直接接触化制的肉尸，而循环于夹层中。

2.湿化　利用高压饱和蒸汽，直接与畜尸组织接触，当蒸汽遇到动物尸体及其产品而凝结为水时，则放出大量热能，可使油脂溶化和蛋白质凝固，同时借助于高温与高压，将病原体完全杀灭。经湿化机化制后动物尸体可制成工业用油，残渣制成蛋白质饲料或肥料，比较经济实用。

▶ 高温生物降解

是利用微生物强大的分解转化有机物质的能力，通过细菌或其他微生物的酶系活动分解有机物质（如动物尸体组织）变成有机肥料的过程，以达到无害化处理的目的。动物尸体经高温发酵之后可杀灭各种病原和降解尸体及组织，降解产物可用于肥料，无废水排放。可采用立式处理系统或连续式（投料）处理系统。也可采用简易发酵池的方法。

➤发酵池远离学校、公共场所、居民住宅区、村庄、动物饲养和屠宰场所、饮用水源地、河流等地区。

➤发酵池为圆柱形，深 9~10 米，直径 3 米，池壁及池底用不透水材料制作（可用砖砌成后涂层水泥）。

➤池口高出地面约 30 厘米，池口做一个盖，盖上留一个小的活动门，用以投入病死鸡。

➤活动门平时落锁，池内有通气管。

➤当池内的尸体堆至距池口 1.5 米处时，封闭发酵。

➤使用发酵法处理病死鸡耗时较长，发酵时间在夏季不得少于 2 个月，冬季不得少于 3 个月。

➤蛋鸡场主要在生产区下风向的偏僻处进行发酵处理。

▶ 化学水解

是针对动物尸体组织进行处理的特有方法。在高温和碱性催化剂作用下快速分解，将动物尸体、组织水解为骨渣和无菌水溶液的处理过程。碱水解处理实际上是化学灭菌和高温灭菌的组合。

经过一个周期的水解处理，病菌和寄生虫被完全杀灭；处理后生成的中性无菌水溶液，可排放或回收利用；固体物骨渣用作植物肥料。

（七）蛋鸡场恶臭的控制方法

加强饲养管理

蛋鸡场可通过控制饲养密度、加强舍内通风、限制饮水、及时清粪等措施抑制或减少臭气的产生。

粪污处理

粪污处理各工艺单元宜设计为密闭方式，以减少恶臭对周围环境的污染。

密闭化的粪污处理厂（站）宜建恶臭集中处理设施，将各工艺过程中产生的臭气集中收集处理后排放。

在集中式粪污处理厂的卸粪接口及固液分离设备等位置可喷淋生化除臭剂。

物理除臭

可采用向粪便或舍内投（铺）放吸附剂减少臭气的散发，宜采用的吸附剂有沸石、锯末、膨润土以及秸秆、泥炭等含纤维素和木质素较多的材料。

化学除臭

可向养殖场区、堆肥处理场以及废水处理站投加或喷洒化学除臭剂、中和剂，消除或减少臭气的产生。

宜采用的化学氧化剂有高锰酸钾、重铬酸钾、双氧水、次氯酸钠、臭氧等，宜采用的中和剂有石灰。

生物除臭

养殖场宜采用的生物除臭措施有生物过滤法和生物洗涤法。

参考文献

郭艳丽，2003.饲料添加剂预混料配方设计与加工工艺[M].北京：化学工业出版社.

郝庆成，2006.蛋鸡生产技术指南[M].北京：中国农业大学出版社.

刘月琴，张英杰，2008.家禽饲料手册[M].2版.北京：中国农业大学出版社.

刘月琴，张英杰，2009.新编蛋鸡饲料配方600例[M].北京：化学工业出版社.

唐辉，2008.蛋鸡饲养手册[M].2版.北京：中国农业大学出版社.

王安，单安山，2001.饲料添加剂[M].哈尔滨：黑龙江科学技术出版社.

王三立，2007.禽生产[M].重庆：重庆大学出版社.

梁智选，2011.轻轻松松学养蛋鸡[M].北京：中国农业出版社.

图书在版编目（CIP）数据

高效健康养蛋鸡全程实操图解/梁智选主编 . —北
京：中国农业出版社，2018.7（2019.7重印）
　（养殖致富攻略）
ISBN 978 - 7 - 109 - 23639 - 4

Ⅰ.①高…　Ⅱ.①梁…　Ⅲ.①卵用鸡－饲养管理－图
解　Ⅳ.①S831.91-64

中国版本图书馆 CIP 数据核字（2017）第 299987 号

中国农业出版社出版
（北京市朝阳区麦子店街 18 号楼）
（邮政编码 100125）
责任编辑　郭永立　弓建芳

北京万友印刷有限公司印刷　新华书店北京发行所发行
2018 年 7 月第 1 版　2019 年 7 月北京第 2 次印刷

开本：720mm×960mm　1/16　印张：19.75
字数：330 千字
定价：49.00 元
（凡本版图书出现印刷、装订错误，请向出版社发行部调换）